金属材料与热处理

（第3版）

主　编　罗国民
副主编　冯路路　胡　浪
参　编　陈慈浩　柯楚强　姜明珠　余霭雯
主　审　温志红

重慶大學出版社

内 容 提 要

本书内容包括三部分:第1篇是金属学基础,主要介绍金属的组织结构和性能指标,金属的塑性变形与再结晶,重点介绍铁碳合金为代表的合金相结构与相图。第2篇是钢的热处理,主要介绍钢的热处理原理和工艺。第3篇是常用机械工程材料,主要介绍常用的金属材料、非金属材料的成分、组织、结构与性能之间的关系及其变化规律和改变材料性能的途径,以及各种材料的主要用途和零件毛坯的选用,重点介绍模具用钢及其强化处理。

本书为高职高专模具专业系列教材,也适合机电工程类和材料工程类专业使用,还可以作为相关工程技术人员的参考书。

图书在版编目(CIP)数据

金属材料与热处理 / 罗国民主编. -- 3版. -- 重庆:重庆大学出版社, 2023.7

ISBN 978-7-5624-3052-0

Ⅰ.①金… Ⅱ.①罗… Ⅲ.①金属材料—高等职业教育—教材②热处理—高等职业教育—教材 Ⅳ.①TG14 ②TG15

中国国家版本馆CIP数据核字(2023)第115358号

金属材料与热处理

(第3版)

主 编 罗国民

副主编 冯路路 胡 浪

责任编辑:杨粮菊 版式设计:杨粮菊

责任校对:王 倩 责任印制:张 策

*

重庆大学出版社出版发行

出版人:饶帮华

社址:重庆市沙坪坝区大学城西路21号

邮编:401331

电话:(023) 88617190 88617185(中小学)

传真:(023) 88617186 88617166

网址:http://www.cqup.com.cn

邮箱:fxk@cqup.com.cn(营销中心)

全国新华书店经销

POD:重庆新生代彩印技术有限公司

*

开本:787mm×1092mm 1/16 印张:14 字数:361千

2006年6月第1版 2023年7月第3版 2023年7月第8次印刷

印数:16 901—17 400

ISBN 978-7-5624-3052-0 定价:45.00元

第3版前言

本书是重庆大学出版社组织全国多所高职高专院校编写的高职高专模具专业系列教材之一。

根据高职高专模具专业教学的实际需要，把金属学基础、钢的热处理和常用机械工程材料三部分结合起来，使学生掌握金属材料的基础知识、钢的热处理基本原理和工艺及常用机械工程材料的基本知识，重点掌握模具专业所需要的金属材料的成分、组织、结构和性能及应用。考虑高职高专的教学特点，本书基础理论以必需、够用为度，强调实用性、先进性和创新性。精选教学内容，适当介绍新材料、新工艺、新技术、新标准。本教材涉及的力学性能指标采用了最新国家标准，同时为了和其他参考书保持一致，便于读者阅读，本书附录对最新国家标准与旧标准进行了对照列表。

在前两版的基础上，主编重新组织冯路路博士等相关主讲金属材料与热处理人员对各章进行了审核，完成了对教材的全面修改，并增加融入了课程思政和二十大精神相关内容。全书由广东松山职业技术学院罗国民统稿校对，由宝武集团韶关松山股份有限公司温志红高级工程师审稿。

本教材在编写过程中引用了有关书刊中的数据和图表，在此表示感谢，对于各位直接或间接帮助和支持本书编写工作的同志们一并致以真诚的谢意。

由于编者水平有限，时间仓促，书中不足和错误之处在所难免，敬请广大读者和专家批评指正。

编　者

2023 年 4 月

前言

本书是重庆大学出版社组织全国多所高职高专院校编写的高职高专模具专业系列教材之一。

根据2004年12月在重庆召开的主编会议确定的教材大纲,又结合模具专业教学的实际需要,把金属学基础、钢的热处理和常用机械工程材料三部分结合起来,使学生掌握金属材料的基础知识、钢的热处理基本原理和工艺及常用机械工程材料的基本知识,重点掌握模具专业所需要的金属材料的成分、组织、结构和性能及应用。考虑高职高专的教学特点,本书基础理论以必需、够用为度,强调实用性、先进性和创新性。精选教学内容,适当介绍新材料、新工艺、新技术、新标准。为了和其他参考书保持一致,便于读者阅读,本书附录对最新国家标准与旧标准进行了对照列表。本书由广东松山职业技术学院罗国民任主编并编写绪论和第4、9章;江西理工大学陈慈浩副教授编写第5、6章,刘徽平副教授编写第7章,萧锡光副教授编写第11章;广东松山职业技术学院龚洪强编写第8章,胡浪编写第1章,余雪梅编写第2、3章,姜明珠编写第10章。

全书由广东松山职业技术学院罗国民统稿,由韶关钢铁集团有限公司技术中心黄锐高级工程师和温志红高级工程师主审。

本教材在编写过程中引用了有关书刊中的数据和图表,在此表示感谢,对于各位直接或间接帮助和支持本书编写工作的同志一并致以真诚的谢意。

由于编者水平有限,时间仓促,书中不足和错误之处在所难免,敬请广大读者批评指正。

编　者

2006年11月

目录

第 2 篇　钢的热处理

第 3 篇　常用机械工程材料

绪 论

1 金属材料的发展

材料是人类赖以生活和生产的物质基础,同时新材料的应用又是人类改造自然的历史标志。历史学家往往把人类和自然斗争的历史大致分为两大时代:石器时代和金属时代,而金属时代又分为铜器时代和铁器时代。它标志着人类生产大发展的三个飞跃阶段。随着现代工业的发展,材料与能源、信息及生物工程已成为当代技术的四大支柱。虽然金属材料仍占整个材料应用的80% ~90%,但人工合成材料的快速发展说明工程材料已进入一个由金属材料、非金属材料和高分子材料以及复合材料共同发展的新时代。

金属材料是由金属元素或以金属元素为主而形成的,并具有一般金属特性的材料。我国金属材料的发展,据考证早在商朝初期即已出现高度的青铜文化,可见铜器时代应在商朝之前的夏朝就开始了。春秋时已能熔炼铸铁,到战国时,铸铁的生产和应用已显著扩大,并采用了热处理方法,能制造出“干将”“莫邪”之类的著名宝剑。西汉时,钢和铸铁的冶炼技术已大为提高,产量、质量和应用得到空前发展。后经一千多年发展,直到明朝,我国的钢铁生产一直在世界领先,并对人类做出了巨大贡献。2021 年,我国钢铁行业进入到碳中和、碳达峰“双碳”模式下的发展状态,行业向绿色低碳方向转型发展。

2 金属学的研究对象、方法和目的

金属学是关于金属材料方面的一门学科,它的中心内容是研究金属和合金的成分、结构、组织和性能,以及它们之间的相互关系和变化规律。目的在于利用这些关系和规律来指导科学研究和生产实践,以便更充分有效地发挥现有金属材料的潜力,并进而创制新的金属材料。金属学的研究方法可分为实验和理论两个方面。分析成分,测定结构,观察和鉴别组织,测试性能是金属学的基本实验内容。X 射线分析法,光学显微镜分析法,电子显微镜,透射电镜和电子探针等技术以及力学、电磁学、热学和化学性能的实验技术则是金属学实验的重要方法和手段。通过实验，可以分析其化学成分，确定组织类型及分析组织缺陷，还可以测试其机械力学性能，也可以间接研究结构组织的形成和变化过程以及组织、成分与性能的相互关系。理论研究主要包括热力学、分子动力学以及电子理论在金属学中的应用。

3　本教材的内容、学习目的和方法

本教材内容包括3部分：第1篇是金属学基础，主要介绍金属的组织结构和性能指标，金属的塑性变形与再结晶，重点介绍以铁碳合金为代表的合金相结构与相图。第2篇是钢的热处理，主要介绍钢的热处理原理和工艺。第3篇是常用机械工程材料，主要介绍常用的金属材料、非金属材料的成分、组织、结构与性能之间的关系及其变化规律，改变材料性能的途径以及各种金属材料的主要用途，零件毛坯的选用，重点介绍模具用钢及其强韧化处理方法。

学习本课程的目的在于使学生获得有关工程材料的基本理论和基本知识，初步掌握零件设计时的合理选材、用材，并具有正确运用热处理知识，妥善安排加工工艺及材料检测等方面的知识和能力。

本课程的名词概念较多，且比较抽象和分散，材料的名称、成分、组织结构和性能特征比较难记。本书在编写时把内容大致分为3篇，对各篇之学习方法可稍有不同。第1篇主要弄清其基本理论和重要的名词概念；第2篇主要弄清热处理基本原理和工艺，把握成分、工艺、组织结构和性能变化规律这一主线；第3篇可以采用归纳和对比的方法分析不同材料异同点，联系生产生活实际进行理解、分析和应用。

本课程一般应在学习完物理、化学、材料力学、金工实习及金属工艺学之后进行教学，并尽量结合生产生活实例教学，提高学生实际应用的能力，为后续专业课程奠定基础。

第1篇 金属学基础

第1章 金属的晶体结构

金属材料在性能方面所能表现出的多样性、多变性和特殊性使它具有远比其他材料更为优越的性能，这种优越性是其固有的内在因素在一定外在条件下的综合反映。不同成分的金属具有不同的组织结构，因而其表现出的性能也各不相同；即使成分相同的金属，当其由液态转变为固态的结晶条件不同时，所形成的组织结构也不尽相同，因而表现出来的性能也各有差异。所以，要了解金属材料的特性，必须要从本质上了解金属的组织结构和金属的加工工艺过程，掌握其规律，以便更好地控制其性能，正确选用材料，并指导人们开发性能更加优异的新材料。

1.1 金属的晶体结构

1.1.1 晶体与非晶体

物质是由原子构成的,根据原子在物质内部排列方式的不同,通常可将固态物质分为晶体与非晶体两大类。凡内部原子或分子呈规则排列的物质称为晶体,如所有固态金属都是晶体;凡内部原子或分子无规则排列的物质称为非晶体,如松香、玻璃、沥青等都是非晶体;晶体与非晶体的不同点在于,晶体具有一定的熔点(如纯铁的熔点为 1 538 ℃),其性能具有各向异性的特点;非晶体没有一定的熔点,它在各个方向上的性能均是相同的(即各向同性)。

1.1.2 晶体结构的基本概念

晶体结构是晶体内部原子排列的方式及特征,金属材料在机械性能上的差异与其内部的晶体结构密切相关。

(1)晶格

为便于研究,通常把原子当作刚性小球,并把不停地做热振动的原子看成在其平衡位置上静止不动,且处在振动的中心,如图 1.1 所示。晶体可看作是由许多刚性小球按一定几何规律堆积的原子集合体。如果用假想的直线在几个方向上将原子振动中心连接起来,则形成一个假想的空间格架,称为晶格(见图 1.2)。

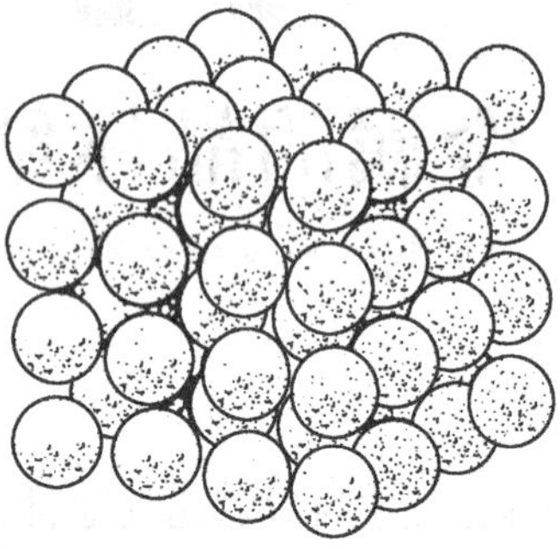

图 1.1 金属原子排列示意图

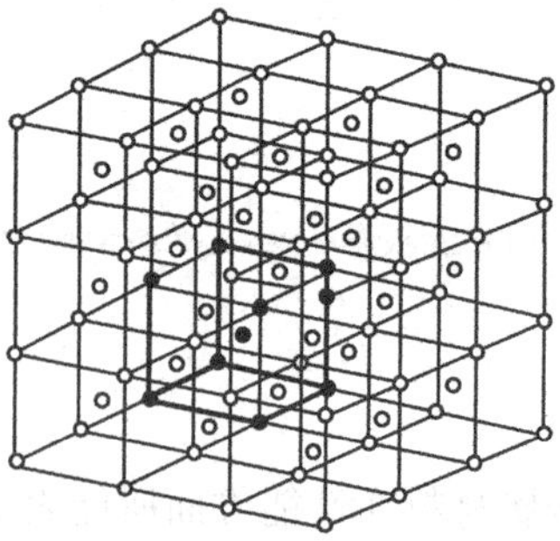

图 1.2 晶格示意图

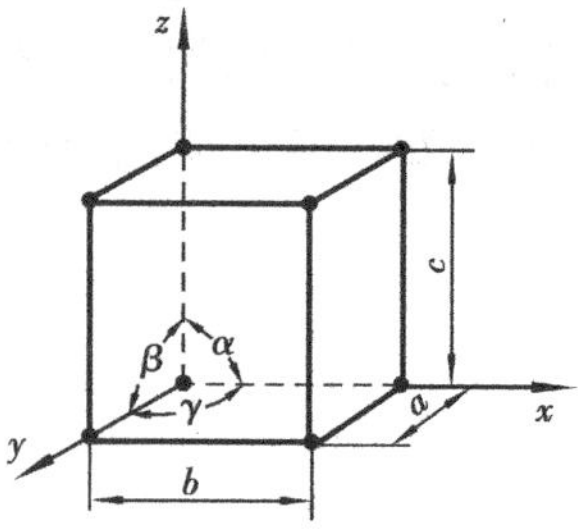

图 1.3 晶胞示意图

(2)晶胞

由图 1.2 可知,晶体中原子排列具有周期性,可以从晶格中选取一个能代表晶格特性的最小几何单位来研究晶体结构,这个最小几何单元称为晶胞。如图 1.3 所示。

(3)晶格常数

在图 1.3 中,晶胞的三个互相垂直的棱边长度 a,b,c 及三棱边夹角 α, β 和 γ,通常可以表示晶胞的尺寸和形状。这六个量称为晶格常数。其中 a,b,c 的单位为 Å 或 nm。当 $a=b=c$,

且 $\alpha=\beta=\gamma=90°$时，这种晶胞称为立方晶胞，具有立方晶胞的晶格称为立方晶格。

1.1.3　常见的金属晶格类型

在已知的金属元素中，除少数金属具有复杂的晶体结构外。大多数金属都具有简单的典型的晶体结构，即体心立方晶格、面心立方晶格、密排立方晶格（亦称密集六方晶格）。

（1）体心立方晶格（见图1.4）

其晶胞是一个立方体，在立方体的八个顶角上和立方体中心各有一个原子。不同金属由于其原子直径不同，晶格常数也不同。铬、α-Fe、钼、钼、钨、钒、钾等金属在常温下具有这种结构。设晶胞的点阵常数为 a，则立方体对角线长度为$\sqrt{3}a$，等于4个原子半径的长度，所以体心立方晶胞的原子半径 $r=\frac{\sqrt{3}}{4}a$。

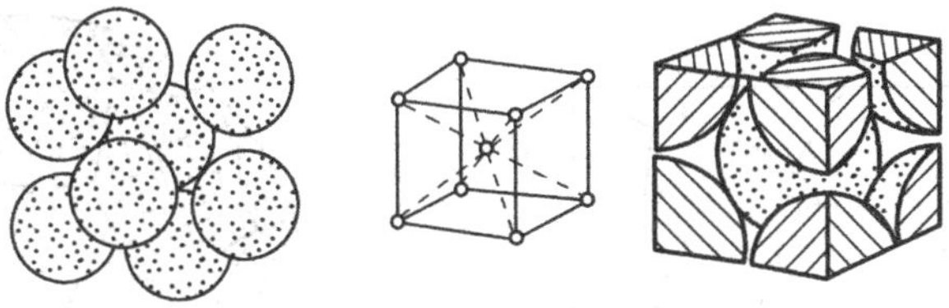

图1.4　体心立方晶格示意图

（2）面心立方晶格（见图1.5）

其晶胞也是一个立方体，在立方体的八个顶角上和每个面的中心都各有一个原子。金属不同，其面心立方晶格的晶格常数也不同。在常温下，铜、γ-Fe、金、铝、铅、铂、银、钇、铑等金属具有这种结构。计算得到面心立方结构的原子半径为 $r=\frac{\sqrt{2}}{4}a$。

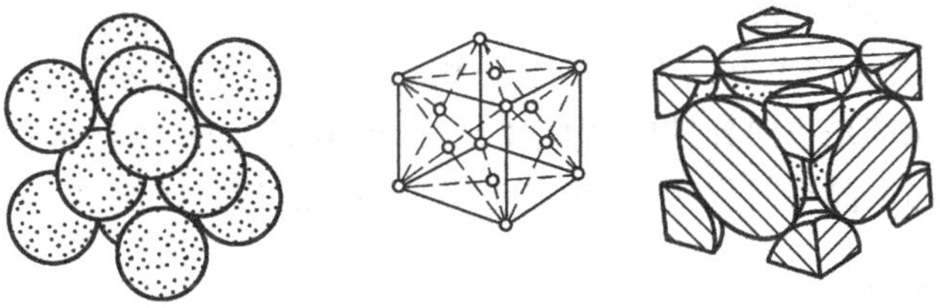

图1.5　面心立方晶格示意图

（3）密集六方晶格（图1.6）

其晶胞是一个立棱柱体，在棱柱体的各个棱角和上下两个六方底面的中心各有一个原子。此外在柱体中间还有三个原子。常温下，镁、锌、钴、钛、锆、镉等金属具有或近似具有密集六方结构（或称密排立方晶格）。典型的密排六方晶格金属的原子半径为 $r=\frac{1}{2}a$。

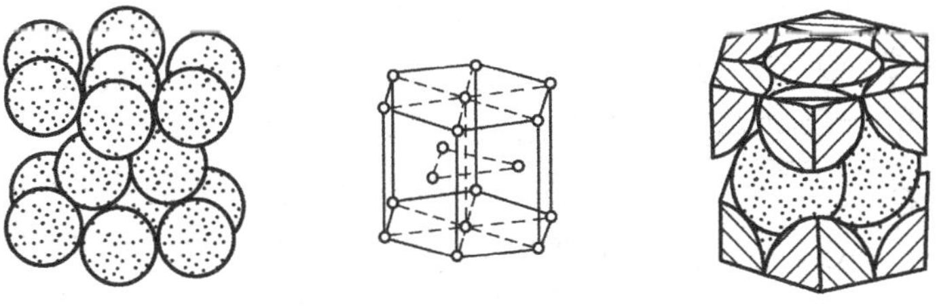

图1.6　密集六方晶格示意图

1.2 实际金属的结构

1.2.1 多晶体结构

如果一个晶体内部晶格方位是一致的，这个晶体就称作单晶体，在工业生产中只有经过特殊工艺才能获得单晶体。通常所用的金属都是由很多单晶体组成的，叫做多晶体。图 1.7 为纯铁的显微组织，由许多类似的颗粒组成，通常把这些小颗粒称为晶粒。晶粒之间的界面称为晶界，每一个晶粒相当于一个单晶体。晶体金属中各个晶粒的原子排列虽然相同。但每个晶粒原子排列的位向是不相同的。如图 1.8 所示。

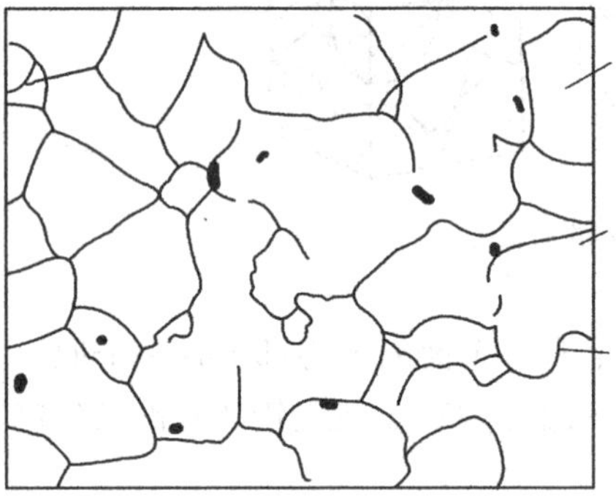

图 1.7 工业纯铁的显微组织

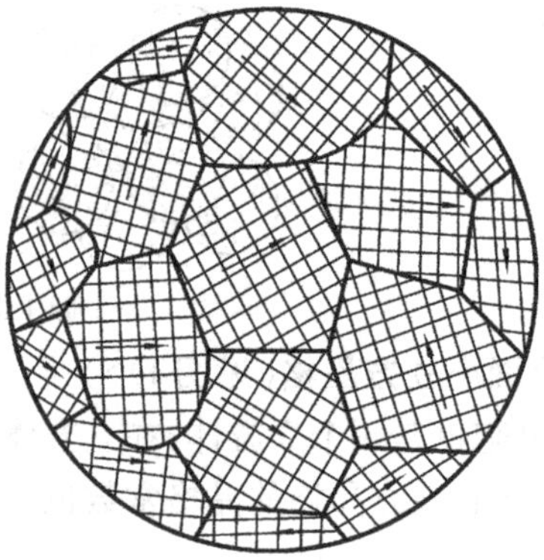

图 1.8 各晶粒位向示意图

多晶体金属的性能在各个方向上是基本一致的，这种现象称为“伪各向同性”，这时在多晶体中，虽然每个晶粒都是各向异性的，但它们的分布是随机的，因此晶体的性能在各个方向相互补充和抵消，再加上晶界的作用，就掩盖了每个晶粒的各向异性。

1.2.2 晶体的缺陷

实际上用的金属，其内部结构的原子排列并非完整无缺的，而是在每个晶粒的某些部位，由于铸造、变形等一系列原因使原子排列受到破坏，从而存在各种各样的缺陷。通常将晶粒中原子排列不规则的区域称为晶体缺陷。常见的晶体缺陷有点缺陷、线缺陷和面缺陷 3 种类型。

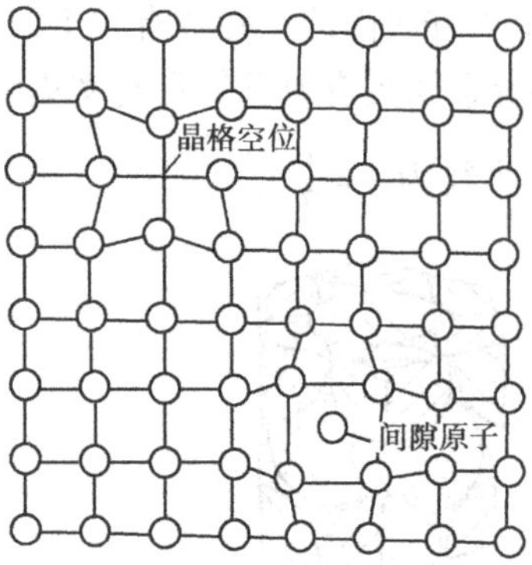

图 1.9 空位和间隙原子

(1) 点缺陷

点缺陷是晶体中呈点状的缺陷，常见的点缺陷有空位和间隙原子两种形式。

空位是指晶体的晶格中的某些原子结点位置未被原子所占有，该处便形成一个空位；间隙原子是指晶体的晶格间隙处出现的多余原子(见图 1.9)。当异常原子占据晶格的位置时，则称为置代原子。

由于空位、间隙原子、置代原子的存在引起周围晶格畸变，其结果使金属屈服点增高，塑性降低，从而影响金属的许多物理、化学性能。

空位和间隙原子不是固定不变的，当空位周围的某些原子获得足够的振动能量时，它就会脱离原来的位置而进入空位，而在原来的位置上形成新的空位，这就是空位运动；同理，间隙原子也可以从这一间隙移至另一间隙。

(2)**线缺陷**

线缺陷是指在三维空间的两个方向上尺寸很小的晶体缺陷，其主要形成是各种类型的位错。晶体中位错的基本类型有刃型位错和螺型位错两种。

1)刃型位错　如图1.10所示，晶体上下两部分的原子排列不同，如同沿着某一晶面插入了一个原子平面，但没有插到底。

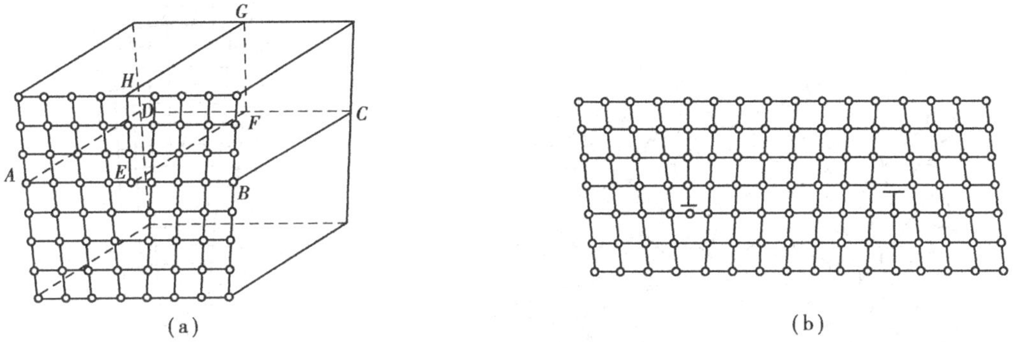

图1.10　刃型位错示意图

2)螺型位错　如图1.11所示，晶体上下两部分的原子排列面在某些区域相互吻合的次序发生错动，使不吻合的过渡区域的原子排列呈螺旋形，因此称为螺型位错。

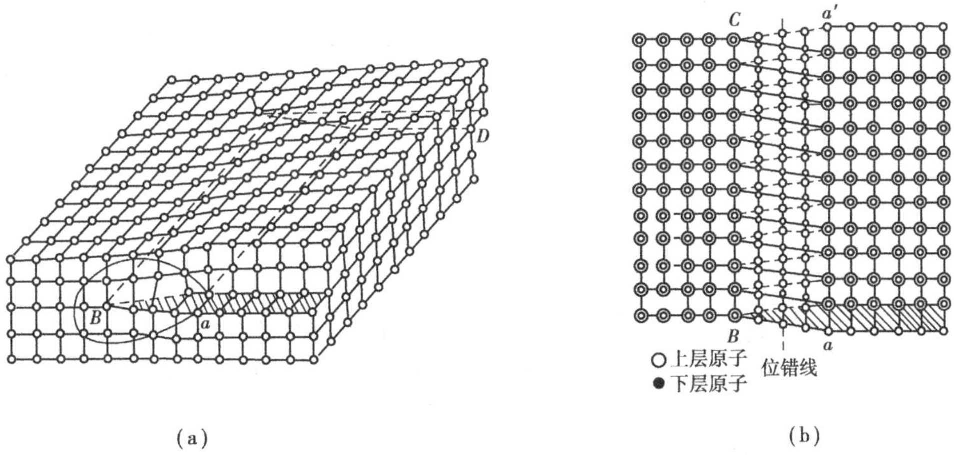

图1.11　螺型位错示意图
(a)立体模型图　(b)顶视图

晶体中的位错密度用单位体积中位错线的总长度或晶体中单位面积上位错线的根数来度量，晶体中位错密度的变化及位错在晶体内的运动，对金属的塑性变形、强度、疲劳腐蚀等物理化学性能都有极为重要的影响。

(3)**面缺陷**

面缺陷是指在三维空间的一个方向上尺寸很小而呈面状的缺陷,包括晶界和亚晶界。

晶界实际上是晶粒与晶粒之间的过渡层,如图1.12所示,在两个晶粒的交界处,由于晶粒位向不同,必须从一种位向逐步过渡到另一种位向,晶界上的晶格畸变很大,规则性较差,它一般累积有较多的位错,或偏聚有一些杂质原子,处于较高的能量状态,它与晶粒内部有着许多不同的特性。

亚晶界实际上可看作是由一系列刃型位错堆砌在一起所形成的小角度晶界(见图1.13)。由于亚晶界处原子排列同样要产生畸变,因而对金属性能有着与晶界类似的影响。

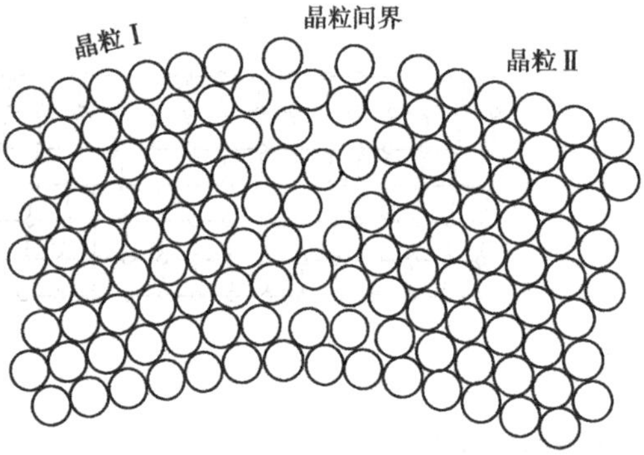

图1.12　晶界过渡结构示意图

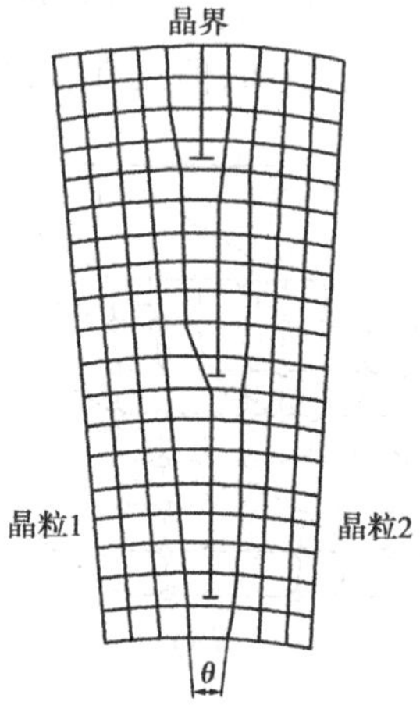

图1.13　亚晶界结构示意图

总之,各种晶体缺陷晶格均处于畸变状态,容易引起晶体内部产生内应力,导致材料塑性变形抗力增大,从而使金属材料在常温下强度、硬度提高。例如:生产中常用压力加工工艺,通过金属材料与塑性变形使晶体产生缺陷,达到强化金属的目的,通常把这种强化方法称为形变强化。

1.3　纯金属的结晶

金属由液态转变为晶体状态的过程称为结晶。由于金属结晶时形成的组织与各种性能密切相关,因此研究结晶过程的基本规律,对改善金属材料的组织和性能具有十分重要的意义。

1.3.1　金属结晶的基本规律

金属结晶过程是完成金属由液态转变为固态的过程,实质是金属原子由近程有序向远程有序排列状态过渡的过程。

(1)**纯金属的冷却曲线和过冷现象**

金属由液态转变为固态是在一定温度下进行的,这个转变温度成为金属的结晶温度,它可以通过热分析法测定出来。即将液态金属缓慢冷却,在缓慢冷却过程中每隔一定时间测一次温度，绘制“温度-时间”曲线图，便可得到金属缓慢冷却时的冷却曲线(见图 1.14)。这个曲线上出现了一个平台，它对应的温度就是金属平衡结晶时的温度，或称为理论结晶温度(其产生原因是金属结晶过程会释放出结晶潜热，补偿了冷却时散失在空气中的热量，从而使温度不随冷却时间的延长而下降，直到金属结晶终了后温度才陆续下降)，记作 T_0。

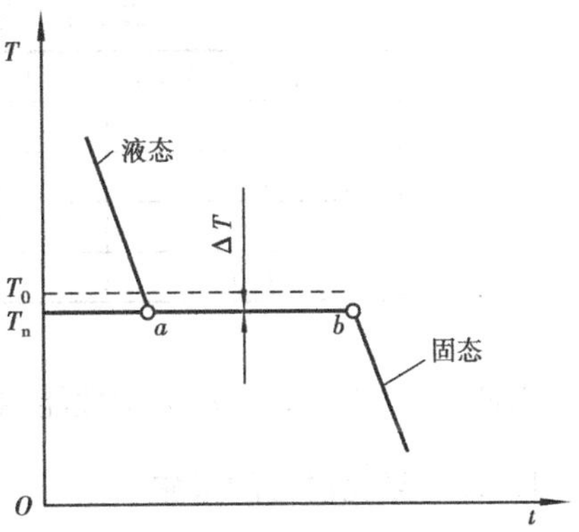

图 1.14　结晶时的冷却曲线

在实际冷却条件下，液态金属冷却到 T_0 时并不开始结晶，只有冷却到低于 T_0 的某一温度 T_n 时结晶才开始进行(见图 1.14)，我们称 T_n 为金属的实际结晶温度。金属在理论结晶温度以下仍保持液态的现象，叫做过冷现象。T_0 与 T_n 之差值 ΔT 称为过冷度，即：

$$\Delta T = T_0 - T_n \tag{1.1}$$

式中　ΔT——金属的过冷度，℃；

T_0——金属的理论结晶温度，℃；

T_n——金属的实际结晶温度，℃。

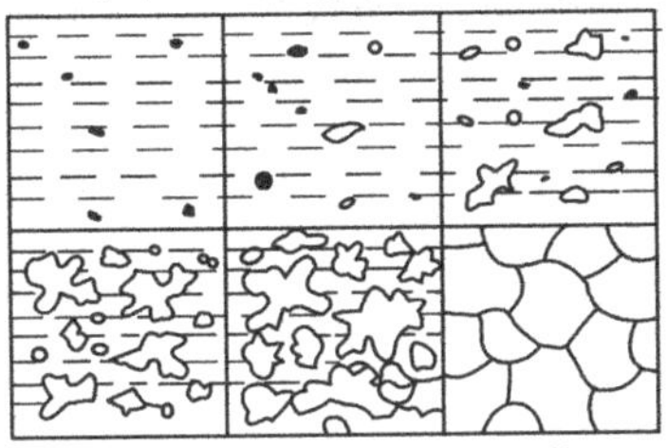

图 1.15　纯金属结晶的一般过程

实验证明：过冷度与冷却速度成正比关系。冷却速度越大，过冷度越大，实际结晶温度越低；反之，冷却速度越缓慢，则过冷度越小，实际结晶温度越接近理论结晶温度。

(2)结晶的一般过程

结晶过程总是从形成一些极小的晶体开始，通常称这些细小晶体为晶核，如图 1.15(a) ~ (f)所示。此后，液体的原子不断向晶核聚集，使晶核长大；同时液体会不断有新的晶核形成并长大，直到每个晶粒长大到互相接触，液体消失为止。结晶的这种晶核形成与长大过程是一切物质(包括非金属物质)进行结晶的普遍规律。

1.3.2　晶粒大小对金属力学性能的影响

液态金属结晶过程中，有一个晶核就形成一个晶粒，形核数量越多，结晶后晶粒数量也越多，晶粒也越小。生产中衡量金属的晶粒大小，用晶粒度(即单位体积或面积内晶粒的数量)表示。

实验表明，晶粒大小对金属的力学性能、物理性能和化学性能均有很大的影响。由于晶粒越细，晶粒数量越多，凹凸不规则的晶界面就越多，晶粒之间犬牙交错的机会也越多，彼此相互紧固，则其强度、韧性都会提高。同时晶粒越细，杂质分布就越分散，它们对力学性能的危害也就越小。表 1.1 说明了晶粒大小对纯铁力学性能的影响。

表 1.1　晶粒大小对纯铁力学性能的影响

晶粒平均直径/nm	Rm/MPa	ReL/MPa	A/%
70	184	34	30.8
25	216	45	39.5
2.0	268	58	48.8
1.6	270	66	50.7

因此，为了提高金属的力学性能，必须了解影响晶粒大小的因素及控制方法。

1.3.3　细化晶粒的措施

(1)增加过冷度

实验证明，增加结晶时的过冷度，能同时增加晶核形成与长大的速率，但晶核形成速率比长大速率大很多。因此，过冷度增加就易于获得细晶粒。

(2)变质处理

有两类方法：一是加入一些难熔形核剂，增加形核率，细化晶粒；二是多加某种可熔物质，吸附在晶粒表面，降低长大速率，也会收到细化晶粒的效果。

(3)振动

金属结晶时，如对液态金属附加机械振动、超声波振动、电磁振动，可使枝晶尖端破碎而增加新的结晶核心，从而提高形核率，使晶粒细化。

1.4　金属铸锭(坯)的组织

在冶金生产中，遇到的结晶产品大体可分为3类：①结晶后在铸造状态下直接使用，称为铸件；②结晶后要进行轧、锻，称为铸锭(坯)；③结晶形成制件的一个组成部分，如焊件的焊缝，金属的热镀层等。金属在铸造状态的组织会直接影响材料的性能。

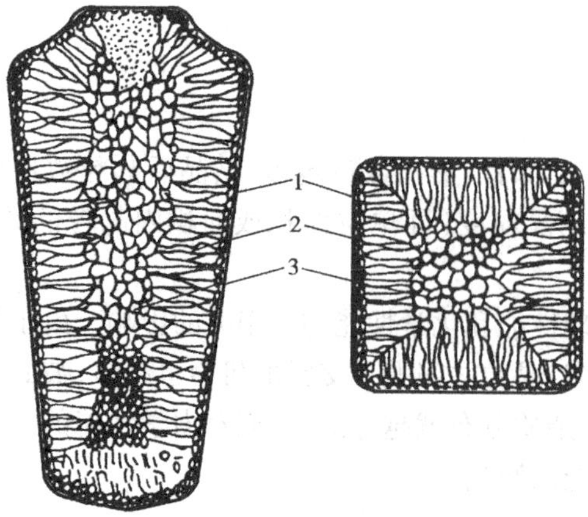

图 1.16　钢锭(坯)示意图
1—细晶区；2—柱状晶区；3—等轴晶区

1.4.1　铸锭(坯)的组织

金属铸件凝固时，由于表面和中心的结晶条件不同，铸件的结构由表到里是不均匀的。图1.16是钢锭(坯)示意图，可以看出，钢锭(坯)组织是由三个不同形态的晶粒区组成的。

(1)细晶区

当液态金属刚注入铸模时，由于模壁温度很低，使表面层液态金属急剧冷却，因而在较大的过冷度下结晶，且铸模壁上有很多固体质点，起形核作用，使其出现细晶组织。

(2)**柱状晶区**

细晶区形成后,由于模壁温度升高,金属向外传热速度减慢,过冷度减小,生核率不如成长率大,各晶粒可较快地长大。同时,由于热量是垂直于模壁向外扩散的,所以晶粒生长方向与此相反。晶粒生长时释放的潜热使其前沿的液态金属温度升高,从而抑制其他晶粒长大,更使其优先向内伸展,形成柱态晶区。在一定条件下,柱态晶粒可以贯穿整个铸锭(坯),这种柱状晶粒称为穿晶。

(3)**等轴晶区**

当结晶进行到钢锭(坯)中心时,由于散热缓慢,剩余液体温度趋于均匀,各方面冷却速度基本相同,中心部分液体几乎同时进入过冷状态,因而形成了较粗大的等轴晶区。

1.4.2 铸锭(坯)组织的特性

铸锭(坯)的细晶区,组织较致密,力学性能好,但由于细晶区比较薄,对整个铸锭(坯)的性能影响不大。

铸锭(坯)的柱状晶是从外向内结晶的,晶质较致密。但柱状晶的接触面由于常有非金属夹杂或低熔点杂质而成为弱面,在轧、锻时易开裂,所以对高熔点、含杂质的金属不希望生成柱状晶,但对熔点低、不含易熔杂质、塑性较好的金属则希望得到柱状晶结构。此外,柱状晶的性能具有明显的方向性,沿柱状晶晶轴方向强度较高。对单向受力的零件,柱状结构是非常理想的。

铸锭(坯)的等轴晶区由于在结晶时没有择优取向,故不存在脆弱的交界面,而方向不同的晶粒彼此交错咬合,各方向上的力学性能较好。但由于各个轴晶粒在生长过程中相互交叉,有可能形成许多封闭的小区,并将残留在这些小区中的液体相互隔绝起来。在凝固收缩时,由于得不到液体的补充,容易形成微小的缩孔。因此,等轴晶区的组织比较疏松。

铸锭(坯)的组织与成分、浇注条件等因素有关。一般来说,提高浇注温度,加快冷却速度,采用方向性散热等,有利于柱状晶区的发展;浇注温度低,冷却速度慢,均匀散热、变质处理,附加振动、搅拌等,有利于等轴晶区的发展。

在铸锭(坯)中,除组织不均匀外,经常还有各种铸造缺陷,如缩孔、疏松、气孔及偏析等。气孔一般在轧制和锻造时可以焊合,铸锭中还可能出现裂纹、非金属夹杂物等缺陷。

拓展阅读

侯增寿是我国著名金属材料专家,他毕生都投入到金属材料的研究当中,其代表作包括"CuZnAl 合金逆记忆效应""锻造余热淬火预冷工艺""超饱和渗碳的碳化物门槛值及极限值""纯铁 $\gamma \rightarrow \alpha$ 相变机制求索"等,其在探索金属材料过程中均提出了自己的全新见解。此外,侯先生主持研究的"球磨机钢球用钢系列化及锻造余热淬火""经济稀土渗碳钢"等 2 项成果分别获 1986 年及 1993 年山西省科技进步一等奖。即便如此,侯先生从不居功自傲,多次拒绝所谓"名人辞书"之类的推选,坚持问题导向,一心投身于金属热处理行业的工作当中,成为海内外金属材料顶尖的专家,人们常说的为国家做出贡献不求回报,拥有鲜热的赤子之心,说的就是这批科学先驱。

侯先生对金属材料事业的执着追求，激励着我们当代大学生要奋勇当先，同时将党的二十大报告中提出的相关要求铭记于心：自信自立，守正创新，同时必须坚持系统观念，不断提高战略思维、历史思维、辩证思维、系统思维、创新思维、法治思维、底线思维能力，为前瞻性思考、全局性谋划、整体性推进党和国家各项事业提供科学思想方法。

复习思考题

1. 什么叫金属的结晶？纯金属的结晶由哪两个过程组成？
2. 金属晶体中的结构缺陷有哪几种？它们对金属的力学性能有何影响？
3. 液态金属结晶时，细化晶粒的常用方法有哪几种？

第2章 金属的塑性变形与再结晶

塑性是金属的重要特性。金属压力加工,就是利用这一特点通过轧制、锻造、挤压、冲压、拉拔等成形工艺,使金属产生一定的塑性变形而获得制件的。因此,压力加工有时又称为塑性加工。研究金属塑性变形及冷热加工变形后的组织结构变化规律,对于深入了解金属材料各项力学性能指标的本质,充分发挥材料强度的潜力,为正确制订和改进金属压力加工工艺,提高产品质量及合理用材等都具有重要意义。

2.1 金属材料的性能

金属材料的性能,是指用来表征材料在给定外界条件下的行为参量。当外界条件发生变化时,同一种材料的某些性能也会随之变化。通常所指金属材料的性能包括以下两个方面:

1)使用性能　即为了保证零件、工程构件或工具等的正常工作,材料所应具备的性能,它包括力学、物理、化学等方面的性能。金属材料的使用性能决定了其应用范围、安全可靠性和使用寿命等。

2)工艺性能　即反映金属材料在被制成各种零件、构件和工具的过程中,材料适应各种冷、热加工的性能,主要包括铸造、压力加工、焊接、切削加工、热处理等方面的性能。这里仅简单介绍金属材料的力学性能。

金属材料在加工和使用过程中都要承受不同形式外力的作用,当外力达到或超过某一限度时,材料就会发生变形,以至断裂。材料在外力作用下所表现的一些性能,如强度、刚度、韧性等,称为材料的力学性能。

材料的力学性能,不仅是设计零(构)件、选择材料的重要依据,而且也是验收、鉴定材料性能的重要依据之一。对冶金产品的生产来说,金属(钢铁)材料的力学性能也是改进工艺、控制产品质量的重要参数之一。

根据载荷性质,零件受力情况可分为静载荷和动载荷两类。静载荷是指逐渐而缓慢地作用在工件上的力,如机床床头箱对床身的压力、钢索的拉力、梁的弯矩、轴的扭矩和剪切力等。

动载荷包括冲击载荷和交变载荷等，如空气锤锤杆所受的冲击力；齿轮、曲轴、弹簧等零件所承受的大小和方向随时间而变化的载荷等。

无论何种固体材料，其内部原子之间都存在相互平衡的原子结合力的相互作用。当工件材料受外力作用时，原来的平衡状态受到破坏，材料中任何一个小单元与其邻近的各小单元之间就诱发了新的力，称为内力。在单位截面上的内力，称为应力，以 R 表示。材料在外力作用下引起形状和尺寸改变，称为变形，包括弹性变形（卸载后可恢复原来形状和尺寸）和塑性变形（卸载后不能完全恢复原来形状和尺寸）。

当载荷性质、环境温度与介质等外在因素改变时，对材料力学性能的要求也不同。金属材料的力学性能主要是指强度、刚度、硬度、塑性和韧性等。

（1）强度指标

金属的强度是金属抵抗永久变形和断裂的能力。它是按 GB 228—2010 规定，把一定尺寸和形状的金属试样（图 2.1）装夹在试验机上，然后对试样逐渐施加拉伸载荷，直至把试样拉断为止。根据试样在拉伸过程中承受的载荷和产生的变形量之间的关系，可测出该金属的拉伸曲线（图 2.2）。在拉伸曲线上可以确定以下性能指标。

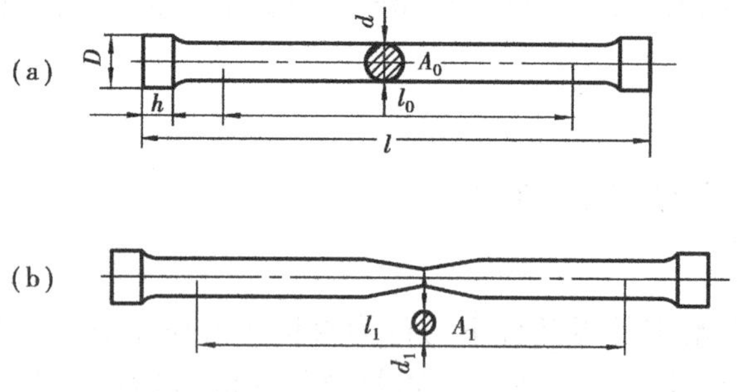

图 2.1　钢的标准拉伸试棒
（a）拉断前　（b）拉断后

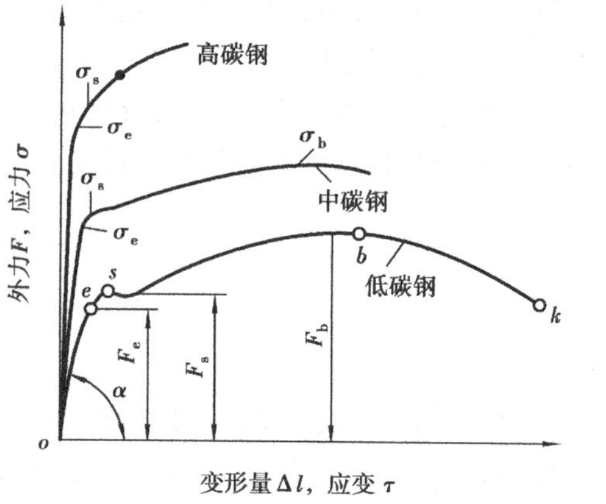

图 2.2　退火低碳、中碳和高碳钢的拉伸曲线
（外力 F—变形量 Δl 曲线与应力 σ—应变 ε 曲线形状相似，只是坐标不同）

1）弹性极限　从图 2.2 可以看出，不同性质材料的拉伸曲线形状是不相同的。拉伸曲线的 oe 线段是直线，这一部分试棒变形量（$L_u - L_o$）与外力 F 成正比。当除去外力后，试棒恢复到原来尺寸，称这一阶段的变形为弹性变形。外力 F_e 是使试棒只产生弹性变形的最大载荷。

无论何种材料，内部原子之间都具有相互平衡的原子力相互作用，以保持其固定的形状。当受到外力时，原来的平衡被破坏，其中任何一个小单元都和邻近的各个小单元之间诱发了新的力（内力），材料单位截面上的这种力称为应力，用符号 σ 表示。

弹性极限用符号 R_e 表示，单位为 MPa，即

$$R_e = \frac{F_e}{S_o}$$

式中　S_o——试棒的原始截面积；

F_e——试样 e 点所承受的外力。

弹性极限 R_e 是由试验得到的，其值受测量精度影响很大，故通常采取规定微量塑性伸长应力 $\sigma_{0.01}$ 为弹性极限。

2）屈服点　从拉伸曲线上可以看到，当载荷增加至超过 F_e 后，试样必定保留部分不能恢复的残余变形，即塑性变形。在外力达到 F_s 时曲线出现一个小平台。此平台表明不增加载荷试棒仍继续变形，好像材料已经失去抵抗外力能力而屈服了。我们称试棒屈服时的应力为材料的屈服点，以 R_s 表示，单位为 MPa，即

$$R_s = \frac{F_s}{S_o}$$

很多金属材料，如大多数合金钢、铜合金以及铝合金的拉伸曲线不出现平台。脆性材料如普通铸铁、镁合金等，甚至断裂之前也不发生塑性变形。因此工程上规定试棒发生某一微量塑性变形（0.2%）时的应力作为该材料的屈服点，称为屈服强度或规定微量塑性伸长应力，并以符号 $R_{0.2}$ 表示。要求严格时，也可规定为 0.1%，0.05% 的变形量，并相应以符号 $R_{0.1}$，$R_{0.05}$ 表示。

3）抗拉强度　试棒在屈服时，由于塑性变形而产生加工硬化，所以只有载荷继续增大，变形才能继续增加，直到增到最大载荷 F_m。拉伸曲线的这一阶段，试棒沿整个长度均匀伸长，当载荷达到 F_m 后，试棒就在某个薄弱部分形成“缩颈”，如图 2.1（b）所示。此时不增加载荷，试棒也会发生断裂。F_m 是试棒承受的最大外力，相应的应力即为材料的抗拉强度，以 R_m 表示，单位为 MPa，代表金属材料抵抗大量塑性变形的能力，即

$$R_m = \frac{F_m}{S_o}$$

材料的 $R_{0.2}$（或 R_s），R_m 均可在材料手册或有关文献或资料中查得，但 R_e 在手册中很少列出，因为测量手续麻烦，而且需要十分精确的设备，只有在特别需要时才测定它。

一般机器构件都是在弹性状态下工作的，不允许有微小的塑性变形，所以在机械设计时应采用 R_s 或 $R_{0.2}$ 强度指标，并加上适当的安全系数。由于抗拉强度 R_m 测定较方便，而且数据也较准确，所以设计零件时有时也可以直接采用强度指标 R_m，但需使用较大的安全系数。

由上述可知，强度是表征金属材料抵抗过量塑性变形或断裂的物理性能。

R_s/R_m 的比值称为屈强比。比值越大，越能发挥材料的潜力，减小结构的自重。但为了使用安全，亦不宜过大，适合的比值为 0.65～0.75。

4）疲劳强度　某些机器零件，如轴、弹簧、齿轮、叶片等在交变载荷长期作用下工作，很多情况是在工作应力峰值低于弹性极限的情况下突然破坏的。在多次交变载荷作用下的破坏现象，称为疲劳。交变载荷可以是大小改变、方向交变，或同时改变大小和方向。

金属材料的疲劳破坏过程，首先是在其薄弱部位，如在有应力集中或缺陷（划伤、夹渣、显微裂纹等）处产生微细裂纹。这种裂纹是疲劳源，而且一般出现在零件表面上，形成疲劳扩展区。当此区达到某一临界尺寸时，零件就在甚至低于弹性极限的应力下突然脆断。最后的脆断区称为最终破断区。图 2.3（a）是典型疲劳断口（汽车后轴）的宏观照片，图 2.3（b）是典型断口三个区域的示意图。

可以看出疲劳断口的特征是：①疲劳断口是非常光滑和细洁的区域。②疲劳断口扩展区域出现弧形贝纹，这些弧形贝纹是裂纹以疲劳源为中心逐渐扩展的痕迹。③最终破断区域，对韧性材料有剪切唇出现，但对脆性材料的断口呈粗晶状。

(a)

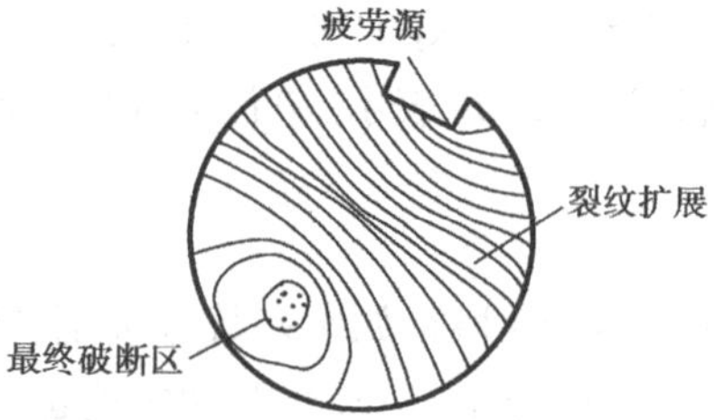

(b)

图 2.3　疲劳断口的特征

(a)汽车后轴的断口　(b)断口示意图

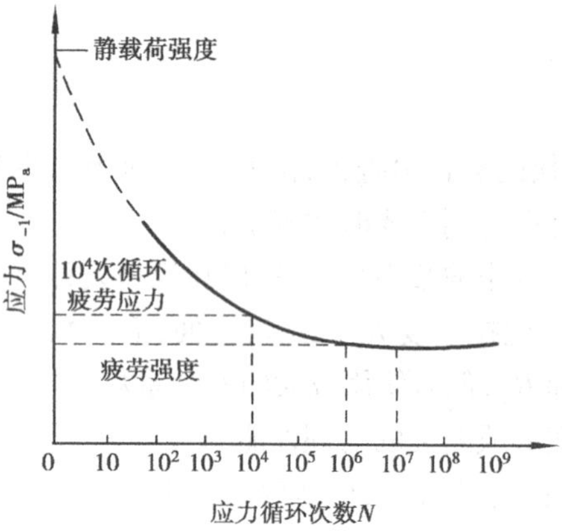

图 2.4　疲劳曲线

测定材料的疲劳强度时，要用较多的试棒，在不同交变载荷下进行试验，作出疲劳曲线，如图 2.4 所示。从图可以看出，循环数增加，应力降低。当应力降到某一值后，曲线变成水平直线，这就意味着材料可以经受无限次循环载荷而不发生疲劳断裂。把试样承受无限次应力循环或达到规定的循环次数才断裂的最大应力，作为材料的疲劳强度。对在弯曲循环载荷下测定的疲劳强度用符号 R_{-1} 表示，而在剪切循环载荷下测定的用 τ_{-1} 表示。

图 2.4 是钢铁材料的疲劳曲线，在试验循环数达到 10^7 次时，出现水平直线。所以对于钢铁材料，把循环数达到 10^7 次时的最大应力作为疲劳强度。有色金属和合金的疲劳曲线不出现水平直线，因此工程上规定循环数到 10^8 次时的最大应力作为它们的疲劳强度。

材料的 R_{-1} 与 R_m 是紧密相关的。对钢来说，其关系为 $R_{-1} = 0.45 \sim 0.55R_m$。可见材料的疲劳强度随其抗拉强度增高而增高。

根据疲劳的特点和总的循环次数，可以分为高周疲劳（$N \geqslant 10^4$）和低周疲劳（$N \leqslant 10^4$）。高周疲劳时，重要的性能是疲劳强度。如果零件的工作应力低于材料的疲劳强度，则在理论上不会发生疲劳断裂。而低周疲劳时，材料的疲劳抗力不仅与强度有关，而且与塑性有关，即材料应有良好的强韧性配合。

零件的疲劳强度除了决定于材料的成分及其内部组织外，与零件的表面状态及其形状也有很大的关系。表面应力集中（划伤、损伤、腐蚀斑点等）会使疲劳寿命大大减低。提高零件疲劳寿命的方法是:①设计上减小应力集中,转接处避免锐角连接,使零件表面较光滑;②强化表面,如渗碳、渗氮、喷丸、表面滚压等,在零件表面造成残余压应力,抵消一部分拉应力,降低零件表面实际拉应力峰值,从而提高零件的疲劳强度。

(2)**刚度指标**

材料在受力时抵抗弹性变形的能力称为刚度,它表示材料弹性变形的难易程度。材料刚度的大小,通常用弹性模量 E 来评价。

材料在弹性范围内,应力 R 与应变 ε 的关系服从虎克定律:$R = E\varepsilon$ 或 $\tau = G\gamma$(G 是由扭转试验测得,称为切变模量)。式中 R 和 τ 分别为正应力和切应力,ε 和 γ 分别为正应变和切应变。应变为单位长度的变形量,即 $\varepsilon = (L_u - L_o)/L_o$。

$E = \sigma/\varepsilon$ 和 $G = \tau/\gamma$,分别为弹性模量和切变模量。由图 2.2 可以看出,弹性模量 E 是拉伸曲线上的斜率,即 $\tan\alpha = E$。斜率 $\tan\alpha$ 越大,弹性模量 E 也越大,即是说弹性变形越不容易进行。因此 E,G 是表示材料抵抗弹性变形能力和衡量材料“刚度”的指标。弹性模量越大,材料的刚度越大,即具有特定外形尺寸的零件或构件保持其原有形状和尺寸的能力也越大。

弹性模量的大小主要决定于金属键,与显微组织的关系不大。合金化、热处理、冷变形等对它的影响很小。生产中一般不考虑也不检验它的大小,基体金属一经确定,其弹性模量值就基本上定了。在材料不变的情况下,只有改变零件的截面尺寸或结构,才能改变它的刚度。

在设计机械零件时,若需用刚度大的零件,则应选用具有高弹性模量的材料。钢铁材料的弹性模量较大,所以对要求刚度大的零件,通常选用钢铁材料。例如镗床的镗杆应有足够的刚度,如果刚度不足,当进刀量大时镗杆的弹性变形就会大,镗出的孔就会偏小,因而影响加工精度。

要求在弹性范围内对能量有很大吸收能力的零件(如仪表弹簧),一般使用软弹簧材料铍青铜、磷青铜制造,应具有极高的弹性极限和低的弹性模量。

表 2.1 列出了常见金属的弹性模量。

表 2.1　常见金属的弹性模量

金　属	弹性模量 E/MPa	切变模量 G/MPa
铁	214 000	84 000
镍	210 000	84 000
钛	118 010	44 670
铝	72 000	27 000
铜	132 400	49 270
镁	45 000	18 000

注:表中 G 是由扭转试验测得,称为切变模量。

(3)**塑性指标**

塑性是指金属材料在载荷作用下断裂前发生不可逆永久变形的能力,评定材料塑性的指标通常是伸长率和断面收缩率。

1)伸长率 A

$$A = \frac{L_u - L_o}{L_o} \times 100\%$$

式中　L_o——试棒原标距长度;

L_u——拉断后试棒的标距长度(图2.1)。

在材料手册中常常可以看到A_5和A_{10}两种符号,它分别表示用$L_o=5d$和$L_o=10d$(d为试棒直径)两种不同长度试棒测定的伸长率。L_u是试棒的均匀伸长和产生缩颈后伸长的总和。很明显,短试棒中缩颈的伸长量所占的比例大,故同一材料所测得的A_5和A_{10}值是不同的,A_5的值较大,A_{10}的值较小,例如钢材的A_5大约为A_{10}的1.2倍。所以相同符号的伸长率才能进行相互比较。

2)断面收缩率Z

$$Z=\frac{S_o-S_u}{S_o}\times 100\%$$

式中　S_o——试棒原来的截面积;

S_u——试棒拉断后缩颈处的截面积(图2.1)。

断面收缩率不受试棒标距长度的影响,因此能更可靠地反映材料的塑性。

对必须承受强烈变形的材料,塑性指标具有重要的意义。塑性优良的材料冷压成形性好。此外,重要的受力零件也要求具有一定塑性,以防止超载时发生断裂。

伸长率和收缩率也表明材料在静载或缓慢增加的拉伸应力下的韧性。不过在很多情况下,具有高收缩率的材料可承受高的冲击功。

必须指出,塑性指标不能直接用于零件的设计计算,只能根据经验来选定材料的塑性。一般来说,伸长率达5%或断面收缩率达10%的材料,即可满足绝大多数零件的要求。

但对各种具体形状、尺寸和应力集中系数的零件来说,对塑性的要求是有一定限度的,并不是越大越好,否则会限制材料强度使用水平的提高,不能发挥材料强度的潜力,造成产品粗大笨重、浪费材料和使用寿命不长。

(4)**硬度指标**

硬度是材料抵抗局部变形,特别是塑性变形、压痕或划痕的能力。硬度是材料的一个重要指标,试验方法简便、迅速,不需要破坏试件,设备也比较简单,而且对大多数金属材料,可以从硬度值估算出它的抗拉强度,因此在设计图样的技术条件中大多规定材料的硬度值。检验材料或工艺是否合格有时也需用硬度。因此,硬度试验在生产中广泛应用。

材料的硬度值,是按一定方法测出的数据,不同方法在不同条件下测量的硬度值,因含义不同,其数据也不同,因此一般不能进行相互比较。工业生产中经常采用的硬度试验方法有以下几种。

1)布氏硬度　布氏硬度试验方法是把规定直径的淬火钢球或硬质合金球以一定的试验力压入所测材料表面(图2.5),保持规定时间后,测量表面压痕直径(图2.6),然后按下式计算硬度:

$$\text{HBS(HBW)}=\frac{F}{S}=0.102\times\frac{2F}{\pi D(D-\sqrt{D^2-d^2})}$$

式中　HBS(HBW)——S表示用钢球(W表示用硬质合金球)试验时的布氏硬度值;

F——试验力,N;

S——压痕表面积,mm^2;

D——球体直径,mm;

d——压痕平均直径,mm。

由于金属材料有软有硬,被测工件有薄有厚,尺寸有大有小,如果只采用一种标准的试验

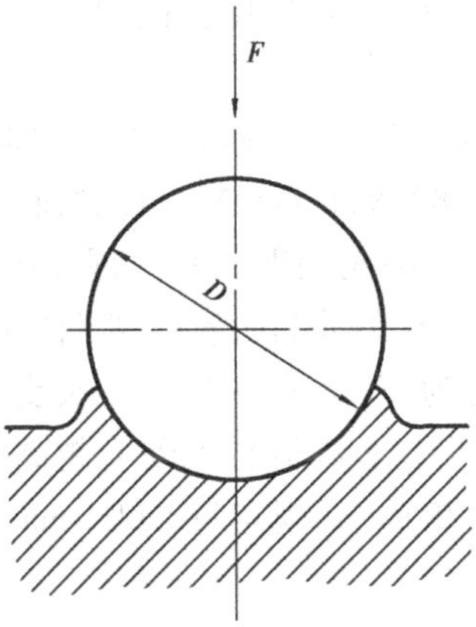

图 2.5　布氏硬度测量示意图

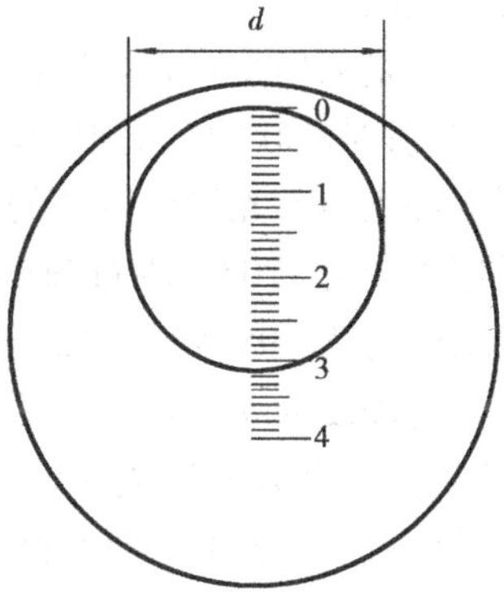

图 2.6　用读数显微镜测量压痕直径

力 F 和压头直径 D,就会出现对某些材料和工件不适应的现象。因此,在进行布氏硬度试验时要求使用不同的试验力和压头直径,建立 F 和 D 的某种选配关系,以保证布氏硬度的不变性。

根据金属材料种类、试样硬度范围和厚度的不同,按照表 2.2 的规范选择试验压头(钢球)直径 D、试验力 F 及保持时间。

淬火钢球作压头测得的硬度值用符号 HBS 表示,硬质合金球作压头时用 HBW 表示。符号 HBS 和 HBW 之前用数字标注硬度值,符号后面依次用数字注明压头直径(mm)、试验力(0.102F)及试验力保持时间(s)(10 ~ 15 s 不标注)。例如,500HBW5/750,表示用直径 5 mm 硬质合金球在 7 355 N 试验力作用下保持 10 ~ 15 s,测得的布氏硬度值为 500。

目前,布氏硬度主要用于铸铁、非铁金属以及经退火、正火和调质处理的钢材。

表 2.2　布氏硬度试验规范

材料种类	布氏硬度使用范围(HBS)	钢球直径 D/mm	$0.102F/D^2$	试验力 F/N	试验力保持时间/s	注
钢、铸件	≥140	10 5 2.5	30	29 420 7 355 1 839	10	压痕中心距试样边缘距离不应小于压痕平均直径的 2.5 倍 两相邻压痕中心距离不应小于压痕平均直径的 4 倍 试样厚度至少应为压痕深度的 10 倍。试验后,试样支撑面应无可见变形痕迹
	<140	10 5 2.5	10	9 807 2 452 613	10 ~ 15	
非铁金属材料	≥130	10 5 2.5	30	29 420 7 355 1 839	30	
	30 ~ 130	10 5 2.5	10	9 807 2 451 613	30	
	<35	10 5 2.5	2.5	2 452 613 153	60	

2）洛氏硬度　洛氏硬度试验是目前应用最广的硬度试验方法，它是采用直接测量压痕深度来确定硬度值的。

洛氏硬度法是采用金刚石圆锥体或淬火钢球压入金属表面。对硬材料如淬火后的钢件，用金刚石压印头；对较软的金属则用淬火钢球。通常有588 N、980 N、1 471 N三种载荷，而且为了减小因零件表面不光滑而造成的误差，需加98N的初载荷。洛氏硬度试验原理如图2.7所示。它是用顶角为120°金刚石圆锥体或直径为1.588 mm（1/16英寸）的淬火钢球作压头，先施加初始试验力 F_1（98 N），再加上主试验力 F_2，其总试验力为 $F = F_1 + F_2$。压头受主试验力作用压入的深度为 h。金属越硬，h 值越小。为适应人们习惯上数值越大硬度越高的观念，故人为地规定一常数 K 减去压痕深度 h 的值作为洛氏硬度指标，并规定每0.002 mm为一个洛氏硬度单位，用符号HR表示，则洛氏硬度值为：

$$HR = \frac{K - h}{0.002}$$

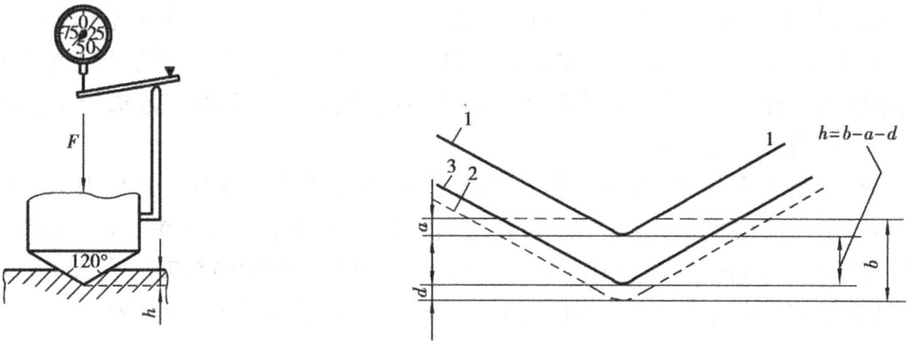

(a)　　　　(b)

图2.7　洛氏硬度试验原理

由此可见，洛氏硬度值是一无量纲的材料性能指标，使用金刚石压头时，常数 K 为0.2；使用钢球压头时，常数 K 为0.26。

根据所用压头种类和所加载荷，洛氏硬度分为HRA，HRB，HRC。表2.3所列为有关这些指标的规定。洛氏硬度值标注方法为硬度符号前面注明硬度数值，例如52HRC，70HRA等。

表2.3　常用的三种洛氏硬度的试验条件及应用范围

硬度符号	压头类型	总试验力 F/kN	硬度值有效范围	应用举例
HRA	120°金刚石圆锥体	0.588 4	70～85HRA	硬质合金，表面淬硬层，渗碳层
HRB	ϕ1.588 mm 钢球	0.98 07	25～100HRB	非铁金属，退火、正火钢等
HRC	120°金刚石圆锥体	1.471 1	20～67HRC	淬火钢，调质钢等

注：总试验力＝初始试验力＋主试验力；初始试验力全为98 N。

洛氏硬度HRC可以用于硬度很高的材料，操作简便迅速，而且压痕很小，几乎不损伤工件表面，故在钢件热处理质量检查中应用最多。但由于压痕小，硬度值代表性就差些。如果材料有偏析或组织不均匀的情况，则所测硬度值的重复性差，故需在试样不同部位测定三点，取其算术平均值。

3)维氏硬度　为了更准确测量金属零件的表面硬度或测量硬度很高的零件，常采用维氏硬度,其符号用HV表示。

维氏硬度试验也采用金刚石锥体,不过是正棱角锥,其测量原理见图2.8。F的大小,可根据试样厚度和其他条件选用,一般试验力可用10～1 000 N。试验时试验力F在试件表面压出正方形压痕。测量压痕两对角线平均长度d（mm）,以下式求出硬度值(式中S_v为压痕面积)：

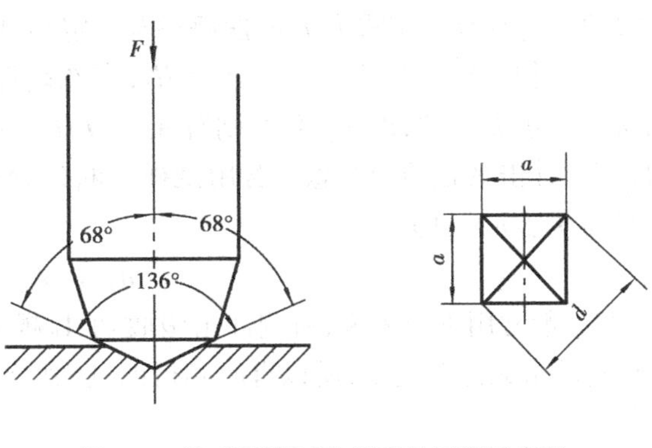

图2.8　维氏硬度试验原理及压痕示意图

$$HV = \frac{0.102F}{S_v} = \frac{1.854\,4F}{d^2} = 0.189\,1\frac{F}{d^2}$$

10 N试验力特别适用于测量热处理表面层(如渗碳层、渗氮层)的硬度。当试验力小于10 N时,压痕非常小,可用于测量金相组织中不同相的硬度,测得的结果称为显微硬度,多以符号HM表示。维氏硬度试验方法及技术条件可参阅国家标准GB 4340—84。

材料的屈服点在多数情况可用HV近似地估算:

$$R_s = HV0.1^n/3$$

式中　n——材料加工硬化系数。

对高强度材料,可近似认为$n=0$，$R_s=HV/3$。

(5)**韧性指标**

1)冲击韧度　机械零部件在服役过程中不仅受到静载荷或变动载荷作用,而且受到不同程度的冲击载荷作用,如锻锤、冲床、铆钉枪等。在设计和制造受到冲击载荷的零件和工具时,必须考虑所用材料的冲击吸收功或冲击韧度。

目前最常用的冲击试验方法是摆锤式一次冲击试验,其试验原理如图2.9所示。

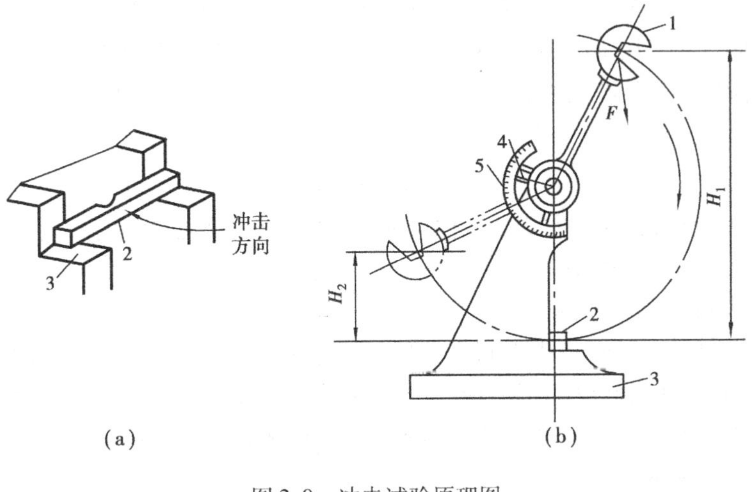

图2.9　冲击试验原理图

1—摆锤　2—试样　3—机架　4—指针　5—刻度盘

欲测定的材料先加工成标准试样,然后放在试验机的机架上,试样缺口背向摆锤冲击方向

(图2.9),将具有一定重力F的摆锤举至一定高度H_1;使其具有势能(FH_1),然后摆锤落下冲击试样;试样断裂后摆锤上摆到高度H_2,在忽略摩擦和阻尼等条件下,摆锤冲断试样所做的功,称为冲击吸收功,以A_K表示,则有$A_K = FH_1 - FH_2 = F(H_1 - H_2)$。在GB/T 229—1994中,仅规定了冲击吸收功的概念。若用试样的断口处截面积S_N去除A_K即得到冲击韧度,用a_K表示,单位为J/cm^2,即:

$$a_K = A_K / S_N$$

对一般常用钢材来说,所测冲击吸收功A_K越大,材料的韧性越好。但由于测出的冲击吸收功A_K的组成比较复杂,所以有时测得的A_K值及计算出来的a_K值不能真正反映材料的韧脆性质。

长期生产实践证明A_K,a_K值对材料的组织缺陷十分敏感,能灵敏地反映材料品质、宏观缺陷和显微组织方面的微小变化,因而冲击试验是生产上用来检验冶炼和热加工质量的有效办法之一。由于温度对一些材料的韧脆程度影响较大,为了确定出材料由塑性状态向脆性状态的转化趋势,可分别在一系列不同温度下进行冲击试验,测定出A_K值随试验温度的变化。实验表明:A_K随温度的降低而减小;在某一温度范围,材料的A_K值急剧下降,表明材料由韧性状态向脆性状态转变,此时的温度称为韧脆转变温度。此温度越低,表征材料的低温冲击韧度越好,可用来作低温下的受力零件。对于大型金属结构,如储气罐、船体、桥梁、输送管道等,都要对钢材的韧脆转变温度以及在最低使用温度下应具有的最低韧度值作出规定。

冲击试验对材料内部组织及存在的缺陷较其他方法更为敏感,而使内部组织结构存在微小差异也能反映出来,因此生产科研上常用来检查材料品质和工艺质量,如组织的均匀性、白点、裂纹、回火脆性、晶粒大小等。

2)断裂韧度　前面几节讨论的力学性能,都是假定材料是均匀、连续、各向同性的。以这些假设为依据的设计方法称为常规设计方法。根据常规方法分析认为是安全的设计,有时会发生意外断裂事故。在研究这种在高强度金属材料中发生的低应力脆性断裂的过程中,发现前述假设是不成立的。实际上,材料的组织远非是均匀、各向同性的,组织中有微裂纹,还会有夹杂、气孔等宏观缺陷,这些缺陷可看成是材料中的裂纹。当材料受外力作用时,这些裂纹的尖端附近便出现应力集中,形成一个裂纹尖端的应力场。根据断裂力学对裂纹尖端应力场的分析,裂纹前端附近应力场的强弱主要取决于一个力学参数,即应力强度因子K_I,单位为$MN \cdot m^{-3/2}$。

$$K_I = YR\sqrt{a}$$

式中　Y——与裂纹形状、加载方式及试样尺寸有关的量,是个无量纲的系数;

R——外加拉应力,MPa;

a——裂纹长度的一半,m。

对某一个有裂纹的试样(或机件),在拉伸外力作用下,Y值是一定的。当外加拉应力逐渐增大,或裂纹逐渐扩展时,裂纹尖端的应力强度因子K_I也随之增大;当K_I增大到某一临界值时,试样(或机件)中的裂纹会产生突然失稳扩展,导致断裂。这个应力强度因子的临界值称为材料的断裂韧度,用K_{Ic}表示。

断裂韧度是用来反映材料抵抗裂纹失稳扩展,即抵抗脆性断裂能力的性能指标。当$K_I < K_{Ic}$时,裂纹扩展很慢或不扩展;当$K_I \geq K_{Ic}$时,则材料发生失稳脆断。这是一项重要的判据,可用来分析和计算一些实际问题。例如,若已知材料的断裂韧度和裂纹尺寸,便可以计算裂纹扩

展以至断裂的临界应力，即机件的承载能力；或者已知材料的断裂韧度和工作应力，就能确定材料中允许存在的最大裂纹尺寸。

断裂韧度测定是把试验材料制成一定形状和尺寸的试样，在试样上预制出能反映材料实际情况的疲劳裂纹，然后施加载荷。试验中用仪器自动记录并绘出外力与裂纹扩展的关系曲线，经过计算和分析，确定断裂韧度。能够反映材料抵抗裂纹失稳扩展的性能指标及其试验测定方法有多种，具体试验测定方法及要求见 GB 4161—2020《金属材料平面应变断裂韧度 K_{Ic} 试验方法》、GB 2358—1994《金属材料裂纹尖端张开位移试验方法》(CTOD)、GB 2038—1991《利用 J_R 阻力曲线确定金属材料延性断裂韧度的试验方法》(J_{Ic})等。

断裂韧度是材料固有的力学性能指标，是强度和韧性的综合体现。它与裂纹的大小、形状、外加应力等无关，主要取决于材料的成分、内部组织和结构。

2.2 金属的塑性变形

2.2.1 金属的变形与断裂

现在再来研究第2章图2.2所示的拉伸曲线。在拉伸应力低于 e 点时，发生变形的特点是应力 σ 和应变 ε 成正比；当外力去除后，变形即消失，这种变形称为弹性形变。当外力增大超过某一限度如 e 点后，变形量就不再与外力成正比，外力去除后只能恢复一部分变形，不能完全恢复原来的长度。即有残余的永久变形，称为塑性变形。当外力增加至 b 点，应力达最大。随后应力下降至 k 点，试件被拉断。可见，金属的变形可以分为三个连续阶段：弹性变形（是可逆的，一般变形量不大于1%，不能使金属成形）、弹塑性变形（变形量较大，多数变形为不可逆的，是压力加工的基础）和断裂阶段（材料最严重的失效形式）。

为什么金属材料变形会出现上述现象呢？现以单晶受力作为研究对象。当单晶体受拉力 F 时（图2.10），在一定的晶面分解为垂直于晶面的正应力 σ_N 和平行于晶面的切应力 τ。

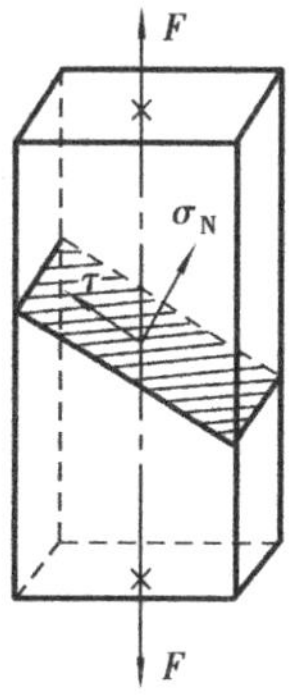

图2.10 应力的分解

正应力 σ_N 使晶格沿其受力的方向拉长（图2.11），这些晶格的原子离开平衡位置，原子间的吸引力与 σ_N 平衡。当外力去除后，受拉长的晶格恢复原状，变形消失，这就是弹性变形。当应力 σ_N 大于原子间的结合力时，晶体断裂，称为脆性断裂，其特点是断口常具有闪烁状的金属光泽。正应力只能使晶体产生弹性变形和断裂。

在切应力 τ 作用下，晶体的变形如图2.12所示。当切应力较小时，晶体发生弹性变形（图2.12(b)），切应力增人到一定值后，晶体的一部分相对另一部分沿着滑移面相对滑移，滑移的距离为原子间距离的整数倍（图2.12(c)）。这时去除外力后，晶体中的原子不能完全回复到它原来位置(2.12(d))，这种现象就是弹塑性变形。若切应力 τ 很大，在产生一定塑性变形后晶体也将被切断破坏，称为延性断裂。延性断裂的特征，是断口呈纤维状（内部晶粒被拉长为条状），且灰暗无光泽。

任何断裂都是由一个小裂纹源开始，在力的作用下裂纹源扩展直至最终断裂的。材料的

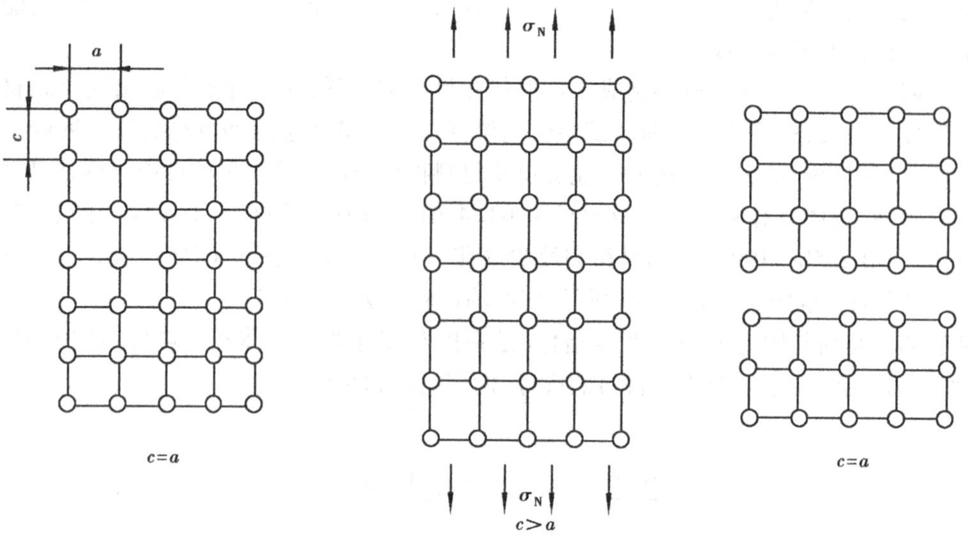

图 2.11　正应力作用下晶体变形示意图
(a)变形前　(b)弹性变形　(c)断裂

组织对裂纹形核、长大过程有极大影响。合金元素通过对组织的影响而改变材料的韧性，即影响材料抗断裂的能力。生产上常用断口分析法去判明断裂的性质，并找出其断裂原因。

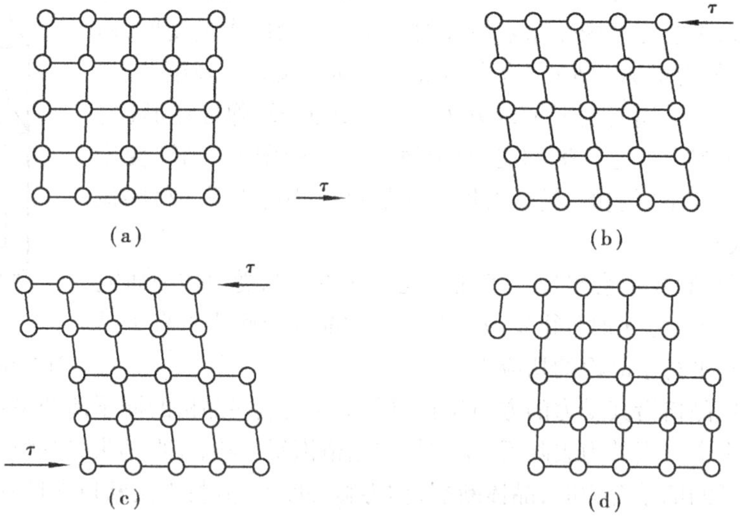

图 2.12　切应力作用下晶体变形示意图
(a)变形前　(b)弹性变形　(c)弹塑性变形　(d)变形后

2.2.2　单晶体的塑性变形

单晶体的塑性变形方式主要有两种:滑移与孪生。

(1)滑移

晶体塑性变形时，出现的分切应力使晶体内部上下两部分的原子沿着某特定的晶面相对移动，这种现象称为滑移。滑移主要发生在原子排列最紧密或较紧密的晶面上，并沿着这些晶面上原子排列最紧密的方向进行，因为只有在最密排晶面之间的面间距及最密排晶面之间的原子间距才最大，原子结合力也最弱，所以在最小的切应力下便能引起它们之间的相对滑移。发生滑移的面称为滑移面，而发生滑移的方向称为滑移方向。晶体中每个滑移面和该面上的一个滑移方向组成一个滑移系。晶体中滑移系越多，其塑性就越好。

滑移的示意图如图 2.13 所示，A 和 A' 面的原子密度较 B 和 B' 面大，其面间距离也比 B 和 B' 面大，因而 A 与 A' 晶面间更容易相对移动。

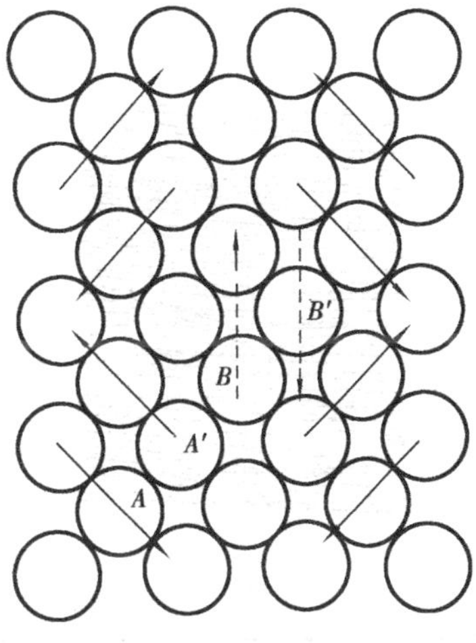

图 2.13　紧密晶面滑移示意图

数十年来，大量的理论与实验证明，由于实际晶体中存在位错，滑移不是按刚性滑移进行，而是按图 2.14(a) 所示那样，由位错的移动来实现的。即具有位错的晶体，在切应力作用下，位错线上面的两列原子向右作微量位移，进到虚线位置，位错线下面的一列原子向左作微量位移，进到虚线位置，这样就可使位错向右移动一个原子间距。在切应力作用下，如位错线继续向右移动到晶体表面时，就形成了一个原子间距的滑移量，如图 2.14(b) 所示。结果晶体就产生了塑性变形。

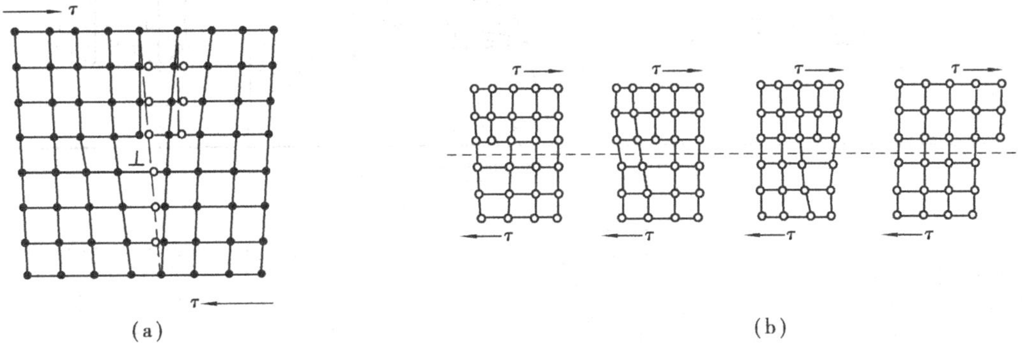

图 2.14　刃型位错运动形成滑移示意图

由此可见，晶体通过位错移动而产生滑移时，并不需要整个滑移面上全部的原子同时移动，只需位错附近的少数原子作微量的移动，移动的距离远小于一个原子间距，因而位错移动所需的切应力就小得多，且与实测值基本相符。故滑移实质上是在切应力作用下，位错沿滑移面的运动。

如果把试样表面抛光进行塑性变形，然后用显微镜观察，可以在表面看到很多平行的滑移痕迹(图 2.15)，称为滑移带。如果再用电子显微镜观看，则可以看出滑移带是由很多平行的细线条组成的。图 2.16 为滑移带结构示意图，带中的细线条称为滑移线。滑移线实际上就是晶面，也就是前面所说的滑移面经过滑移后出现的痕迹。两条滑移线之间的区域称为滑移层。

具有体心和面心立方晶格的金属，如铁、铜、铝、铬等，在通常情况下均按滑移方式变形，它们的塑性比具有密排六方晶格的金属好得多，这是由于前者的滑移系多，金属发生滑移的可能性大所致。如图 2.17 所示，体心立方和面心立方晶格都为 12 个滑移系，而密排六方晶格仅有 3 个滑移系。

图 2.15　铝变形后出现的滑移带

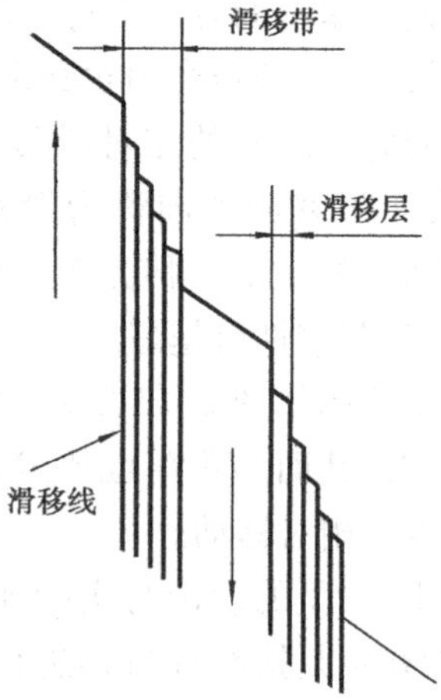

图 2.16　滑移带结构示意图

晶格	体心立方晶格		面心立方晶格		密排六方晶格	
滑移面	{110} ×6	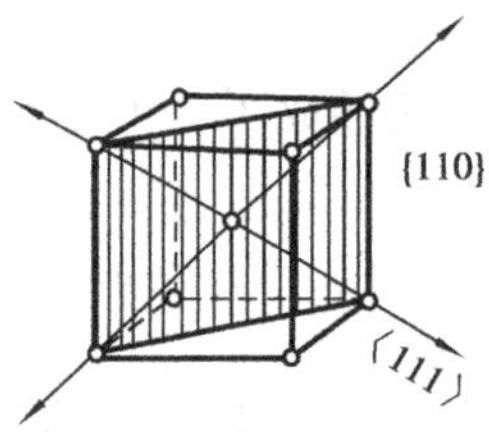	{111} ×4	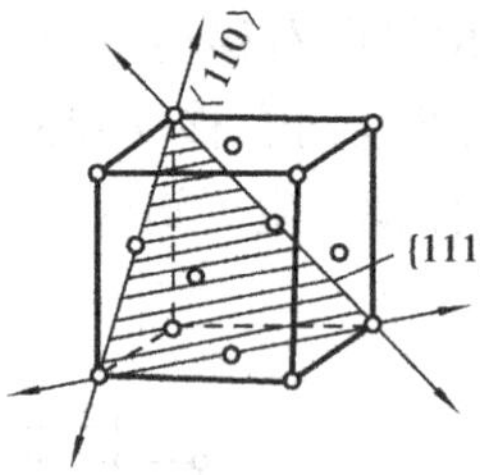	六方底面 ×1	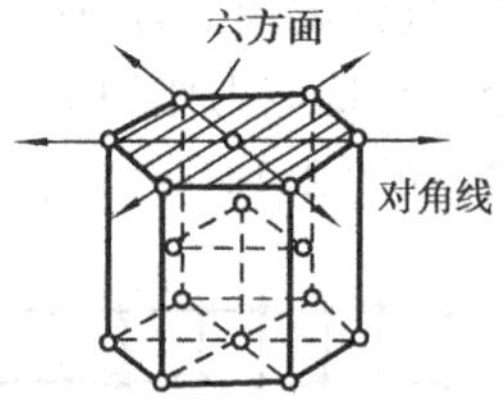
滑移方向	〈111〉 ×2		〈110〉 ×3		底面对角线 ×3	
滑移系	6 ×2 =12		4 ×3 =12		1 ×3 =3	

图 2.17　三种常见金属晶格的滑移系

(2)孪生

孪生变形是塑性变形的另一种形式。

所谓孪生，就是晶体中的一部分原子对应特定的晶面(孪生面)沿着一定晶向(孪生反向)产生剪切变形。如图 2.18 所示，产生孪生变形部分的晶体位向发生了改变，它是以孪生面为对称面与未变形部分(位向不变)相互对称，这种对称的两部分晶体称为孪晶或双晶；发生变形的那部分晶体称为孪晶带或双晶带。

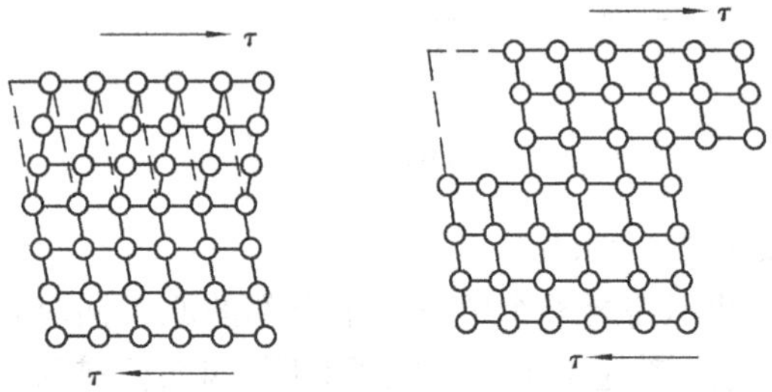

(a)　(b)

图 2.18　孪生与滑移的区别
(a)孪生　(b)滑移

孪生和滑移不同，滑移时切变只局限在给定的滑移面上，滑移后滑移总量是近邻原子间距的整倍数，滑移前后晶体的位向不变。孪生时是各层原子平行于孪生面和孪生方向运动，在这部分晶体中，每个相邻原子间的相对位移只有一个原子间距的几分之一，但许多层晶面累积起来的位移便可形成比原子间距大许多倍(不一定是整倍数)的切变。孪生后晶体位向发生的改变，如图2.19所示。

2.2.3 多晶体的塑性变形

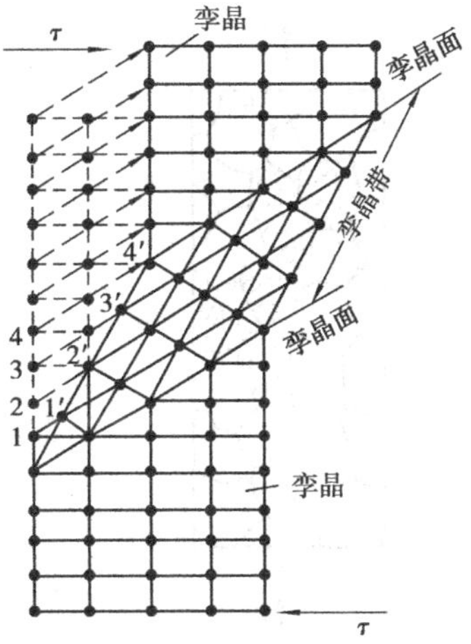

图2.19 孪生过程示意图

1,2,3,4—孪生前原子的位置

1′,2′,3′,4′—孪生后原子的位置

工程上实用的金属,绝大多数是多晶体。多晶体的塑性变形也是通过滑移或孪生方式进行的,不过有其自身特点。

(1)晶界及晶粒位向的影响

如果把只有两个晶粒组成的试样作拉伸试验,则出现图2.20的情况:试样的两端为试验夹持处,所以变形小;在远离夹头和晶界的晶粒中部出现明显的缩小;在靠近晶界的地方,其截面几乎保持不变,出现"竹节"现象。

可见,晶界抵抗塑性变形的能力较晶粒本身要大。这是由于晶界附近晶格畸变程度大,加之常常聚集有杂质原子,处于高能量状态,对滑移变形时位错的移动起阻碍作用所致。晶界排列越紊乱,滑动抗力就越大。

同时,在多晶体金属中,由于各个晶粒的位向不同,若某一晶粒要发生滑移,必然会受到它周围位向不同晶粒的影响,这就必须在克服相邻晶粒的阻力之后才能发生滑移。晶粒越细,晶界的面积及不同位向晶粒越多,金属的塑性变形抗力就越高,因而其强度和硬度就越高;另一方面,晶粒越细,可能发生滑移的晶粒越多,变形可以分散在更多的晶粒内进行,故塑性、韧性越大。因此,如果冲压钢板的晶粒粗大,会使冲压性能恶化,使冲压件表面粗糙,出现橘皮现象,甚至出现裂纹。

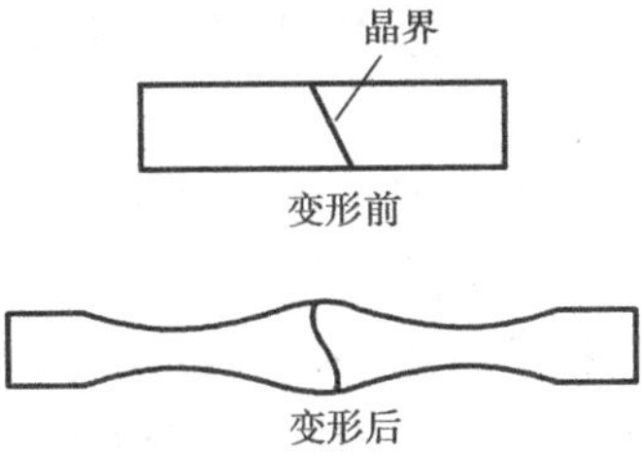

图2.20 两个晶粒的试样拉伸时的变形

工业上通过压力加工和热处理工艺使金属获得细而均匀的晶粒,是目前提高金属材料力学性能的有效途径之一。细晶强化在提高材料强度的同时也使材料的塑性和韧性得到改进,这是其他强化方法所不能比拟的。

(2)多晶体的塑性变形过程

在多晶体金属中,由于各个晶粒的晶格位向不同,其滑移面和滑移方向的分布也不相同(图2.21),所以在外力作用下,每个晶粒中不同滑移面和滑移方向上受到的切向分应力便不相同。拉伸金属时,切向分应力在与外力成45°的方向上为最大,而在与外力相平行或垂直的方向上为最小。因此,在多晶体金属试样中,凡滑移面和滑移方向位于或接近于外力成45°方位的晶粒将首先发生滑移变形,通常称这些位向的晶粒为处于"软位向";而滑移面和滑移方向处于或接近于与外力平行或垂直的晶粒,称为处于"硬位向"。可见,处于硬位向的晶粒受到的切应力最小,最难发生滑移。所以多晶体金属的塑性变形是逐批发生的,图2.21中用A,B,C示意地表示了不同位向的晶粒分批滑移的前后次序。

当首批处于软位向晶粒发生滑移时,由于晶界的影响及其周围硬位向晶粒还不能发生滑移,而只能以弹性形变相适应,从而会在首批晶粒的晶界附近造成位错的堆积。随着外力增大至应力集中到一定程度后,变形才会越过晶界,传递到另一批晶粒中。此外,随着滑移的发生,首批晶粒的位向同时也发生转动,这也会使这些晶粒从"软位向"逐步转到"硬位向",不能再

图 2.21　多晶体变形时各个晶粒的滑移面和滑移方向

继续发生滑移，从而促使另一批晶粒开始滑移变形。所以，多晶体的塑性变形总是一批一批晶粒逐步发生的，从少量晶粒开始逐步扩大到大量晶粒，从不均匀变形逐步过渡到较均匀的变形。总之，多晶体变形过程要比单晶体复杂得多。

2.2.4　合金的塑性变形

合金的组织主要分为单相固溶体和多相混合物两类，其塑性变形也各有自身的特点。

(1)单相固溶体的塑性变形

单相固溶体合金的显微组织与纯金属相似，故其塑性变形情况与其类似，但由于合金中存在溶质原子，所以其塑性变形抗力比纯金属大。如前所述，无论形成置换或间隙固溶体，都会在金属中引起晶格畸变，阻碍位错运动，从而提高合金的强度和硬度。例如，纯铁的 σ_b 为250 MPa，当铁中固溶 $w(Si)=1\%$ 时，则 σ_b 提高到约 360 MPa。

(2)多相合金的塑性变形

合金混合物中的第二相可能是金属、固溶体或化合物。若第二相为金属或固溶体，它们与基体的塑性变形能力相近，则合金的变形能力为二者的平均值。但是一般工业合金多是以化合物作为强化第二相的(如钢组织中的硬脆相 Fe_3C)，而第二相的性能、数量、大小、形状及分布等情况对合金塑性变形的影响有以下几种情况：

1)第二相以粒状弥散分布在基体晶粒内　第二相质点在这种情况下可使合金强度显著提高，对塑性及韧性的不利影响较小。这是因为硬脆的质点在晶内弥散分布，导致异相界面显著增多，并使其周围晶格发生畸变而提高变形抗力；再则第二相质点本身成为位错移动的障碍，这就是弥散强化的机理。至于对合金的塑性和韧性的影响，粒状分布比片状分布时要小，这是因为这些细小弥散分布的质点不破坏基体相的连续性，塑性变形时第二相质点可随基体的变形而“流动”，不会造成明显的应力集中所致。

2)第二相以层片状分布在基体晶粒内　在这种情况下，第二相对塑性变形的阻碍作用较大，对塑性的不利影响比粒状质点要大。随着片层间距的减小(即弥散度增加)，合金的强度、硬度提高，塑性降低。

3)第二相以连续网状分布在基体晶粒的边界上　在这种情况下，滑移变形只限于基体晶粒内部，基体晶粒边界上呈网状分布的硬脆第二相几乎不能塑性变形，且严重阻碍基体晶粒内的滑移变形。当基体晶粒变形稍大时，晶界处将产生裂纹，引起合金断裂，大大降低了合金的塑性。随着第二相数量增加，网状组织也增加(增厚)，致使合金的硬度提高而强度却有所下降，这就是过共析钢在冷加工前要清除网状渗碳体的主要原因。

2.3　冷塑性变形对金属组织和性能的影响

所谓金属冷塑性变形，可以暂认为是在室温条件下进行的。在冷塑性变形后，金属的组织结构和性能都发生一系列重要的变化。至于金属学上的冷变形和热变形的确切定义将在下一节论述。

2.3.1　冷塑性变形对金属组织结构的影响

(1)改变金属显微组织

金属晶体在外力作用下,随着外形和尺寸的变化,其内部晶粒也由原先的等轴晶逐渐改变为沿变形方向被拉长或压扁的晶粒。当变形量很大时,各晶粒可以被拉成纤维状,在光学显微镜下已很难分开,晶界变得模糊不清,称之为纤维组织。图 2. 22 所示为纯铜经不同程度冷轧后的显微组织。

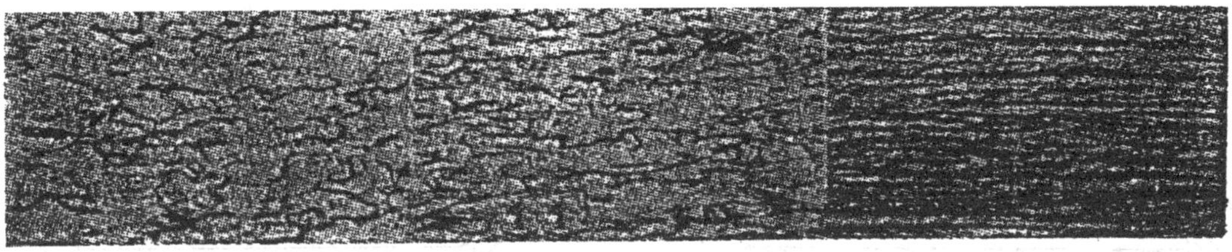

(a)　　(b)　　(c)

图 2. 22　纯铜经不同程度冷轧变形后的显微组织(300 ×)
(a)30% 压下量　(b)50% 压下量　(c)99% 压下量

(2)位错密度增加,亚结构细化

随着变形量的增加,原来晶粒被破碎,形成许多位向略有不同的小晶块(约 $10^{-3} \sim 10^{-6}$ cm)。每一小晶块称为亚晶粒,这种组织称为亚结构,如图 2. 23 所示。在亚晶粒边界上集聚着较多位错,随着塑性变形程度增大,亚晶粒将进一步细化并产生位错增殖(位错密度增大),从而出现严重的晶格畸变。但是亚晶粒内部的晶格则比较完整。亚结构的出现和细化,对滑移变形过程有巨大阻碍作用,显著地提高了晶体的变形抗力,对于强化金属材料起着十分重要的作用。图 2. 24 是位错密度与强度关系示意图。

(3)产生形变织构

塑性变形除了使晶粒拉长、压扁和出现亚晶之外,当变形量足够大时,还会使晶粒发生转动,即各晶粒的某一晶向都不同程度地转到与外力相近的方向(与金属延伸方向呈一定关系),从而使多晶体中原来任意位向的各晶粒取得接近于一致的位向,形成所谓“择优取向”,这种组织称为形变织构。

形变织构的性质与金属的变形方式有关。例如,面心立方晶格的金属,在拉丝时形成的织构称为丝织构,其特点是大多数晶粒的取向是[111]晶向并与拉丝方向平行;而同样是面心立方晶格的金属,在轧制时则形成板织构,其特点是各晶粒的某一晶面(110)和某一晶向[112]都分别平行于轧制平面和轧制方向,如图 2. 25 所示。

织构的形成使多晶体金属出现各向异性,在冲压复杂形状零件(如汽车覆盖件等)时,产生不均匀塑性变形则可能导致工件报废。当然,也可利用织构现象来提高硅钢板的某一方向的磁导率。

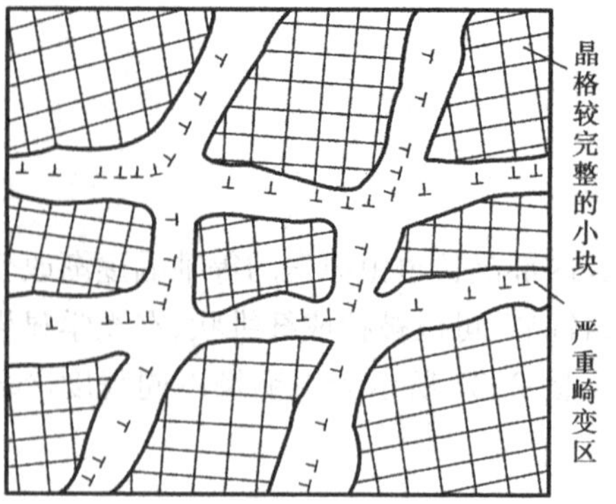

图 2.23　金属冷塑性变形后亚结构示意图

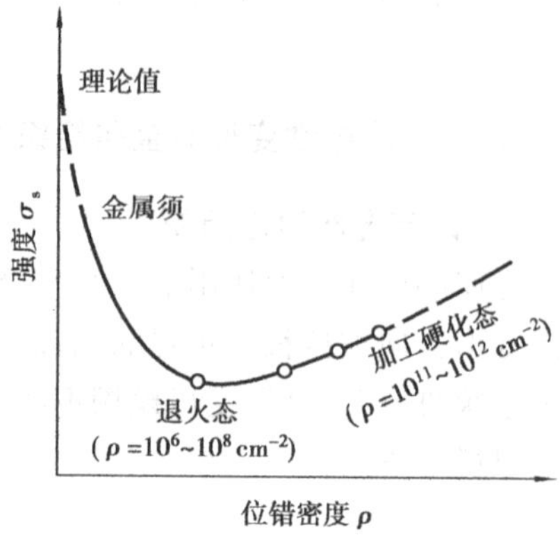

图 2.24　位错密度与强度关系示意图

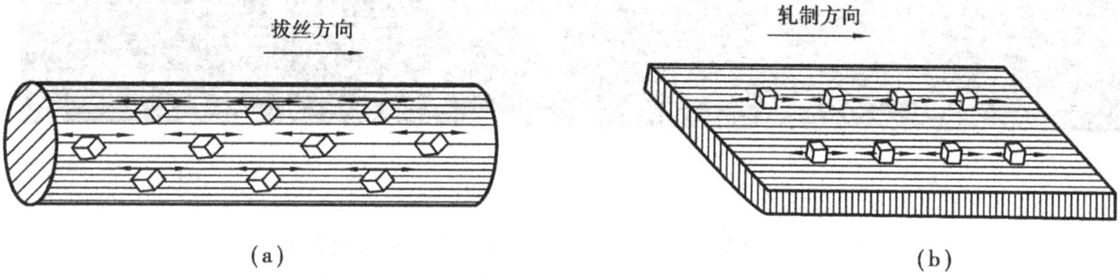

图 2.25　面心立方晶格金属形变织构示意图

(a)丝织构　(b)板织构

2.3.2　冷塑性变形对金属性能的影响

(1)产生加工硬化

金属材料随着冷塑性变形程度的增大,强度和硬度逐渐升高,塑性和韧性逐渐降低的现象称为加工硬化或冷作硬化,这也是冷塑性变形后的金属在力学性能方面所引起的最为突出的变化。

显然,加工硬化是金属内部组织结构发生变化的宏观表现。经冷变形后,晶界总面积增大,位错密度也增大,位错线间的距离减小,彼此干扰作用明显增强,使得能够产生滑移变形的潜在部位减少,从而导致滑移阻力增加,塑性变形能力降低。再则,金属冷变形后,原来晶粒破碎了,形成许多亚结构,在亚晶粒边界上聚集着大量位错,产生严重的晶格畸变,也对滑移过程产生巨大阻碍,所有这些都使金属变形抗力升高,塑性和韧性降低。图 2.26 是$w(C)=0.3\%$碳钢冷轧后力学性能的变化。

加工硬化在工业上具有很重要的现实意义。首先,在生产上作为强化金属(提高强度)的一种重要手段。这对于一些纯金属和不能通过热处理来提高强度的金属合金(某些不锈钢、黄铜等)尤为重要。即使经过热处理后的某些金属材料也可以通过加工硬化来进一步提高强度,充分发挥材料的潜力。例如,可以使经热处理的冷拉钢丝强度提高到3 100 MPa。其次,加工硬化能保证金属的某些工艺性能使之得以实现,获得均匀截面的产品。例如,通过模具冷拉钢丝时,断面收缩部位引起加工硬化,继续拉伸时这些部位的拉应力增加,但还不致断裂,使冷拉工艺得以继续进行。同样，在冲压（拉伸）杯状制品时，由于已变形部位得到强化（不再变形）而未变形部位可以继续变形，从而获得均匀壁厚的成品。

加工硬化使金属强化是以牺牲金属的塑性、韧性为代价的，而且在冷变形加工过程中随着加工硬化现象的产生要不断增加机械功率，故对设备和工具的强度提出了较高要求，随着材料塑韧性的下降，也可能发生脆性破坏。此外，加工硬化也使冷轧、冷拔、冲压等成形工艺增加能耗，为恢复塑性继续进行冷变形往往要经中间退火，这就使生产周期延长，成本增加。

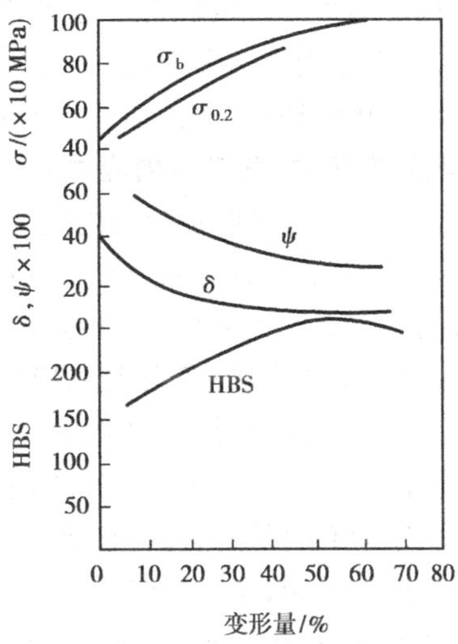

图2.26　$w(C)=0.3\%$碳钢冷轧后力学性能的变化

(2)产生各向异性

金属在冷塑性变形中，随着晶粒被拉长或压扁，特别是产生纤维组织后，金属会具有明显的方向性，其纵向（沿纤维的方向）的力学性能高于横向（垂直纤维的方向）的性能。

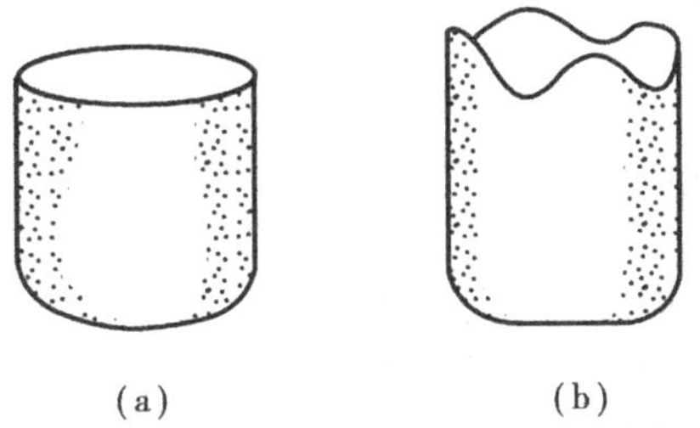

图2.27　制耳现象

(a)无制耳　(b)有制耳

同样，当金属产生织构时，其力学和电磁性能也呈各向异性。在大多数情况下形成织构是有害的，由于材料性能不一致造成变形分布不均匀，使冲压件厚度不均，如杯形件出现“制耳”现象（图2.27）。

但是织构现象在有些方面是可以利用的，例如，生产变压器硅钢片时，其晶格为体心立方，沿[100]晶向最易磁化，如采用具有织构取向的硅钢片制作铁芯，使其[100]晶向平行磁场方向，则其磁导率显著增大，从而提高变压器效率，减少铁芯重量和铁损。

(3)对物理、化学性能的影响

冷塑性变形会降低金属的导电、导热性能，降低磁性材料的导磁性能，降低金属的抗蚀性能（电化学腐蚀）。

2.3.3　冷塑性变形与应力

实验证明，施加外力使金属变形所消耗的机械功，大部分以热能形式散失，只有约10%以位能形式储存于金属内部，其表现为大量金属原子偏离原来的平衡位置而处于不稳定状态，形成残余应力和点阵畸变。因此，在金属内各部分之间就有力的作用，以恢复到原来的稳定状态。这种在外力消除后仍保留在金属内部的应力，称为残余应力或形变内应力，简称内应力。按内应力作用范围，可分为3类：

(1)宏观内应力（第一类内应力）

由于金属材料的各部分变形不均匀而造成的在宏观范围内互相平衡的内应力称为宏观内应力。例如，冷轧板材时，塑性变形主要集中在板材表面。板材表面在轧辊作用下伸长，板材心部不变或变形很少。板材表面延伸时力图拉长心部,使心部受一拉应力,而心部又限制了表面的延伸,使表面受到一个纵向的压应力。几乎各种机械制造工艺(挤压、拉丝、轧制、喷丸、滚压、机加工、热处理)都会由于不均匀的塑性变形而引起大小相等、方向相反的残余内应力。

(2)晶间内应力(第二类内应力)

在晶粒或亚晶粒之间形成的内应力称为晶间内应力。它是晶粒和亚晶粒范围内处于平衡的力,此应力由于晶粒或亚晶粒之间变形不均匀引起的,在某些局部范围内可达较大值,使工件在不大的外力下产生裂纹,并导致断裂。

(3)晶格畸变内应力(第三类内应力)

它是在金属塑性变形时,内部产生的大量位错,使晶格畸变形成的内应力。金属塑性变形时所产生的内应力主要表现为第三类内应力。

变形内应力有时是有害的,它导致工件的变形、开裂和抗蚀性降低,使工件降低抗负荷能力。但如果控制得当,比如使内外应力叠加后互相抵消,可提高工件的抗负荷能力。例如钢板弹簧经喷丸处理后,在表面层造成压应力,提高了疲劳强度。第三类应力所造成的晶格畸变,增加了位错移动的阻力,提高了金属的抗塑变能力。为了防止零件变形、开裂,要进行人工或振动时效处理。

2.4 回复与再结晶

2.4.1 冷塑性变形金属在加热时组织和性能的变化

金属材料经冷塑性变形后,由于晶粒被拉长、压扁或破碎、亚晶粒细化、位错密度增高,使晶格严重畸变,晶格内储存着较高能量,其组织处于不稳定状态。但在室温下,金属原子活动能力较小(不易扩散),这种不稳定状态将维持相当长时间而不发生明显变化。如果加热金属使其温度升高,便可增大原子活动能力,加速这种不稳定状态的转化,即发生一系列组织结构和性能的变化,这种变化可分为回复—再结晶—晶粒长大三个阶段。现简述如下。

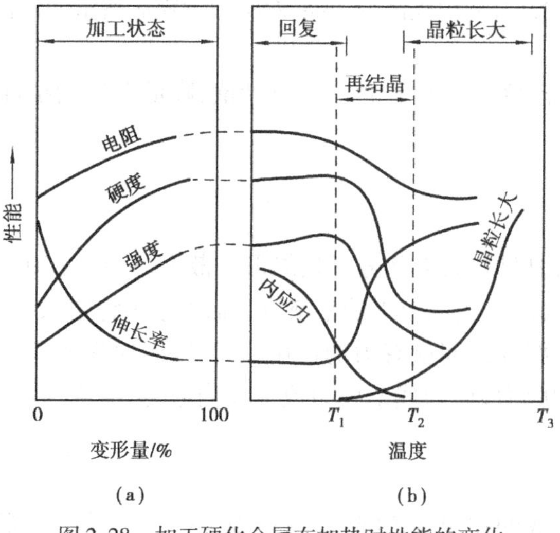

图 2.28 加工硬化金属在加热时性能的变化
(a)冷加工状态 (b)加热时性能的变化

(1)回复

回复是指冷塑性变形金属在加热温度较低时,金属中的一些点缺陷和位错的迁移,使晶格畸变逐渐降低。内应力逐渐减小的过程,如图 2.28 所示。当温度不高($<T_1$)时,原子扩散能力低,不能产生较大位移,只是使晶格的弹性畸变大为减小,内应力和电阻都明显下降,但回复不能改变金属晶粒的大小和形状,故其强度、硬度和塑性基本上没有变化。

工业上常常利用回复现象,将冷塑性变形金属在图 2.28 所示的 T_1 温度以下加热并保持一定时间，进行消除应力退火，以便提高某些物理性能（如电磁性能等）和工艺性能。而在回复阶段，塑性、韧性几乎不变，强度、硬度可保持相当高的水平。例如，用冷拉钢丝绕制弹簧，绕成后应在 280 ~ 300 ℃消除应力退火使其定形。

(2) **再结晶**

当温度继续升高时，由于原子活动能力增大，金属的显微组织发生明显的变化，由破碎的、被拉长或压扁的晶粒变为均匀细小的等轴晶粒（图 2.29(b)、(c)、(d)）。这一变化过程也是新晶体形核及核长大的过程，如同再进行一次结晶过程，故称之为再结晶。

再结晶新晶核一般是在变形晶粒的晶界或滑移带及晶格畸变严重的地方形成，这些部位的原子处在最不稳定状态，向着规则排列的趋势最大。但是应该注意，再结晶不是一个相变过程，没有恒定的转变温度，并无晶格类型的变化。

经再结晶后，金属的强度、硬度显著降低，而塑性、韧性大大升高（如图 2.28T_1 ~ T_2之间），所有力学和物理性能全部恢复到冷变形以前的状态，即内应力和加工硬化完全消除。

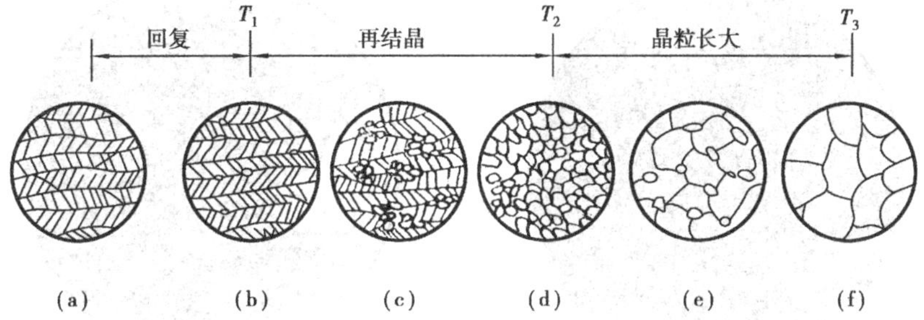

图 2.29　冷塑性变形金属退火时组织的变化
(a),(b)回复（显微组织无明显变化）
(b) ~ (d)再结晶　(d) ~ (f)晶粒长大

图 2.30 是纯铁变形后的再结晶过程。工程上为了消除加工硬化现象，降低硬度，提高塑性，使压力加工能继续进行，广泛采用再结晶退火（即中间退火）。

(3) **晶粒长大（二次再结晶）**

将温度升高（超过图 2.28T_2）或延长加热时间，金属的晶粒就会继续长大。晶粒长大可以降低表面能，故是一个降低能量的自发过程。因为粗晶粒的能量较细晶粒的能量低，晶粒粗大了，表面能就降低了，故细晶粒有变成粗晶粒的自发趋势。只要温度足够高，原子具有足够的活动能力，则晶粒便得到迅速长大。这种晶粒长大现象称为二次再结晶。晶粒长大实际上是一个晶界迁移的过程，即通过一个晶粒边界向另一个晶粒迁移，把另一晶粒中的晶格位向逐渐改变为与长大晶粒相同的位向，即合成为一个大晶粒的过程。金属冷加工后，晶粒大小越不均匀，则晶粒将长大得越快，再结晶退火时就容易出现粗晶粒组织，强度、塑性及韧性都将变差。

2.4.2　再结晶温度和影响再结晶晶粒大小的因素

再结晶不是一个恒温过程，它不过是随着温度的升高，冷塑性变形金属大致从某一温度而进行再结晶的过程。没有经过冷塑性变形的金属，是不会发生再结晶的。工程上规定，经过大的冷塑性变形（变形是在 90% 以上）的金属，在 1 h 保温时间内能完成再结晶过程的最低温度，称为再结晶温度（$T_{再}$）。冷变形程度、金属纯度、加热速效和时间，对金属的再结晶温度都

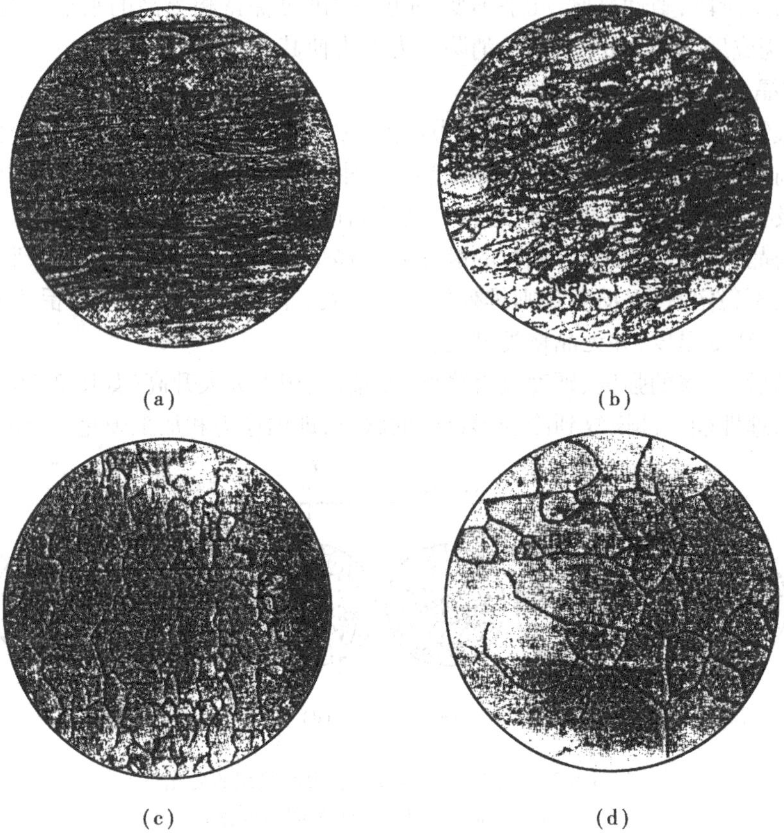

图 2.30　变形后再结晶的纯铁

(a)冷轧后(变形度 80%)　(b)625 ℃退火(不完全再结晶)

(c)670 ℃退火(再结晶)　(d)750 ℃退火(聚集再结晶)

有影响。

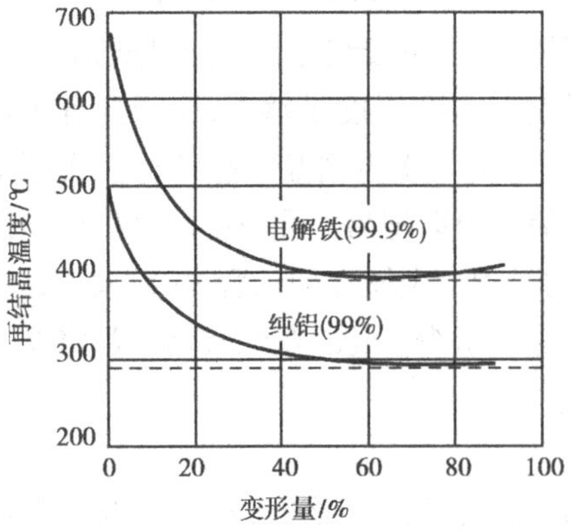

图 2.31　金属的再结晶温度与变形量的关系

金属的冷变形量越大，其再结晶温度便越低，如图 2.31 所示。因为冷变形量越大，金属晶粒的破碎程度便越大，产生的位错等晶格缺陷也越多，组织就越不稳定，因而会较早开始结晶。从图中可以看出，当变形达到一定程度之后，再结晶温度将趋于某一最低极限值，称为“最低再结晶温度”。各种纯金属的最低再结晶温度 $T_{再}$ 与其熔点 $T_{熔}$（绝对温度）大致有如下关系：

$$T_{再} \approx 0.4T_{熔}$$

可见，金属的熔点越高，其再结晶温度也越高。

金属中的杂质或合金元素，特别是高熔点元素，常会阻碍原子扩散或晶界迁移，可显著提高金属的再结晶温度。工业用合金的再结晶温度大约为：

$$T_{再} \approx (0.5 \sim 0.7) T_{熔}$$

再结晶过程需要有一定时间才能完成，故提高加热速度会使再结晶过程推迟到较高温度。退火加热时保温时间越长，原子的扩散移动越能充分进行，再结晶温度便越低，即可使再结晶过程在较低温度下完成。

由于以上各种因素的影响，为了缩短退火周期，在工业上选择再结晶退火温度，一般比"最低再结晶温度"高100～200 ℃。表2.4为常见工业金属材料的再结晶退火及去应力退火的温度。

表2.4　常见工业材料的再结晶退火和去应力退火的温度

金属材料		去应力退火温度/℃	再结晶退火温度/℃
钢	碳及合金结构钢	500～650	680～720
	碳素弹簧钢	280～300	
铝及铝合金	工业纯铝	≈100	350～420
	普通硬铝	≈100	350～370
铜及铜合金（黄铜）		270～300	600～700

变形金属在退火后得到的晶粒大小，不仅影响到金属的强度和塑性，还影响到金属的冲击韧度。因此必须对影响退火再结晶后晶粒大小的因素加以讨论，其主要因素有二：

（1）退火加热温度的影响

再结晶退火时加热温度越高，金属的晶粒尺寸便越大，如图2.32所示。当加热温度一定时，时间过长也会使晶粒长大，但其影响不如温度的影响大。

（2）冷变形量的影响

金属的冷变形量是影响再结晶晶粒大小的另一重要因素。图2.33所示为再结晶后的晶粒大小与冷变形程度的关系。当金属冷变形量在2%～10%范围内，再结晶后的晶粒会异常粗大。通常把在再结晶时使晶粒异常粗大的冷变形量称为"临界变形量"。从图中还可看出，当变形量超过临界变形量后，随着变形量的增加，再结晶的晶粒逐渐变细。

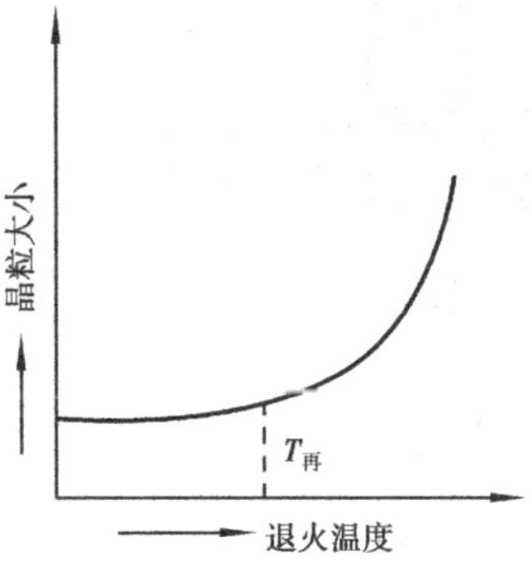

图2.32　再结晶退火温度与晶粒大小的关系

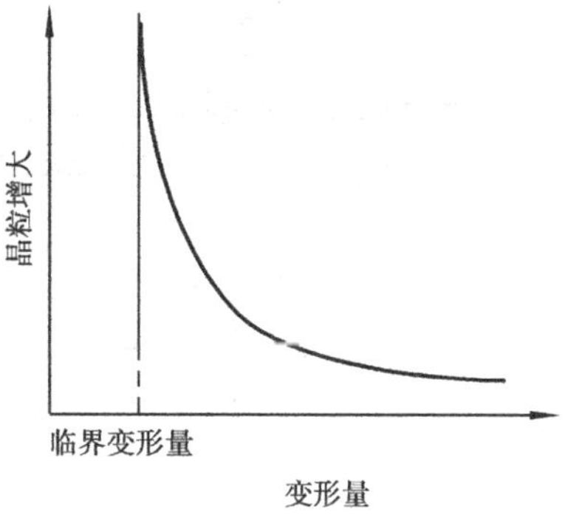

图2.33　冷变形程度对再结晶后晶粒大小的影响

当变形量很小时，金属晶粒没有多大变化，晶格畸变很小，不足以引起再结晶，因而晶粒保持原来大小。但在临界变形量范围内(2% ~10%),由于变形量不大,仅在一部分晶粒中产生较大变形,具备了产生再结晶形核的条件,金属的形核数目少,所以再结晶后形成粗大晶粒。当变形量超过临界变形量时,随着变形量的增加,晶格畸变增加,再结晶核心数目增多,各晶粒变形越趋于均匀,再结晶时形核速率便越大,因而再结晶后的晶粒反而越细且均匀。

由此可见,为了获得优良的组织和性能,在制定压力加工工艺时,必须避免在临界变形量附近进行冷变形,如工业上冷轧金属,一般都采用30% ~60%变形量。但是,当金属是不均匀变形时(这一现象很难避免),例如冲制薄板零件,再结晶退火后在其变形与未变形区之间出现粗晶粒区。

2.5 金属的热变形

2.5.1 冷变形与热变形的区别

变形有热变形与冷变形之分。从金属学的观点来说,把再结晶温度以上的变形称为热变形;而把再结晶温度以下的变形称冷变形。锡、铅的再结晶温度低于室温,因此它们在室温的变形也属于热变形。铁的最低再结晶温度为450 ℃,故即使它在400 ℃的变形仍属于冷变形。

金属材料冷变形和热变形后组织的对照如图2. 34。可以看出,冷变形后金属晶粒被拉长,在变形过程中不发生再结晶,金属将保留加工硬化现象。热变形是在再结晶温度以上进行的,变形过程中要发生再结晶过程,金属将不显示加工硬化现象。

为了获得良好的塑性和加速再结晶过程,工业中采用热变形温度大大超过再结晶温度。除了高温下塑性好,变形抗力小以外,热变形还给金属带来很多好处,如它能消除铸造金属中的某些缺陷(气孔的焊合、疏松压实、消除偏析及粗大晶粒的破碎及改变夹杂物的分布等)。但是,由于在高温下变形,金属表面严重氧化,表面粗糙而且精度差,故一般用于大件或截面厚度大和变形量大的毛坯。

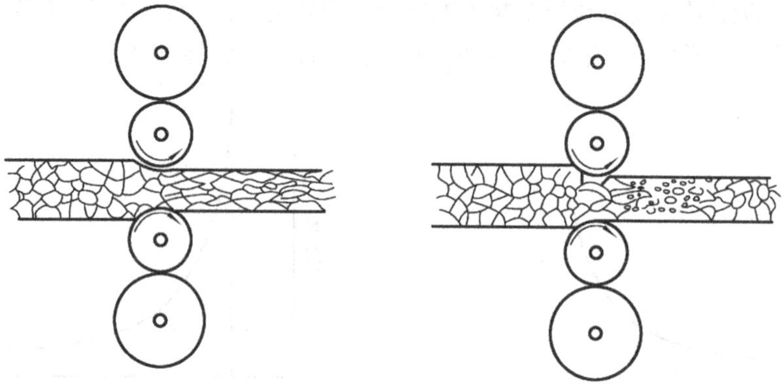

(a) (b)

图2. 34 冷变形和热变形后组织的对照示意图

(a)冷变形 (b)热变形

2.5.2　热变形对金属组织和性能的影响

热变形不能使金属硬化,但它能使金属的组织和性能发生显著的改变。

(1)改善铸锭和坯料的组织和性能

通过热变形(通常是轧制或锻压)可使金属锭中的气孔焊合、压实分散缩孔,使材料的致密度增加;由于在温度与压力的作用下扩散速度增快,因而偏析可部分地消除,使成分比较均匀。经过热变形后,一般都会使晶粒细化。当然,能否实现细化晶粒,取决于变形量及终锻温度。只要避免"临界变形量"和过高的终锻温度,就可以细化晶粒,提高金属材料力学性能。表 2.5 是碳钢在铸造和锻造后力学性能的比较。

表 2.5　$w_C=0.3\%$ 的碳钢在铸造和锻造后力学性能的比较

毛坯状态	σ_b/MPa	σ_s/MPa	$\delta\times100$	$\psi\times100$	α_K/(J·cm^{-2})
铸　造	500	280	15	27	35
锻　造	530	310	20	45	70

(2)产生热变形纤维组织(流线)

金属内部的夹杂物在高温下具有一定的塑性,在热变形过程中金属锭中的粗大枝晶和各种夹杂物都要沿变形方向伸长,这样就使金属锭中枝晶间富集的杂质和非金属夹杂物的走向逐渐与变形方向一致,使之变成条带状、线状或片层状,在宏观试样上沿着变形方向呈现为一条条的细线,这就是热变形金属中的流线。由一条条流线勾画出来的这种组织称为热变形纤维组织。

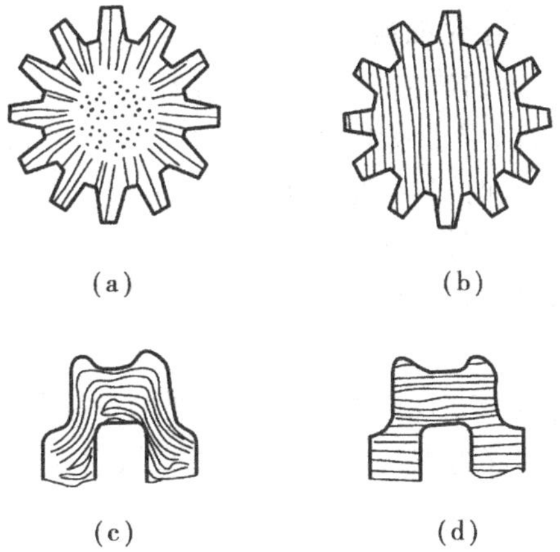

图 2.35　锻造和切削加工齿轮和曲轴的纤维组织
(a),(c)锻造的齿轮、曲轴
(b),(d)切削加工的齿轮、曲轴

纤维组织的出现,将使金属的力学性能呈现各向异性。在沿着纤维伸展的方向上具有较高的力学性能,而在垂直于纤维伸展方向的性能则较低,见表 2.6。

在设计重要的零件时,应考虑它的纤维状态,使纤维方向与承受较大应力的方向一致。如图 2.35 所示的锻造齿轮和曲轴,要比切削加工出来的纤维组织分布状态为佳,因而具有较高的力学性能。

表 2.6　45 钢不同纤维方向的力学性能

取样 \ 性能	σ_b/MPa	$\sigma_{0.2}$/MPa	$\delta\times100$	$\psi\times100$	α_K/(J·cm^{-2})
横　向	675	440	10	31	30
纵　向	715	470	17.5	62.8	62

(3)**可能产生带状组织**

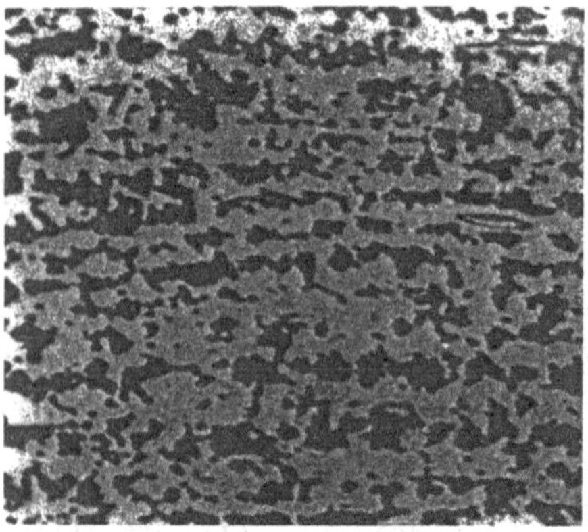

图 2.36　钢中的带状组织

在经过热变形的亚共析钢的显微组织中,因铁素体在被拉长的杂质上优先成核,有时还会出现铁素体与珠光体沿金属的加工变形方向呈平行交替分布的层状或条带状组织,称为带状组织,其形貌如图 2.36 所示。

带状组织使钢材的力学性能呈各向异性,纵向与横向力学性能不同,并降低塑性和韧性,热处理时易产生变形,且使钢材组织、硬度不均匀;带状碳化物还影响轴承和工具(刃具)的使用寿命。

减轻或消除带状组织的主要措施有:

1)提高钢的纯度,降低硫、磷和非金属夹杂物的含量。

2)热变形时采用高温加热和长时间保温,以减轻或消除枝晶偏析。

3)热加工后提高冷却速度,细化组织。

(4)**细化晶粒**

正常的热加工一般可使晶粒细化。但是晶粒能否细化取决于变形量,热加工温度尤其是终锻(轧)温度及锻后冷却等因素。一般认为,增大变形量,有利于获得细晶粒,当铸锭的晶粒十分粗大时,只有足够大的变形量才能使晶粒细化。特别注意不能在临界变形度范围内加工,否则即得到粗大的晶粒组织。变形度不均匀,则热加工后的晶粒大小往往也不均匀。因此,对于无相变的合金或者加工后不再进行热处理的钢件,应对热加工过程,特别是终锻温度、变形量及加工后的冷却等因素认真进行控制,以获得细小均匀的晶粒,提高材料的性能。

在热变形(热处理)中,重要的是控制加热温度,防止过热及奥氏体晶粒粗大,加快冷却速度,以便获得细针状铁素体晶粒,从而提高钢的综合力学性能。

复习思考题

1. 解释下列名词。

塑性,滑移,孪生,加工硬化,回复,再结晶,织构,纤维组织,临界变形量,脆性断裂和延性断裂,再结晶温度,带状组织。

2. 举例说明塑性变形行为的重要性。

3. 如何预防疲劳破坏?

4. 低碳铜板冲零件前硬度为 100HBS,而冲零件后硬度不均匀,有的部位为 100HBS,有的部位为 150HBS,说明其原因。

5. 如何选择再结晶退火温度? 什么是热变形和冷变形? 钢的再结晶退火温度是多少?

6. 将三个低碳钢试样变形至 5%、15% 和 30%,如果将它们加热至 800 ℃,指出哪个将产生粗晶粒? 并说明晶粒对性能的影响。

7. 锡在室温下变形,钨在 1 000 ℃变形,它们属于热变形还是冷变形? 组织和性能会有何种变化？

8. (1)由厚钢板机械加工成齿轮；(2)由粗钢棒机械加工成齿轮；(3)由圆棒热锻成齿轮坯，再加工成齿轮。试问哪种方法较为理想？为什么？

9. 在制造长的精密丝杆或轴时，常在半精加工之后将其吊挂起来，并用木锤沿全长轻击几遍，再吊挂 5 ~7 天，然后再精加工，试解释这样做的目的和原因。

10. 金属塑性变形造成哪几种残余应力？残余应力对机械零件可能产生哪些利弊？

11. 说明下列现象产生的原因。

(1)滑移面是原子密度最大的晶面，滑移方向是原子密度最大的方向；

(2)晶界处滑移的阻力最大；

(3)实际测得的晶体滑移所需的临界切应力比理论计算的数值小得多；

(4)Zn、α-Fe、Cu 的塑性不同。

12. 多晶体的塑性变形特点是什么？

13. 多相合金塑性变形的特点是什么？

14. 为什么不同金属有不同再结晶温度？哪些因素会影响金属的再结晶温度？

15. 钢试样的拉伸曲线如图 2. 37 所示。画出拉伸至图中 1,2,3 点时组织发生的变化。

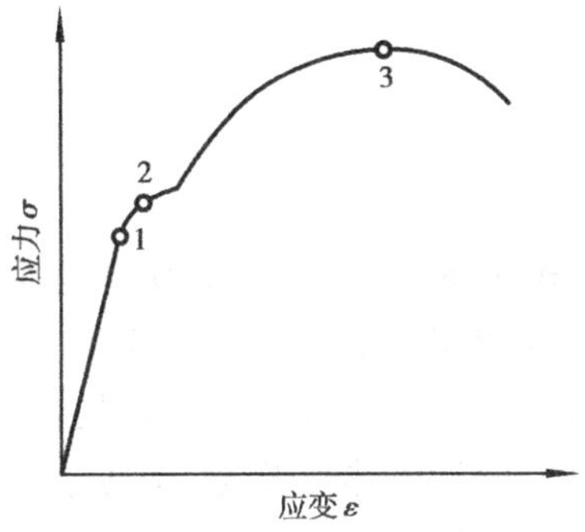

图 2. 37　钢试样的拉伸曲线

16. 影响再结晶后晶粒大小的主要因素有哪些？

17. 何谓热变形？它对金属的组织和性能有何影响(简述)？

第3章 合金的结构和结晶

纯金属虽然具有许多优良的性能并获得广泛应用,但其强度和硬度都比较低,而且种类有限,冶炼困难,成本高,故在应用上受到很大限制。目前,在工农业、国防以及科学技术上,用量最大、范围最广的金属材料都是合金。这是因为在生产上合金材料可以通过改变合金的化学成分(或组织结构)来进一步提高金属材料的力学性能,并获得某些特殊的物理和化学性能(耐蚀、耐热、耐磨、电磁性能等),以满足各种机械零件和工程结构对材料的要求。

3.1 合金中的相结构

3.1.1 合金和相的基本概念

将两种或两种以上的金属或金属与非金属熔合在一起,获得的具有金属性质的物质,称为合金。绝大多数合金是通过熔化、精炼制成的,只有少数合金是固态下通过制粉、混合、压制成形、烧结等工序制成。

组成合金所必需的并能独立存在的物质称为组元(简称元)。一般常把组成合金的化学元素当作组元。由两个组元组成的合金称为“二元合金”,由三个或多个组元组成的合金称为三元或多元合金。例如,黄铜是由铜与锌组成的二元合金;碳钢是铁与碳组成的二元合金;硬铝是由铝、铜、镁组成的三元合金。但是,合金中的稳定化合物有时也可作为组元,例如铁碳合金中的 Fe_3C。由给定组元可以配制成一系列不同合金,组成一个系统,称为合金系。两个组元的称为二元系,三个组元的称为三元系。纯金属只有一个组元,在不同温度下也有不同的相,这些相组成一个系统,称为单元系。

所谓“相”,是指金属或合金中化学成分、晶体结构及原子聚集状态相同的,并与其他部分有明显界面分开的均匀组成部分。图3.1(a)表示在结晶后原子不是形成均匀的固体,而是形成两种不同的固态:一种富铁原子;另一种富铜原子,分别用希腊字母 α、β 表示,分别叫 α 相和 β 相,这是不同的两相。两种或两种以上的金属原子在液态下一般形成均匀的溶液,如图3.1(b)所示,一般也采用“相”这个词,称为液相。在熔炼金属时,少数情况下,例如熔炼

Zn50%-Pb50%的合金，可以存在两个液相，如图3.1(c)所示。这种情况通常称为L_1(液体Ⅰ)和L_2(液体Ⅱ)相，因为它们被界面明显分开。图3.1(d)表示在适当压力和温度条件下存在的金属蒸气，称为气相。

铁在同素异构转变过程中，出现的α-Fe和γ-Fe也是两种不同的相。因为α-Fe是体心立方晶格，而γ-Fe是面心立方晶格，它们的原子排列规律不同；能以分界面分开，因此也是不同的相。合金的组织是由不同数量和形状的相所组成的。

3.1.2　合金中相结构的基本类型

合金中相结构是指合金组织中相的晶体结构。合金可以形成不同的相，其结构比纯金属复杂。不同的相原子排列方式(即相结构)是不同的。根据合金中各组元间的相互作用，合金中的相结构主要有固溶体和金属化合物两大类。

(1)固溶体

合金中两组元在液态和固态下都互相溶解，共同形成均匀的固相，这类相称为固溶体。这种情况就像糖溶解在水中一样，只不过是固体，因此称为固溶体。组成固溶体的两组元中，能够保持其原有晶格类型的组元称为溶剂，失去原有晶格类型的组元称为溶质。比如后面要讲到的铁素体，即是由碳原子作为溶质进入到α-Fe晶格中形成的固溶体。固溶体是具有一定晶格排列规则的。如果两种原子的尺寸、大小相当，溶质原子任意取代溶剂晶格中的原子而形成的固溶体，称为置换固溶体，如图3.2(a)所示。如果溶质原子相当小，是以占据溶剂晶格中的间隙位置而形成的固溶体，称为间隙固溶体，如图3.2(b)所示。

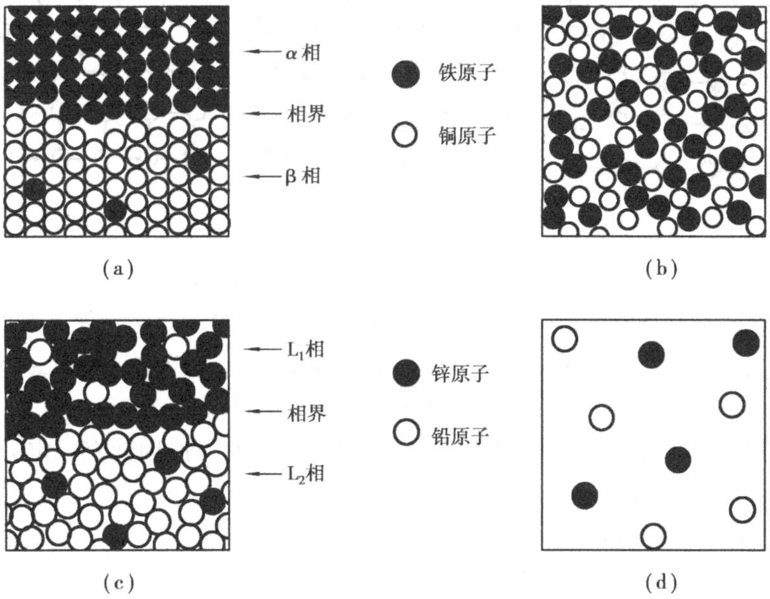

图3.1　相概念示意图

在置换固溶体中，溶质在溶剂中的溶解度主要取决于两者原子直径的差别、它们在周期表中相互位置和晶格类型。一般来说，溶质原子和溶剂原子直径差别越小，则溶解度越大；两者在周期表中位置越靠近，则溶解度也愈大。如果上述条件能很好地满足，而且溶质与溶剂的晶格类型也相同，则这些组元往往能无限相互溶解，即可以任何比例形成置换固溶体，这种固溶

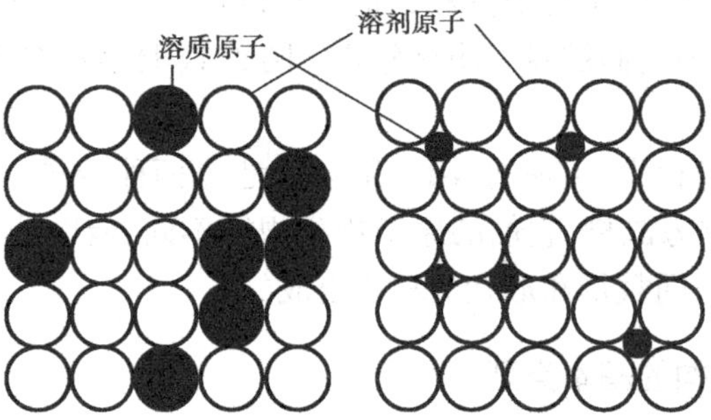

(a)　　(b)

图 3.2　固溶体

(a)置换固溶体　(b)间隙固溶体

体称为无限固溶体，如铁和铬、铜和镍便能形成无限固溶体；反之，若不能很好满足上述条件，则溶质在溶剂中的溶解度是有限度的，只能形成有限固溶体，如铜和锌、铜和锡都形成有限固溶体。有限固溶体的溶解度还与温度有密切关系，一般温度越高，溶解度越大。

形成固溶体时，虽然保持着溶剂金属的晶格类型，但由于溶质原子的溶入，将会使固溶体的晶格常数发生变化及产生晶格畸变(见图 3.3)，使塑性变形抗力增加，位错移动困难，因而使固溶体强度、硬度提高。这种现象称为固溶强化。

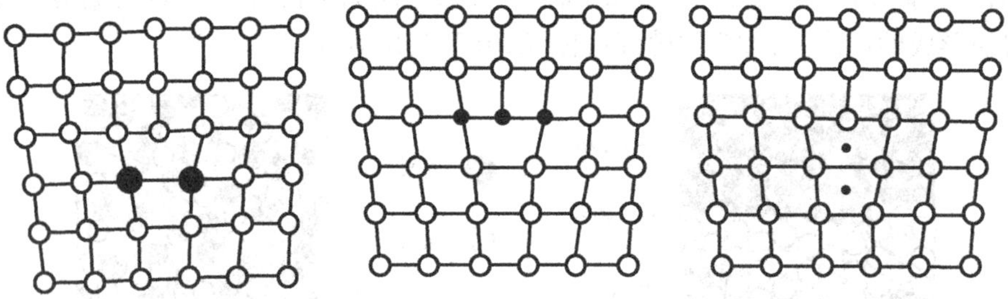

(a)　　(b)　　(c)

图 3.3　形成置换固溶体时的晶格畸变

固溶强化是提高金属材料力学性能的重要途径之一。如低合金钢就是利用 Mn、Si 等元素强化铁素体而使钢材力学性能得到较大提高的。又如淬火马氏体是碳在 α-Fe 中的过饱和固溶体，它所以具有较高的硬度和耐磨性，固溶强化是重要的原因之一。

对于钢铁材料来说，固溶强化的作用只是其强化途径的一种，因此有一定的局限性；而对于有色金属材料来说，固溶强化是行之有效的重要强化手段。

(2)金属化合物(中间相)

在合金中，当溶质含量超过固溶体的溶解度时，除了形成固溶体外，还将出现新相。若新相的晶体结构与合金中某一组成元素相同，则新相是以该组成元素为溶剂的固溶体。若新相的晶体结构不同于任一组成元素，则新相将是组成元素间相互作用而生成的一种新的物质，即为金属化合物或称中间相。

金属化合物一般具有复杂的晶体结构，熔点高，硬而脆。合金中出现金属化合物时，通常能提高合金的强度、硬度和耐磨性，但会降低塑性。例如钢中 Fe_3C 可使钢的强度、硬度提高，塑性下降。因此,合金中金属化合物的出现及其数量、分布、尺寸大小与形状对合金的性能会产生很大的影响。

根据合金中金属化合物相结构的性质和特点,可大致划分为正常价化合物、电子化合物及间隙化合物三类。

1)正常价化合物　这类化合物符合正常的原子价规律,是由金属元素与周期表中第Ⅳ、Ⅴ、Ⅵ族元素组成的。即具有一定的化学成分,并可用化学分子式来表示。通常金属性强的元素与非金属或类金属都能形成这种类型化合物,例如 Mg_2Sn、Mg_2Si 等。

正常价化合物具有较高的硬度和脆性。在合金中,当它在固溶体内细小而均匀分布时,可使合金得到强化,故起强化相的作用。

2)电子化合物　这类化合物的化学式并不符合化学价的要求,而是按照一定的电子浓度比组成一定晶体结构的化合物,由第Ⅰ族或过渡族金属与第Ⅱ族金属元素形成的金属化合物。所谓电子浓度,是指化合物中价电子数与原子数的比值,即:

$$C_{电} = \frac{价电子数}{原子数}$$

在电子化合物中,电子浓度 $C_{电}$ 为3/2时,通常具有体心立方晶格,如黄铜(简称β相);电子浓度为21/13时具有复杂立方晶格(简称γ相),如 Cu_5Zn_8 化合物;电子浓度为7/4时具有密排六方晶格(简称ε相),如 $CuZn_3$ 化合物。由于其形成与电子浓度有关,故称为电子化合物。

电子化合物虽然可利用化学式表示,但实际上它的成分范围较宽,可以形成以化合物为溶剂而溶解其他组元的有限固溶体,在合金相图上是占有一定成分范围的相区。

电子化合物也是硬而脆的相,和正常价化合物一样,一般只能作为强化相而存在于合金中。

3)间隙化合物　间隙化合物一般是由原子半径较大的过渡族金属元素(Fe,Cr,Mo,W,V等)和原子半径较小的非金属元素(H,C,N,B等)组成,其特点是半径较大的过渡族元素的原子占据新晶格的正常位置,而半径较小的非金属元素的原子则有规律地嵌入晶格的空隙中,因而称为间隙化合物。间隙化合物又可分两类:简单晶格的间隙化合物和复杂晶格间隙化合物。

①简单晶格间隙化合物。当非金属元素的原子半径和金属元素的原子半径的比值小于0.59时,若溶入的元素超过其溶解度,则产生简单晶格的间隙化合物。又称间隙相,如TiC、TiN、ZrC、VC、NbC、Mo_2N、Fe_2N 等。图3.4是VC的晶格,其中V原子组成一个面心立方晶格,而C原子则有规律地分布在晶格的空隙内。其他间隙相如 W_2C、WC、Fe_4N 等也与之类似,即其中的金属原子组或基体晶格(面心立方,密排六方),而N、C等原子则嵌入晶格某些空隙处。

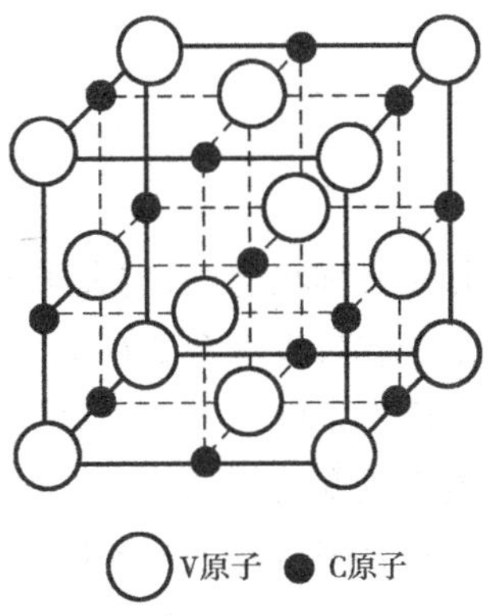

图3.4　简单间隙化合物VC的晶体结构

简单晶格间隙化合物的共同特点是具有极高硬度和熔点,是硬质合金和高温金属陶瓷材料的重要组成部分。

②复杂晶格间隙化合物。当非金属元素的原子半径和金属元素的原子半径的比值大于0.59时,溶入的元素超过其溶解度,出现复杂晶格的间隙化合物,如碳钢中的 Fe_3C、合金钢中的 Cr_7C_3、$Cr_{23}C_6$ 和 Mn_3C 等,均属于这类化合物。

Fe_3C、$Cr_{23}C_6$等复杂晶格化合物，在熔点、硬度和稳定性方面均较简单间隙化合物差，这一点对钢铁热处理有较大影响。

间隙化合物在钢中的存在，对钢的强度及耐磨性有重要的作用。

3.1.3 合金的组织与结构

上述的固溶体和金属化合物都是组成金属组织的基本单元或基本相。组织与结构是有区别的，主要在于其尺度不同。组织是指显微尺度，用肉眼、低倍放大镜或普通金相显微镜可观察到的金属和合金内部晶体形貌（如晶粒尺寸、形状及组成物的特点）；而结构则指原子尺度，即晶体中原子的排列方式，目前只能用X射线、电子探针才能确定。习惯上将放大镜或肉眼能观察到的组织称为低倍组织或宏观组织；用放大100～200倍的金相显微镜观察到的组织称为高倍组织或显微组织；用X射线衍射法研究晶体中原子的排列形式，称为晶体结构。

合金组织在室温或高温下可以是一种或几种晶体结构，既可以是单相，也可以是两相甚至多相共存，因而比纯金属的组织要复杂得多。不同的相可以构成不同的组织。在两相或多相合金的组织中，数量较多的一相称为基本相（大多数是以金属或合金为溶剂的固溶体），其余的相可以是合金的另一组元为基体形成的固溶体或另一组元的纯金属（较少），还可以是合金各组元形成的化合物或化合物的固溶体。由于组成工业合金的元素（组元）性能不同以及在合金中的含量不同，便会形成不同的相，从而使合金具有不同组织和性能。例如，普通黄铜中，含 $w_{Zn}=30\%$、$w_{Cu}=70\%$，*Zn* 原子全部地溶入 Cu 中。此时，合金组织为单相的 α 固溶体；而当含 $w_{Zn}>40\%$时，合金的组织则由 α 固溶体和金属间化合物 β 相（CuZn）组成。

工业上的合金组织，大多数是以固溶体为基体的，而金属化合物是作为强化相出现的，所以金属化合物一般所占的数量是不多的。例如在 $w_C=0.8\%$ 的碳钢中，Fe_3C 只占 12% 左右，而常用的 45 钢中，Fe_3C 只占 7%，但它对钢的组织和性能影响却是很大的。

为了满足工业上对合金性能的要求，可以通过各种工艺改变强化相（金属化合物）的形状、数量、大小及分布状态等方法来改变合金的组织，从而改变合金的性能。

3.2 二元合金相图

相图又称状态图，它表明金属的相结构或状态随温度、压力及成分的改变而发生变化的情况。由于它只表示金属在平衡状态（那是极缓慢加热或冷却条件）下的相结构，所以也称平衡图。在产生条件下，压力变化不大，通常不考虑这一因素，所以一般相图都指合金相随着成分和温度而改变的图形。

通过相图可以了解各种成分的合金在不同温度下的组织状态，在什么温度发生结晶和相变，存在几个相，每个相的成分和相对含量如何等。显然，相图是研究金属材料在加热或冷却过程中，相是如何变化的一个十分重要的工具。

3.2.1 二元合金相图的建立

为了便于理解，首先讨论纯铜在小坩埚内的结晶情况（图3.5）。

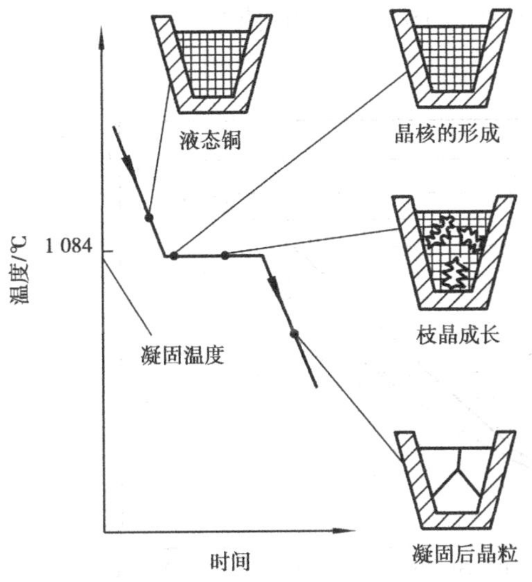

图 3.5　纯铜在小坩蜗内结晶时的冷却曲线

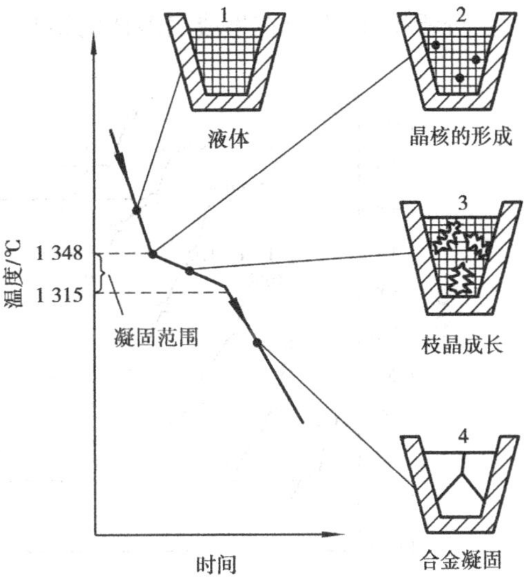

图 3.6　Cu50% + Ni50% 合金在小坩埚内结晶的冷却曲线

1—成分 w(Cu) = 50%, w(Ni) = 50%

2—固相成分 w(Cu) = 33%, w(Ni) = 67%

3—固相成分 w(Cu) = 40%, w(Ni) = 60%

4—全凝固

当液态纯铜在平衡状态下缓慢冷却时于 1 084 ℃结晶，随着时间的延长，此结晶过程在恒温下完成。但是，固溶合金的结晶情况与金属不同。以图 3.6 的 Cu50% + Ni50% 合金为例，它是在一个温度范围内结晶，此过程伴随着液体和固体金属的成分变化。当液态合金冷却到 1 348 ℃时，液相成分仍然是 Cu50% + Ni50%，但开始形成固相晶核（成分为 Ni67% + Cu33%），随着温度下降，结晶继续进行，通常为枝晶长大；当冷却到大约 1/2 结晶温度范围时，固相成分为 Ni60% + Cu40%，而液相成分变为 Ni43% + Cu57%；完全结晶后（1 315 ℃以下）液相消失，此时结晶组织的成分是不均匀的。在随后的冷却过程中，固态扩散条件下高温时的原子扩散能力较强，Ni、Cu 原子会自发地由高浓度区域向低浓度区域扩散，最终达到均匀的浓度状态，恢复到平衡状态下的均匀成分。

冷却曲线上的转折点或平台温度称为合金的临界点，可以用各种方法测定。上述两条冷却曲线是用热分析法测出的。该法是利用相变时吸热或放热现象，由试验热量补偿反映在冷却曲线上出现转折点。

现在以 Cu-Ni 合金来说明相图如何建立：

①配制图 3.7 所列的不同成分合金。

②用热分析法分别作出每种成分的图 3.5 和图 3.6 的一系列冷却曲线（图 3.7(a)）。

③以横坐标（图 3.7(b)）表示合金成分，纵坐标表示温度，将测量的合金相变临界点分别标在坐标图上相应的合金成分线上。

④将各点连成光滑曲线，再根据热分析结果，填上相区，即得此二元合金相图。

图中 t_Aat_B称为液相线，表示结晶开始；t_Abt_B称为固相线，表示结晶结束。曲线上的液相线即结晶开始温度，又称上临界点；固相线（结晶终了温度）又称下临界点。通过金相和 X 射线衍射法分析得知，合金在生成固溶体的结晶过程都是在一个温度范围内进行的。

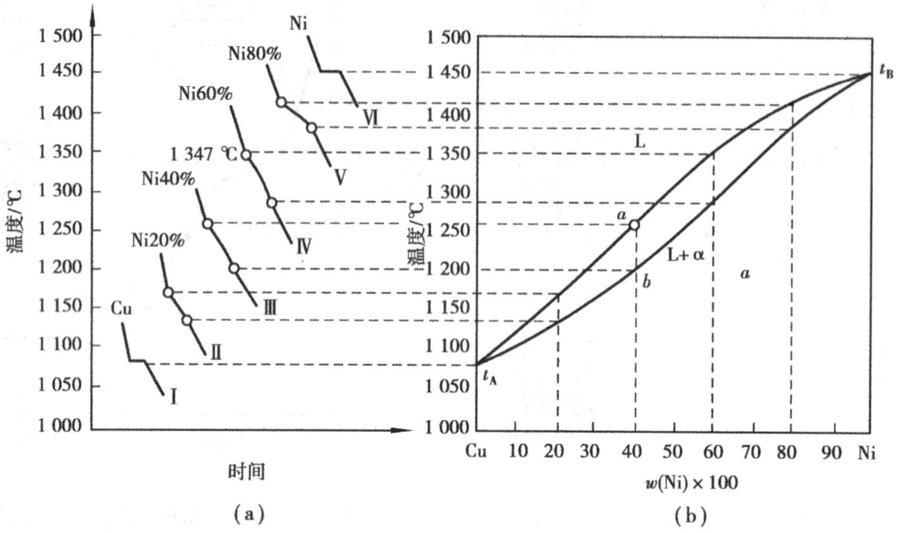

图 3.7 铜-镍合金相图的建立

(a)不同成分合金的冷却曲线 (b)Cu-Ni 状态图

3.2.2 基本相图

合金的相图有各种各样，且有些相图是很复杂的。下面介绍这几种基本相图。

(1)匀晶相图

两组元在固态时形成无限固溶体，且液态时又能完全互溶的合金相图称为匀晶相图，如 Cu-Ni、W-Mo、Fe-Ni、Fe-Cr 等合金的相图均是匀晶相图。

1)相图分析及合金结晶过程 图 3.8 为工业用 Cu-Ni 合金相图，有 3 个相区：液相线 t_Aat_B 以上为液相区，以 L 表示；固相线 t_Abt_B 以下为固相区，以 α 表示；上下临界线之间为 L 相和 α 相共存，称为两相区，以(L+α)表示。

从相图可以知道在某温度下存在几个相，每个相的化学成分，用杠杆定律可确定每一相的相对量。

图 3.8 右边示意地说明了 w(Ni)=60% 的铜镍合金的结晶过程。当合金从高温缓慢冷却到与液相线相交的 t_1 温度时，开始从液相结晶出成分为 α_1 的固溶体。温度继续降低到 t_2 温度时，不论是新结晶出来的固溶体，还是以前结晶的 α_1 固溶体为核心长大的固溶体，此时都是成分为 α_2 的固溶体，这是由于在结晶过程中缓慢冷却原子扩散的结果。随着温度的降低，结晶不断进行，液相的成分沿着液相线变化，固相的成分沿着固相线变化。在温度 t_3 结晶终了，得到与原合金相同的 α_3(即含 w(Ni)=60%)固溶体。继续冷却到室温时，组织与成分不再发生变化。

单相固溶体合金的显微组织与纯金属一样，只能观察到一颗颗的晶粒。虽然每个晶粒被晶界分开，但仍然是单相结构。

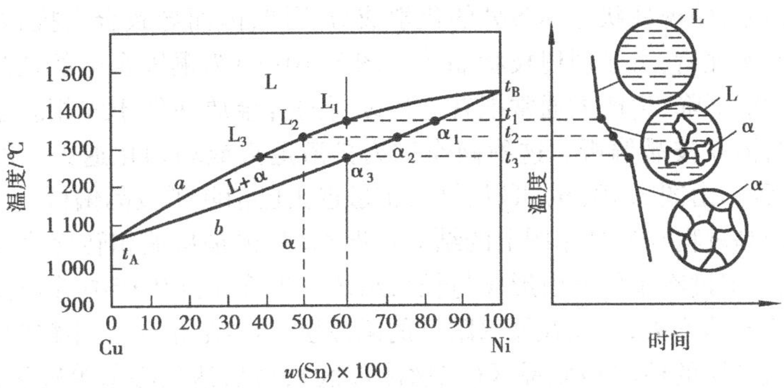

图3.8　$w(\mathrm{Ni})=60\%$合金的冷却曲线及结晶过程

2）枝晶偏析——合金的不平衡结晶　在实际生产条件下，合金溶液的冷却速度比较快，不能按上述平衡过程进行结晶，故合金成分来不及均匀化。图3.9示意地说明了这种不平衡结晶过程，开始结晶出来的树枝状晶体是成分为α_1的固溶体；随着温度下降，在α_1的外面又形成一层成分为α_2的固溶体，之后依次形成α_2、α_3等固溶体。由于它们之间原子来不及充分扩散，成分不均匀将一直持续到室温。树枝状晶体中的成分不均匀现象，称为枝晶偏析（如果只在一个晶粒内出现成分不均匀，又称为晶内偏析）。结晶的冷却速度越大，枝晶偏析程度越严重。

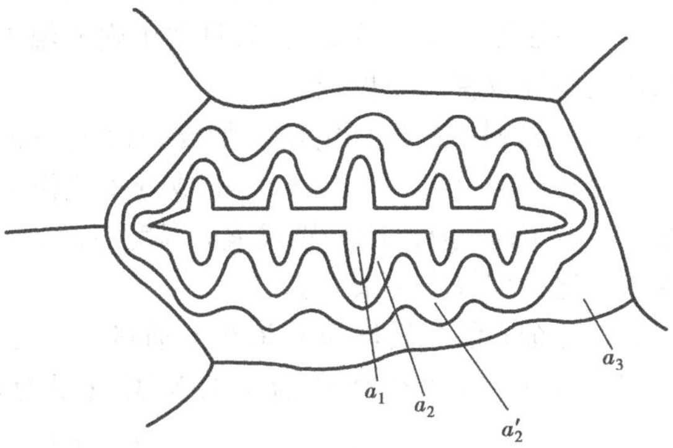

图3.9　树枝状偏析示意图

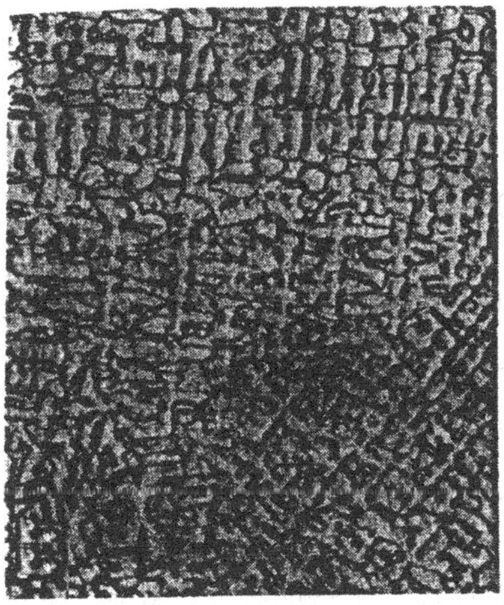

(a)

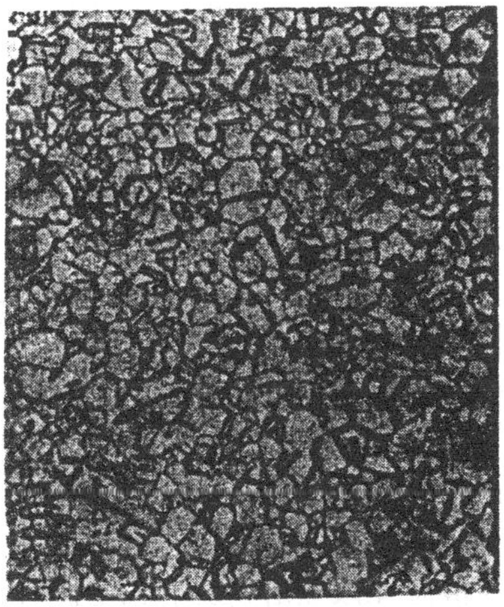

(b)

图3.10　Cu-Ni合金枝晶偏析

(a) Cu-Ni合金铸件的枝晶偏析　(b)同一铸件经热变形并扩散退火后的显微组织

枝晶偏析的结果，使树枝状晶体各处的化学成分不同，因而导致合金抗腐蚀性能不一样。试件经磨光、抛光、腐蚀后，可显现树枝状晶体。图 3.10(a)为铜镍合金的枝晶偏析组织。枝晶偏析会使合金性能下降，生产上通常把有这种偏析的合金放在低于固相线温度下长时间保温，使成分均匀化，消除枝晶偏析。这种操作称为扩散退火或均匀化退火。铸件经热加工变形，可加速扩散过程。由图 3.10(b)可以看出，扩散退火已消除了枝晶偏析。

连铸钢坯的结晶过程与匀晶相图上的结晶情况相似，也是从液相转变为固相且符合结晶的一般规律，即在一定过冷条件下由形核与长大组成。但在实际生产中，钢液进入结晶器(一次冷却区)，由于冷却速度大，首先在器壁附近的激冷层开始结晶，形成晶粒较细的坯壳(杂质较少)，接着形成次外层的柱(枝)状晶区(二次冷却区)，最后达到心部等轴区(但在进入拉坯及二次冷却区前，锭心仍保留一倒锥形的未凝固区，称为“液相穴”)。连铸钢坯结晶过程(在结晶器内)，会出现较大的枝晶偏析和选择结晶(最初形成的晶粒杂质少，熔点高，最后形成的中心部分晶粒杂质较多，熔点较低)，但是由于采用强制冷却和电磁搅拌等工艺措施，使连铸钢坯的激冷层厚度比模铸钢锭厚，且由于内外温差大，柱状晶也比模铸锭发达，整个连铸钢坯组织比模铸锭致密且晶粒较细。

3)二元相图中的杠杆定律　如要知道某一成分的合金 k(图 3.11(a))在 t_x 温度下固、液两相的化学成分，可以通过 k 合金的成分垂线作一条代表 t_x 温度的水平线，此线与液固两相线的交点 x'、x'' 的横坐标，就分别代表 t_x 温度时液固两平衡相的成分，而液、固两相的相对质量则需要用下述的杠杆定律来计算。

假设合金 k 的总质量为 1，液相 L 质量为 m_L，固相 α 的质量为 m_α。若已知液相中的 Ni 含量为 x'，固相中 Ni 含量为 x''，合金的 Ni 总含量为 k，则可以写出：

$$m_\alpha + m_L = 1 \tag{3.1}$$

$$m_\alpha x'' + m_L x' = k \tag{3.2}$$

由式(3.1)与式(3.2)得到：

$$m_L = \frac{x'' - k}{x'' - x'} \quad m_\alpha = \frac{k - x'}{x'' - x'}$$

所以

$$m_\alpha / m_L = \frac{k - x'}{x'' - k}$$

或写成

$$m_L = \frac{x'' - k}{x'' - x'} \times 100\% \tag{3.3}$$

$$m_\alpha = \frac{k - x'}{x'' - x'} \times 100\% \tag{3.4}$$

由图 3.11(b)或式(3.3)可以看出，同力学中的杠杆定律相似，故称为杠杆定律。

杠杆定律既可用于计算匀晶相图两相区中两平衡相的相对质量，也可用于计算其他类型二元合金相图两相区中两平衡相的相对质量；但是在单相区及三相区不能运用杠杆定律。

(2)共晶相图

两组在液态无限互溶，在固态相互有限溶解或不溶解且发生共晶转变的相图，称为共晶相图，如 Pb-Sn、Pb-Sb、Ag-Cu、Al-Si 等二元系都属共晶相图。

在图 3.12 Pb-Sn 合金相图中，AEB 为液相线，AMENB 为固相线。MF 为 Sn 溶于 Pb 的溶解度线，NG 为 Pb 溶于 Sn 的溶解度线，这两条曲线又称固溶线。合金系中有 L、α 和 β 三个相。α 相是锡溶于铅中的固溶体，β 相是铅溶于锡中的固溶体。MEN 为 L、α、β 三相共存的水

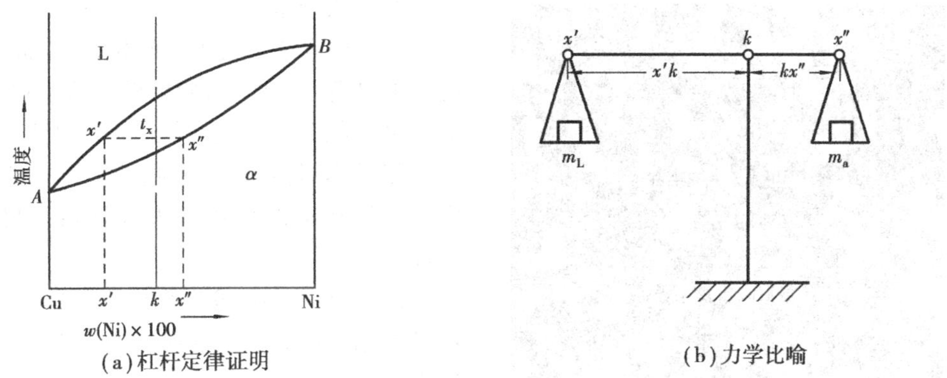

图 3.11　杠杆定律证明(a)和力学比喻(b)

平线。现在来分析不同成分的结晶过程。

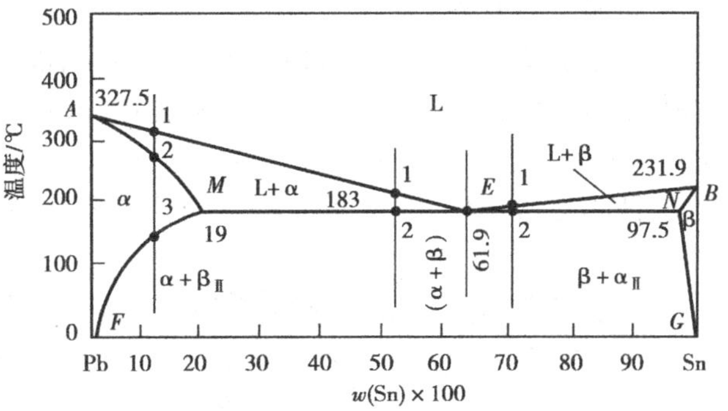

图 3.12　Pb-Sn 合金相图

1) w(Sn) <19% 时的 Pb-Sn 合金　从图 3.12 可知,w(Sn) <12% 的合金由液态慢冷到点 1 时,开始析出 α 固溶体。随着温度的降低,α 相的数量不断增加,而液相数量不断减少;α 相固溶体的成分沿 AM 线变化,液相的成分沿 AE 线变化。冷却到与固相线的交点 2 时,合金全部结晶成 α 固溶体。这一过程即是前面所述的匀晶转变过程,图 3.13 为其结晶过程示意图。

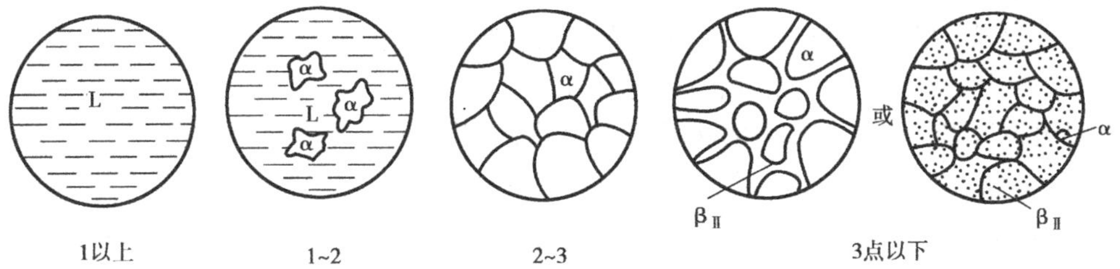

图 3.13　*Sn*12%-*Pb* 合金的结晶过程

继续冷却时,在点 2 和点 3 之间,合金组织不发生变化,为 α 单相固溶体。当冷却到点 3 温度时,Sn 在 Pb 中的溶解达到饱和状态。温度再下降时,发生过剩的锡以 β 固溶体的形式从 α 相中析出。为了同从液态析出的 β 相相区别,以 $\beta_{Ⅱ}$ 表示。图 3.14 为 w(Sn) =12% 的铅锡合金的显微组织,黑色的基体为 α 相,白色颗粒为 $\beta_{Ⅱ}$ 相。

利用固溶体溶解度随温度下降的这种性质,可以采用工艺方法,使第二相呈片状、颗粒状

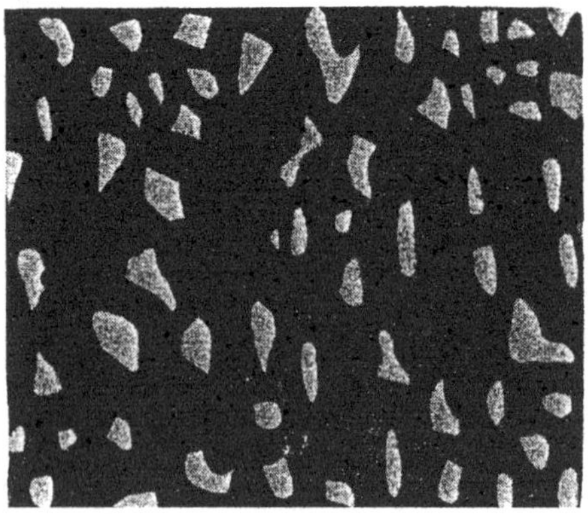

图 3.14　Sn12%-Pb 合金的显微组织(500×)

或弥散点状分布在基体上,以提高材料的硬度和强度。这种方法称为沉淀硬化,也是提高金属强度的重要途径。但是,如果析出的是脆性相并沿晶界呈网状分布,就会使合金的塑性大大降低。第二相呈弥漫点状分布时,质点间的距离最小,阻碍位错运动的作用最大,因而其硬化的效果最好。

2) $w(Sn)=61.9\%$的共晶合金　从图 3.12 可以看出,从液态缓冷到温度 t_E时要发生下式反应:

$$L_E \Leftrightarrow \alpha_M + \beta_N$$

因为同时析出 α 和 β 两种晶体,即为共晶反应,这一过程一直进行到液相完全消失为止。

图 3.15 为共晶合金的结晶示意图。当合金缓冷到 E 点(t_E)时,液相 L_E在此温度不但要结晶出 M 点成分的 α_M晶体,同时还要结晶出 N 点成分的 β_N晶体,而且在恒温下进行,直到结晶完成。这种在一定成分和恒温下进行的反应,称为共晶反应。t_E为共晶温度,L_E为共晶成分,转变后的产物为 α_M、β_N两相交错分布的机械混合物,称为共晶组织或共晶体。

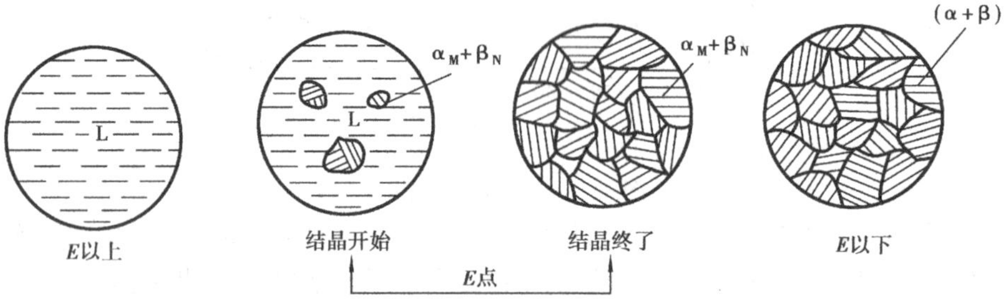

图 3.15　共晶合金的结晶示意图

从共晶温度冷却到室温时,将分别从 α 和 β 相中析出 α_{II} 和 β_{II},它们与共晶的 α 和 β 相混合在一起,在显微镜中分辨不出来,通常看成没有组织变化。图 3.16(a)为 Pb-Sn 共晶合金的显微组织照片,黑色的为 α 相,白色的为 β 相。

共晶组织虽然是交错分布的两相机械混合物,但其分布形态(片状、树枝状、点球状或针状等)决定了合金的性能。此外,组织的粗细(如片间距离的大小)与合金的冷却速度有关。冷却速度越大,获得的组织越细。图 3.16(b)、(c)和(d)为其他几种典型共晶合金的显微组织。

3)亚共晶合金　在图 3.12 中,成分位于 M 点到 E 点之间的合金,称为亚共晶合金,例如 $w(Sn)=50\%$的合金。

当缓冷到点 1 时,开始从液体析出初生 α 相(图 3.17)。随着温度降低,α 相不断增加,液相量相对减少,α 固溶体成分沿 AM 线变化,液相成分沿 AE 变化;温度达到 t_E(点 2)时,α 固溶体与剩余液相分别到达 M 和 E 点的成分,于是发生共晶反应,这一转变一直进行到剩余液相全部转变为共晶体为止。转变终了后,亚共晶合金的组织是由初生 α 相和共晶组织(α+β)

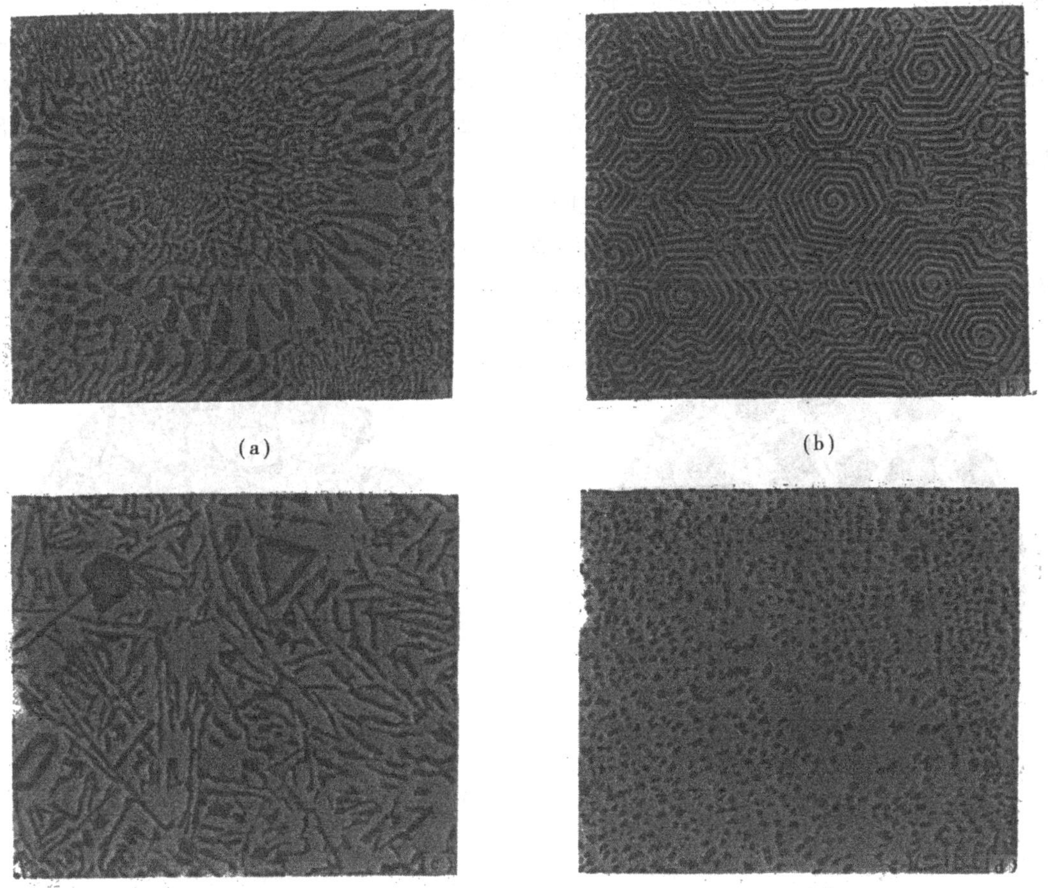

(a)　　(b)　　(c)　　(d)

图 3. 16　共晶合金的几种典型显微组织

(a)放射状共晶体(Pb-Sn 合金)　(b)螺旋状共晶体

(c)针状共晶体　(d)点状共晶体

组成。初生 α 相和共晶中的 α 相为同一种相,仅是由于结晶条件不同,在显微组织中呈现不同的形态。

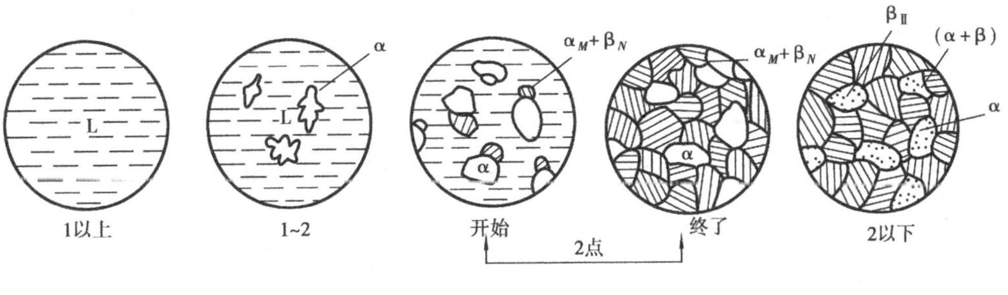

图 3. 17　Pb-Sn 亚共晶合金平衡结晶过程示意图

从 t_E 继续冷却时,将从 α 相中析出 β_{II}。

图 3. 18 为 Pb-Sn 亚共晶合金的显微组织照片。黑色枝晶为初生的 α 晶体,黑色相间分布

的为(α+β)共晶体。α 枝晶内的白色颗粒为 β_{II} 相。

4)过共晶合金　在图 3.19 中,成分线位于 E,N 之间的合金称为过共晶合金。过共晶的结晶过程与亚共晶类似,所不同的仅是初生相为 β 固溶体,从 t_E 继续冷却时,将从 β 相中析出 α_{II}。图 3.19 为 Pb-Sn 过共晶合金的显微组织,白色部分为 β 固溶体,黑白相间的为(α+β)共晶体,β 晶体内的黑色小点为 α_{II} 相。

从上述可以看出,成分介于 M、N 点之间的亚共晶、共晶及过共晶合金,在其缓慢冷却或缓慢加热中,凡是与 MEN 线相遇时,到 t_E 温度都要发生共晶反应。所以称 MEN 为共晶线,称 t_E 为共晶温度,称 E 点称共晶点。

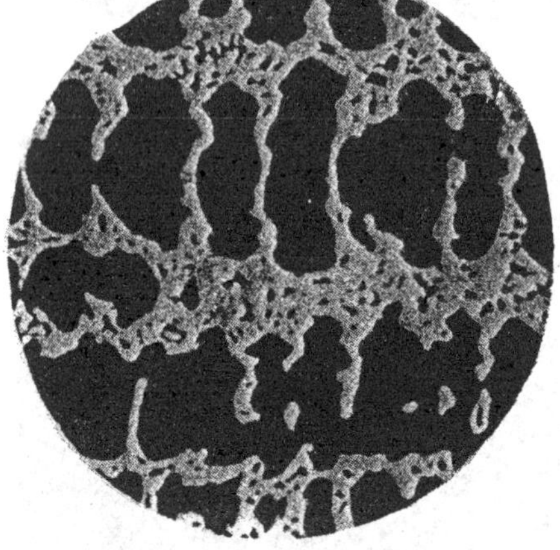
图 3.18　Pb-Sb 亚共晶合金的显微组织(100×)

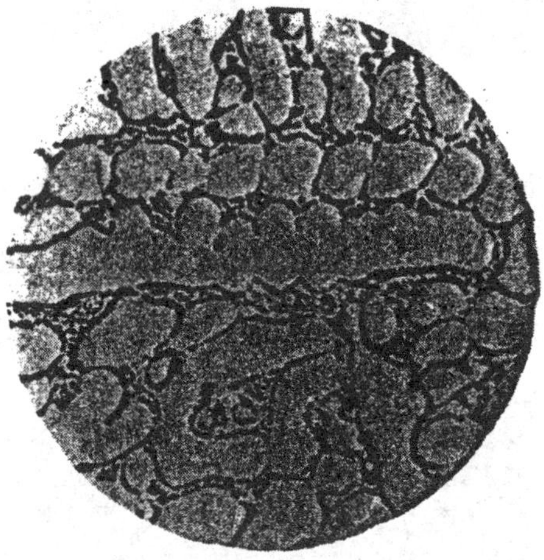
图 3.19　Pb-Sn 过共晶合金的显微组织(100×)

相图中可以标出相组成物,也可以标出组织组成物。如共晶相图中,除在固溶线区域内的合金外,都是由 α 和 β 两相组成的,标出(α+β)两相即可。如果填写组织组成物,就要标明初生 α 和 β、共晶体(α+β)、二次结晶的 α_{II} 和 β_{II} 等。它们在组织形态上差别较大,如初生产物较粗大,二次结晶产物十分细小等。组织组成物不仅指明平衡组织种类,还指出大致形貌,因而更符合实际情况,分析合金时也更方便。

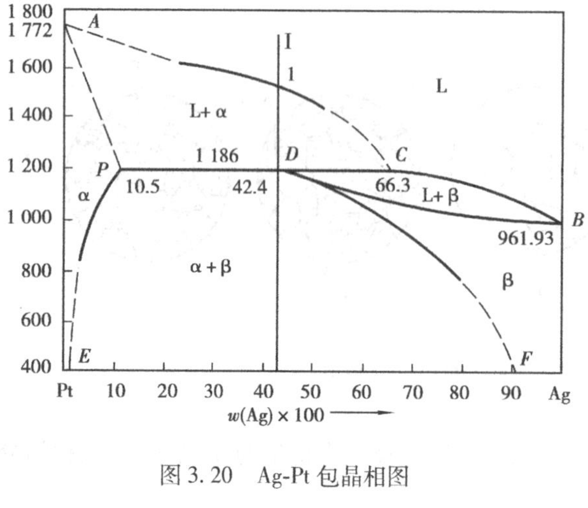

图 3.20　Ag-Pt 包晶相图

5)密度偏析(比重偏析)　在合金结晶过程中,如果结晶的晶体密度与其余的液体密度相差较大,则这些晶体会上浮或下沉,使最后凝固的合金出现上、下部成分不同,这种现象称为密度偏析,俗称比重偏析。在亚共晶或过共晶合金中,如果开始结晶物的密度与剩余液体的密度相差悬殊,就会形成这种偏析。例如,过共晶铸铁中的石墨漂浮、Pb-Sb 轴承合金中密度较小的 β 固溶体上浮,都是密度偏析现象。

密度偏析不能用热处理来消除或

减轻，只能控制成分或在凝固时采取措施，如增加结晶的冷却速度或搅拌等。

3.2.3　包晶相图

两个组元在液态无限互溶，在固态形成有限固溶体并发生包晶反应的相图，称为包晶相图，如 Pt-Ag、Sn-Sb、Cu-Sn、Cu-Zn 等合金系的相图，均为包晶相图。

包晶相图和共晶相图的最大差别，是其水平线所具有的反应不同。图 3.20 为 Ag-Pt 合金的包晶相图。

合金 I 从液相缓慢冷却时，与 *PDC* 水平线相遇，成分 *P* 点已结晶出来的 α 固溶体 α_P 与包围它的成分 *C* 点的液相(L_C)作用，Ag 和 Pt 相互扩散，形成另一成分为 *D* 点的固溶体 β_D，其反应式可写成：

$$L_C + \alpha_P \Leftrightarrow \beta_D$$

这种在恒温下，一定成分的液相包围固相形成另一成分固相的结晶过程，称为包晶反应。*PDC* 为包晶线，*D* 为包晶点，t_D 为包晶反应温度。

3.2.4　具有稳定化合物的二元相图

所谓稳定化合物，是指熔化前既不分解也不产生任何化学反应的化合物，例如 Mg 与 Si，即可形成稳定化合物 Mg_2Si，而 Mg-Si 相图就是形成稳定化合物的二元合金相图，可以认为是由 Mg-Mg_2Si 和 Mg_2Si-Si 两个共晶相图组成的，如图 3.21 所示。

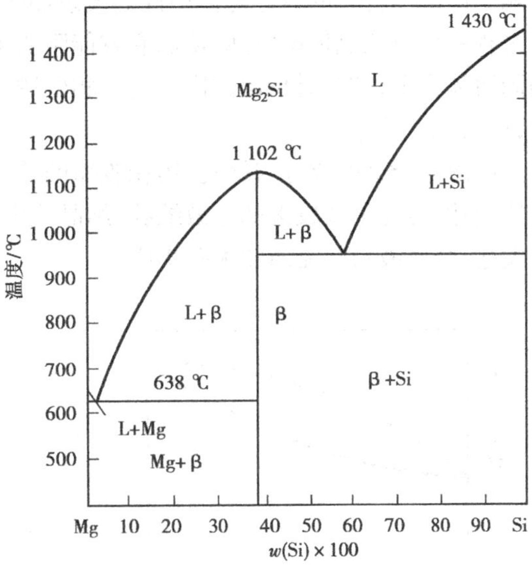

图 3.21　Mg-Si 合金相图

3.3　相图与合金性能的关系

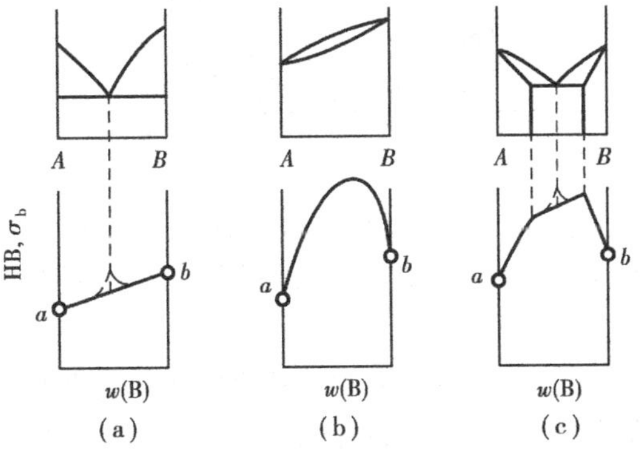

图 3.22　相图与合金强度和硬度之间关系的示意图

3.3.1　力学性能与相图的关系

合金的成分决定了合金的组织，而合金的组织又决定了合金的性能，因而合金的性能与相图具有对应关系。图 3.22 所示为几种类型相图与合金力学性能之间的关系。

当合金形成为两相机械混合物的组织时，合金的强度和硬度大约是两种组织性能的平均值，即性能与成分呈直线关系，如图 3.22(a)所示；当合金形成单相固溶体时，由于溶质原子使基体晶格畸变，增高了合金的强度和硬度，其关系如图3.22(b)所示；图3.22(c)所示力学性能与状态图之间的关系，实际上是上述两种情况的综合。

这里必须指出，当合金为两相晶粒较粗且均匀分布时，性能才符合直线关系；如果形成细小的共晶组织，即是片间距离越小或层片越细时，合金的强度、硬度就越高，如图(a)中虚线所示。

3.3.2 合金铸造性能与相图的关系

铸造性能主要表现在流动性、偏析、缩孔等方面，主要决定于液相线与固相线之间的温度间隔。固溶体合金的成分与流动性的关系如图3.23所示。固相线与液相线的距离越大，在结晶过程中树枝状晶体越发达，从而它越能阻碍液体流动，因此流动性越低。此外，结晶范围大的固溶体合金，结晶时析出的固相与液相的浓度差也大，在快冷时，由于不能进行充分扩散，因此，偏析也严重些。

固溶体合金的成分与缩孔、体积收缩的关系，如图3.24所示。结晶温度范围大时，树枝状晶体发达，容易形成较多的分散缩孔；结晶范围小时，容易形成集中缩孔，因为这种情况下枝晶不发达，金属液易补缩而使缩孔集中。

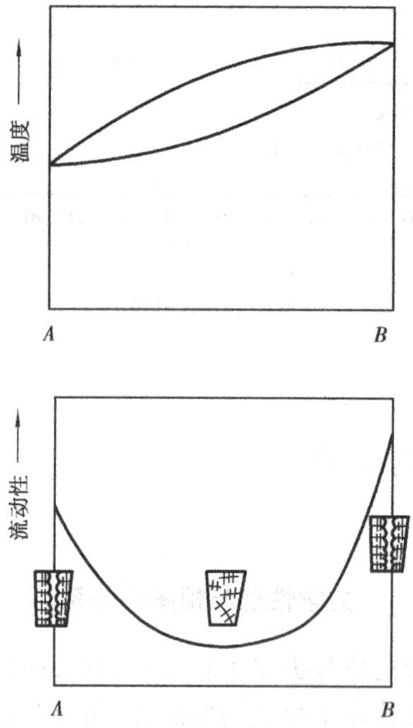

图3.23 固溶体的成分对金属流动性的影响

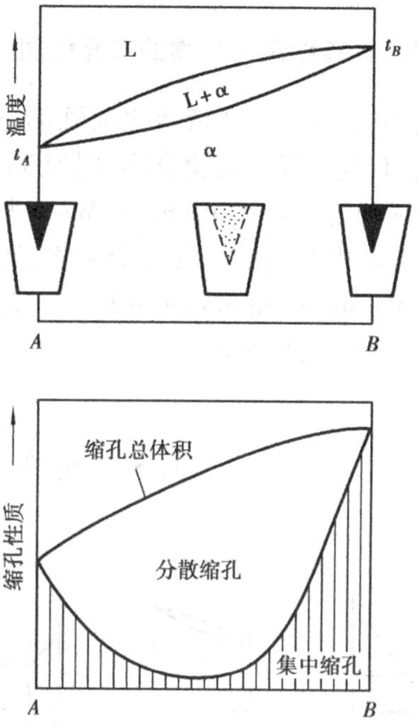

图3.24 固溶体成分与体积收缩、缩孔的关系

完全是固溶体的合金，具有良好塑性，因而压力加工性能好，可以进行锻、轧、拉拔、冲压等。

共晶合金相图与铸造性能的关系，如图3.25所示。这种合金的铸造性能也决定于固、液相线之间的距离，即结晶温度间隔。在恒温下结晶的合金，具有最好的流动性；共晶点两侧的合金，由于树枝状晶体发达，流动性逐渐降低。结晶间隔越大，流动性越差。另外，共晶成分合金结晶时易生成集中缩孔；而具有较大结晶温度间隔的合金，易形成较多的分散缩孔。因此，铸造合金的成分越接近共晶成分，越容易铸成致密件。当然，合金的流动性还决定于合金的熔点。熔点低，浇注温度高，过热度就大，流动性就好。

此外，结晶温度区间大的合金，铸造时有较大的热裂倾向。如果不考虑其他因素，则结晶温度区间越小，合金热裂倾向也越小。

两相机械混合物的合金，其压力加工性能不如单相固溶体。这是因为它是混合物，各相的变形能力不同，造成一相阻碍另一相的变形，使塑性变形阻力增加，因而共晶体的压力加工性最差。

此外，一相在另一相基体上的分布状况，也显著影响机械混合物的塑性。例如，硬而脆的第二相若在第一相的晶界呈网状分布时，合金脆性很大；当硬而脆的第二相以颗粒状均匀地分散在基体金属上时，则其塑性较前者大为增加，此时合金的塑性和韧性主要取决于基体金属；当硬而脆的第二相以针状或片状分布在基体金属内时，则塑性和韧性介于上述两者之间，且强度较高。

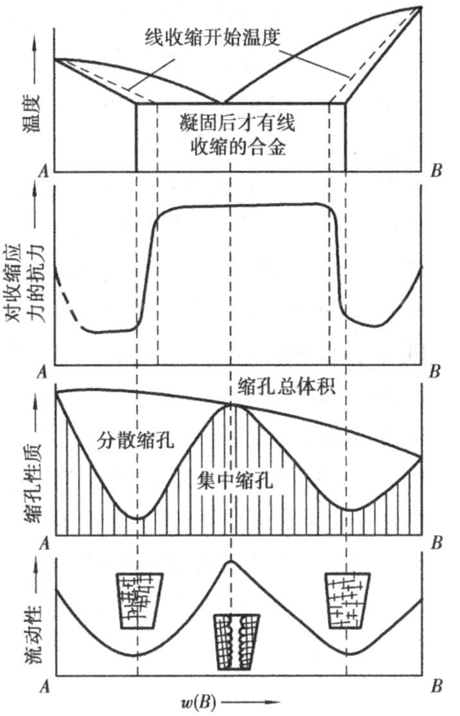

图3.25　共晶合金成分与铸造性能关系示意图

拓展阅读

胡壮麒，我国著名材料学家、中国工程院院士以及中国科学院金属研究所的研究员。胡壮麒院士长期从事高温合金的研制及亚稳新材料和新工艺的研究，他不仅成功研制出我国第一个一级空心涡轮叶片材料及民航机长寿命叶片材料，而且成功研制出抗热腐蚀定向结晶叶片、定向结晶钴基合金叶片及特种微晶粉末；提出了约束性凝固过程中溶质的非平衡再分配理论等。胡先生一步一个脚印地刻苦钻研，夜以继日地探索材料研制任务，耕耘不辍，胡先生的多项成果打破了我国新型航空发动机技术的壁垒，在我国的科学研制中起到了关键作用。

60多年来，胡壮麒承担的多项航空发动机关键材料攻关项目均是在一无所有、一穷二白的条件下攻克完成的。他用自己的一生来撑起科技强国的崇高理想。他的崇高精神也激励着新时代大学生为实现中华民族伟大复兴贡献自己的力量。

复习思考题

1. 解释下列名词。

合金，组元，相，组织，相图，晶内偏析，比重偏析。

2. 什么是固溶体和金属化合物？它们的特性怎样？

3. 间隙固溶体和间隙相在晶体结构和性能上的差别是什么?

4. 固溶体主要有哪两种?它们的形成条件是什么?

5. 下列为 Pb-Sb5% 合金的热分析数据:

纯铅的结晶温度为 327 ℃。

Pb95%-Sb5% 合金结晶出 Pb 的温度为 296 ℃,共晶温度为 252 ℃。

Pb90%-Sb10% 合金结晶出 Pb 的温度为 260 ℃,共晶温度为 252 ℃。

Pb88.8%-Sb11.2% 合金共晶温度为 252 ℃。

Pb80%-Sb20% 合金结晶出 Sb 的温度为 280 ℃,共晶温度为 252 ℃。

Pb50%-Sb50% 合金结晶出 Sb 的温度为 485 ℃,共晶温度为 252 ℃。

Pb20%-Sb80% 合金结晶出 Sb 的温度为 570 ℃,共晶温度为 252 ℃。

纯锑的结晶温度为 630 ℃。

(1)作出相图;(2)填写相区;(3)分析 $w(Pb)=95\%$、$w(Pb)=88.8\%$、$w(Pb)=50\%$ 三种合金的结晶过程;(4)画出这些合金在室温时的组织示意图。

6. 为什么不能把共晶体称为相?常见的共晶体形貌有哪几种?

7. 在 Cu-Ag 相图中(图 3.26)指出:(1)液相线、固相线、共晶点;(2)水平反应线的性质;(3)各区域的相和组织;(4)合金Ⅰ、Ⅱ、Ⅲ的冷却曲线;(5)合金Ⅰ、Ⅱ、Ⅲ的结晶过程和组织示意图。

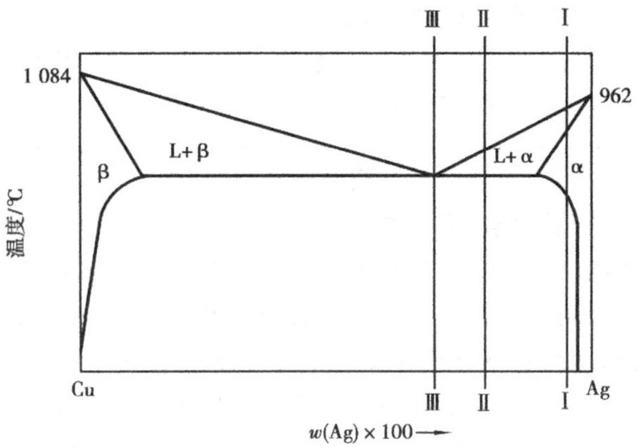

图 3.26　Cu-Ag 相图

8. Cu-Ni 合金什么成分硬度最高?硬度最高的合金流动性好不好,为什么?画出这个合金的显微组织。

9. 在图 3.26 相图中,什么成分合金适宜于压力加工?什么成分的合金适宜于铸造?用什么方法可以提高合金的强度?表述合金的塑性和硬度随成分变化的规律。

10. 今有两个形状相同的铜镍合金铸件,一个 $w(Ni)=90\%$、一个 $w(Ni)=50\%$,铸后自然冷却,问凝固后哪个铸件的偏析较为严重?

11. 试述固溶强化、加工硬化原理,并说明它们的区别。

第4章 铁碳合金

钢和铸铁是现代工业中应用最广泛的金属材料，其基本组元都是铁和碳两种元素，故统称为铁碳合金。

铁和碳可以形成固溶体，也可以形成 Fe_3C，Fe_2C，FeC 等一系列化合物，由于稳定的化合物可以作为一个独立的组元，因此整个 Fe-C 合金相图可视为 Fe-Fe_3C，Fe_3C- Fe_2C，Fe_2C-FeC 等一系列二元相图复合组成。由于钢中的含碳量(质量分数)不超过2.11%，铸铁的含碳量不超过5%，含碳量 $w(C)>5\%$ 的铁碳合金性能很脆，无实际意义。所以在研究铁碳合金时，仅研究 Fe-Fe_3C 部分，即含碳量 $w(C)<6.69\%$ 部分。

4.1 纯铁与铁碳合金的基本相

4.1.1 纯铁

铁是元素周期表上第26个元素，原子量为55.85，属于过渡族元素。纯铁在常压下于1 538 ℃熔化，2 746 ℃气化。铁的密度是7.879 g/cm^3。固态铁在结晶过程具有同素异构转变，纯铁在1 538 ℃结晶为具有体心立方晶格的δ-Fe，当温度降至1 394 ℃时δ-Fe开始转变为面心立方晶格的γ-Fe，而冷却至912 ℃时又由γ-Fe转变为体心立方晶格的α-Fe，再冷却至室温α-Fe晶格不再发生转变，因为铁有同素异构转变，所以在生产上可以对钢和铸铁进行相变热处理，达到改变钢铁的组织和提高使用性能的目的。

工业纯铁的含铁量一般为 $w(Fe)=99.8\%\sim99.9\%$，多少会有微量的碳。工业纯铁的力学性能大致如下：

抗拉强度 $R_m=180\sim280$ MPa

屈服强度 $R_{eL}=100\sim170$ MPa

伸长率 $A=30\%\sim50\%$

断面收缩率 $Z=70\%\sim80\%$

冲击韧度 $\alpha_k=160\sim200$ J/cm^2

硬度 50~80 HBS

总的来看，在室温下纯铁的塑性韧性很好，易变形，但其强度硬度低，很少用作结构材料。纯铁在770 ℃以下具有铁磁性。α-Fe在770 ℃以上磁性消失。770 ℃为纯铁的磁性转变温度（居里点）。在发生磁性转变时铁的晶格并不改变，磁性转变不属于相变。

4.1.2 铁碳合金的基本相

（1）铁素体

铁素体是碳溶于α-Fe中形成的固溶体，常用符号"α"或"F"表示。由于α-Fe是体心立方晶格，晶格间隙半径很小因而溶碳能力极差，只能在位错、空位、晶界等缺陷处或个别八面体间隙中溶解，在727 ℃时溶碳量最大（$w(C)=0.0218\%$）。所以铁素体的碳的质量分数极小（$w(C)=0.005\,7\%\sim0.021\,8\%$）。

铁素体的组织与纯铁组织近似，在显微镜下观察，铁素体为均匀明亮的多边形晶粒，见图4.1。铁素体室温时的性能几乎与纯铁相同，强度和硬度低，但具有良好的塑性和韧性。

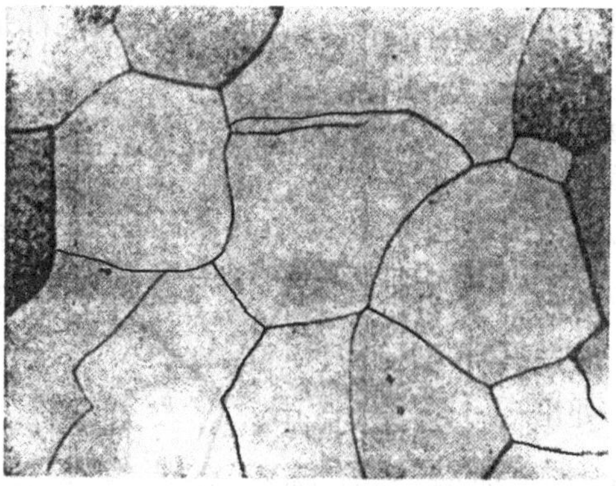

图4.1 铁素体的显微组织

（2）奥氏体

奥氏体是碳溶于γ-Fe中的间隙固溶体，常用符号"γ"或"A"表示。由于γ-Fe铁是面心立方晶格，其晶格间隙的直径要比α-Fe铁大，故溶碳能力也大，在1 148 ℃时溶碳量最大（$w(C)=2.11\%$），随着温度下降溶碳量逐渐减少，在727 ℃时的溶碳量$w(C)=0.77\%$。

奥氏体的强度和硬度较低而塑性和韧性较高，易于塑性变形，奥氏体的硬度为170～220 HBS，伸长率为40%～50%。

（3）渗碳体

渗碳体是一种具有复杂晶格的铁与碳的间隙化合物（又称Q碳化物，一般用化学式Fe_3C表示），其碳的质量分数为6.69%，熔点为1 227 ℃，不发生同素异构转变，但有磁性转变。它在230 ℃以上则失去铁磁性，硬度很高（950～1 050 HV），但脆性大，塑性差，伸长率接近于零。渗碳体作为钢中的强化相，它的形态大小及分布对钢的性能有很大的影响。

4.2 铁碳相图（Fe-Fe_3C相图）分析

铁碳相图（Fe-Fe_3C相图）如图4.2所示，图中各点的温度和含碳量列于表4.1中。

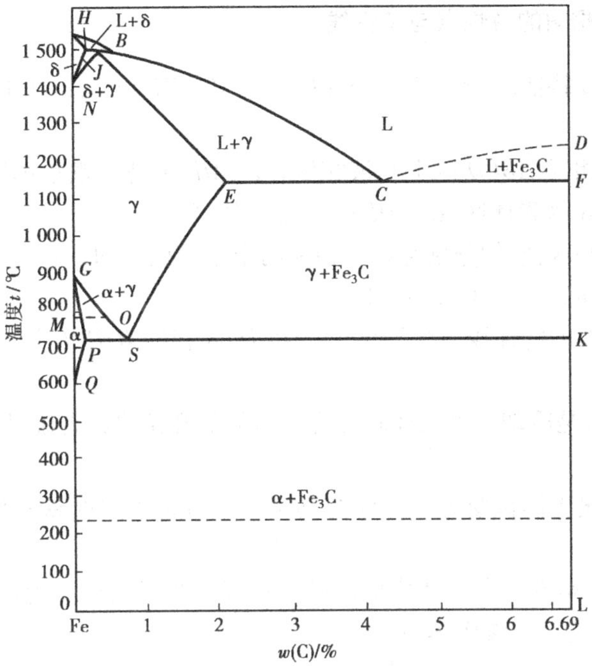

图 4.2　以相组成的铁碳相图

表 4.1　铁碳相图中各点的温度和含碳量列表

点的符号	温度/℃	w_C/%	说　明
A	1 538	0	纯铁的熔点
B	1 495	0.53	包晶转变时液相的成分
C	1 148	4.30	共晶点
D	1 227	6.69	渗碳体的熔点
E	1 148	2.11	碳在 γ-Fe 中的最大溶解度
F	1 148	6.69	渗碳体的成分
G	912	0	α-Fe $\rightleftharpoons$ γ-Fe 转变温度(A_3)
H	1 495	0.09	碳在 δ-Fe 中的最大溶解度
J	1 495	0.17	包晶点
K	727	6.69	渗碳体的成分
N	1 394	0	γ-Fe $\rightleftharpoons$ δ-Fe 的转变温度
O	770	0.5	W_c = 0.5% 合金的磁性转变点
P	727	0.021 8	碳在 α-Fe 中的最大溶解度
S	727	0.77	共析点(A_1)
Q	室温	0.000 8	室温时碳在 α-Fe 中的溶解度

4.2.1 Fe-Fe_3C 相图的特性点与特性线

相图中有5个重要特征成分点:*P*(0.0218%C),*S*(0.77%C),*E*(2.11%C),*C*(4.3%C)和*F*(6.69%C)。

相图中有5个单相区:*ABCD* 以上是液相区(L);*AHNA* 是 *A* 铁素体区(A);*NGESGN* 是奥氏体区(γ);*GPQG* 为 α 铁素体区(α);*DFKL* 为渗碳体区(Fe_3C)。

相图中有7个双相区:它们分别存在于相邻两个单相区之间。这些双相区是:L+A,L+γ,L+Fe_3C,A+γ,γ+α,γ+Fe_3C 及 α+Fe_3C。

相图中有9条重要的特性线,除了液相线 *ABCD*,固相线 *HJECF* 外,还有4条特性曲线和3条转变曲线。

GS 线,又称 A_3线,是冷却时奥氏体转变为铁素体的开始线或者说是加热时铁素体转变为奥氏体的终了线。

GP 线,是冷却时奥氏体转变为铁素体的终了线或者说加热时铁素体转变为奥氏体的开始线。

ES 线又称 A_{cm}线,是碳在奥氏体中的溶解度曲线。当温度低于此曲线时,就要从奥氏体中析出渗碳体,常称之为二次渗碳体(Fe_3C_{II})。

PQ 线是碳在铁素体中的溶解度曲线,*P* 点为最大溶解点,*w*(C)=0.021 8%,从 *P* 点(727 ℃)开始随着温度下降,铁素体中的渗碳量逐渐减少;过剩的碳将以渗碳体形式析出,称为三次渗碳体(Fe_3C_{III})。

PSK 线是一条水平线,称之共析线,又称 A_1线,奥氏体冷却到该温度线(727 ℃)将发生共析转变。

另外,相图中还有两条水平线,即:*HJB* 为包晶转变线,*ECF* 为共晶转变线,事实上,Fe-Fe_3C 相图可看成由包晶转变,共晶转变和共析转变三部分连接而成,下面将分析三个转变。

4.2.2 三个转变

(1)包晶转变

包晶转变是成分为 *w*(C)=0.53%的液相与 *w*(C)=0.09%的铁素体发生包晶反应,生成 *w*(C)=0.17%的奥氏体的过程。包晶反应式为:

$$L_B + \delta_H \Leftrightarrow \gamma_J$$

包晶转变在1 495 ℃的恒温下进行。奥氏体在A相与液相的界面形核,它围住A相并向A相和液相两个方向长大。包晶转变终了时A相与液相同时耗尽变为单相奥氏体。碳的质量分数 *w*(C)=0.09%~0.17%之间的合金,由于A铁素体的量较多,当包晶反应结束后,液相耗尽,仍残留一部分A铁素体,在继续冷却过程中,残留A铁素体通过同素异构转变而变成奥氏体。碳的质量分数在 *w*(C)=0.17%~0.53%之间的合金,由于液相较多,包晶反应结束后,仍残留部分液相,这部分液相在继续冷却过程中结晶形成奥氏体。

(2)共晶转变

共晶转变是由 *w*(C)=4.3%的液相同时析出 *w*(C)=2.11%的奥氏体和 *w*(C)=6.69%的渗碳体的过程,其反应式为

$$L_C \Leftrightarrow \gamma_E + Fe_3C$$

共晶转变在1 148 ℃的恒温下进行。共晶转变所形成的奥氏体和渗碳体的机械混合物，称为莱氏体(Ld)。凡是碳的质量分数 $w(C)=2.11\% \sim 6.69\%$ 范围内的合金在 *ECF* 线上都会发生共晶转变。

在莱氏体中，渗碳体是连续分布的相，奥氏体成颗粒状分布在渗碳体的基体上，由于渗碳体是硬脆相，故莱氏体塑性很差。

(3) **共析转变**

共析转变是由 $w(C)=0.77\%$ 的奥氏体同时析出 $w(C)=0.021\ 8\%$ 的铁素体和 $w(C)=6.69\%$ 的渗碳体的过程，其反应式为：

$$\gamma_S \Leftrightarrow \alpha_P + Fe_3C$$

共析转变在727 ℃的恒温下进行。共析转变产物称为珠光体(P)。凡是碳的质量分数 $w(C)>0.021\ 8\%$ 的合金，在 *PSK* 线上都将发生共析转变，*PSK* 共析线又称共析温度线，常用符号 A_1 表示。

共析转变形成的珠光体是层片状的渗碳体和铁素体的机械混合物，其显微组织如图4.3所示，珠光体中较厚的片是铁素体，较薄的片是渗碳体。

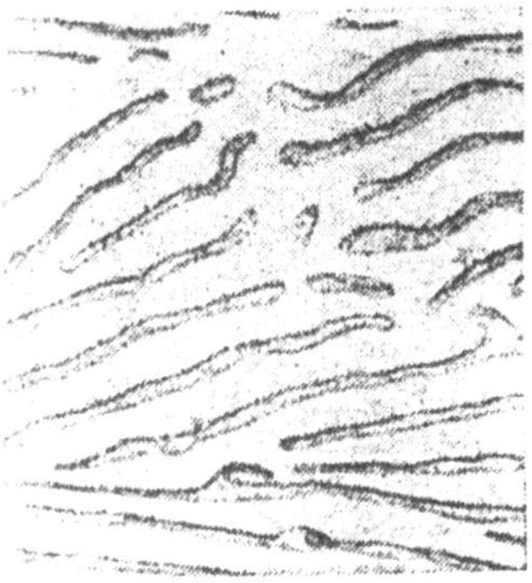

(2 500×)
(a)

(500×)
(b)

图4.3 珠光体的显微组织

4.3 铁碳合金在平衡状态下的结晶过程

$Fe\text{-}Fe_3C$ 相图上的合金，按其含碳量和组织的不同，一般分为3类：工业纯铁($w(C)<0.021\ 8\%$)；碳素钢($w(C)=0.021\ 8\% \sim 2.11\%$)；白口铸铁($w(C)=2.11\% \sim 6.69\%$)。

碳素钢又可分为3类：亚共析钢($w(C)=0.021\ 8\% \sim 0.77\%$)，室温平衡组织为铁素体加珠光体；共析钢($w(C)=0.77\%$)，室温平衡组织为珠光体；过共析钢($w(C)=0.77\% \sim 2.11\%$)，室温平衡组织为珠光体加二次渗碳体。

白口铸铁也分为3类：亚共晶白口铁($w(C)=2.11\% \sim 4.3\%$)，室温平衡组织为珠光体加二次渗碳体加莱氏体；共晶白口铁($w(C)=4.3\%$)，室温平衡组织为莱氏体；过共晶白口铁($w(C)=4.3\% \sim 6.69\%$)，室温平衡组织为一次渗碳体加莱氏体。白口铁中碳以 Fe_3C 形式存在为多,断口呈亮白色。

下面从以上 7 种类型中选择一种合金来分析其平衡结晶过程和组织,如图 4.4 所示。

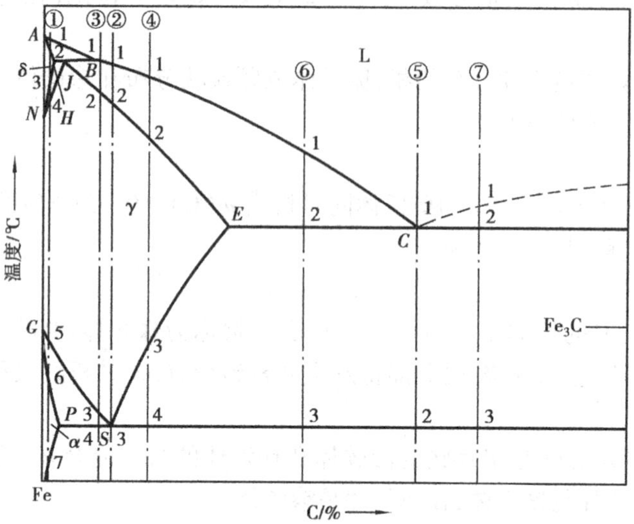

图 4.4　典型铁碳合金冷却时的组织转变

4.3.1　工业纯铁的结晶

工业纯铁的结晶过程见图 4.5。

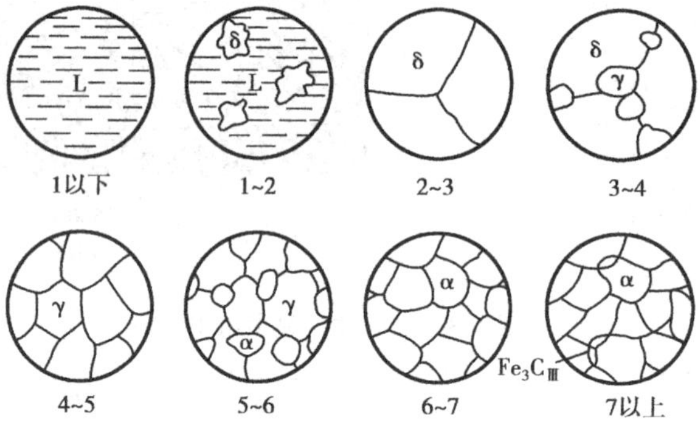

图 4.5　工业纯铁的结晶过程示意图

工业纯铁溶液从 1 点开始按匀晶转变结晶出 δ 铁素体,到 2 点结晶完成,再冷却至 3 点,δ 铁素体开始发生同素异构转变:δ-γ,这一转变在 4 点结束,4 点至 5 点之间为单相奥氏体状态,奥氏体冷却到 5 点时又开始发生同素异构转变:γ-α,至 6 点转变完成,6 点至 7 点之间为单相铁素体状态,铁素体冷却到 7 点以下时,渗碳体在铁素体晶界呈片状析出。

4.3.2　亚共析钢的结晶

亚共析钢结晶过程如图 4.6 所示,以 $w(\mathrm{C})>0.53\%$ 的合金为例($w(\mathrm{C})\leqslant 0.53\%$ 的亚共析钢高温有包晶转变,之后结晶过程相似)。

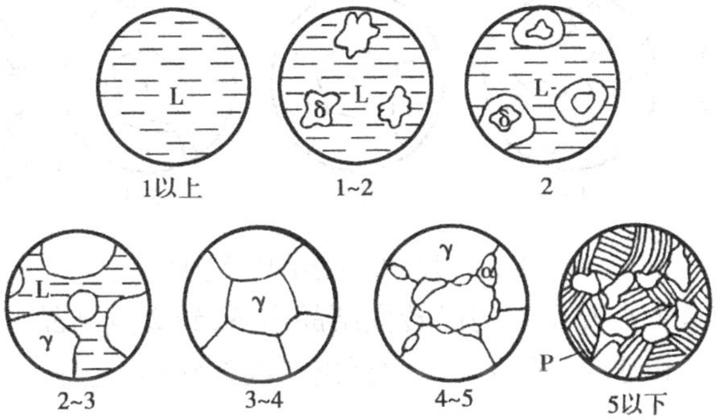

图 4.6　亚共析钢结晶过程示意图

亚共析钢合金溶液以 1 点开始按匀晶转变结晶出 A，到 2 点结晶完成，2 点到 3 点之间为单相 A 状态，A 冷却到 3 点开始在晶界上析出铁素体。当温度降至 4 点与共析线(727 ℃)相遇时，A 的成分走到了 *S* 点，即 $w(C)=0.77\%$，这部分 A 在恒温下发生共析转变：$\gamma_{0.77}=(\alpha_P+Fe_3C)$形成珠光体。

亚共析钢的室温组织由先共析铁素体和珠光体组成(图 4.7)，钢中含碳量越高，则组织中的珠光体量越多。根据杠杆定律，可近似估计钢的含碳量 $w(C)=P\times0.77\%$。

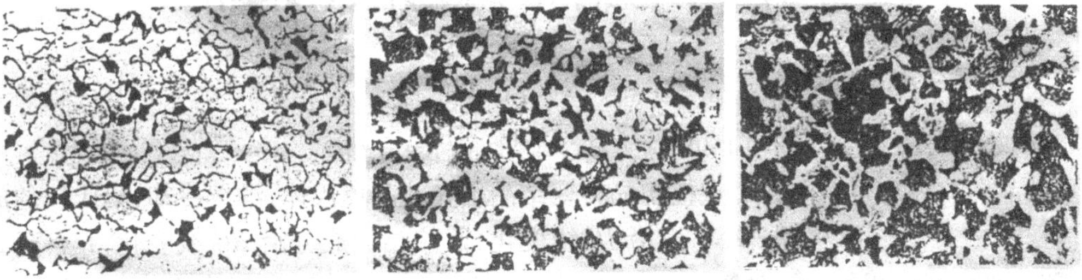

(a)　　(b)　　(c)

图 4.7　亚共析钢的室温组织

4.3.3　共析钢的结晶

共析钢的结晶过程如图 4.8 所示。

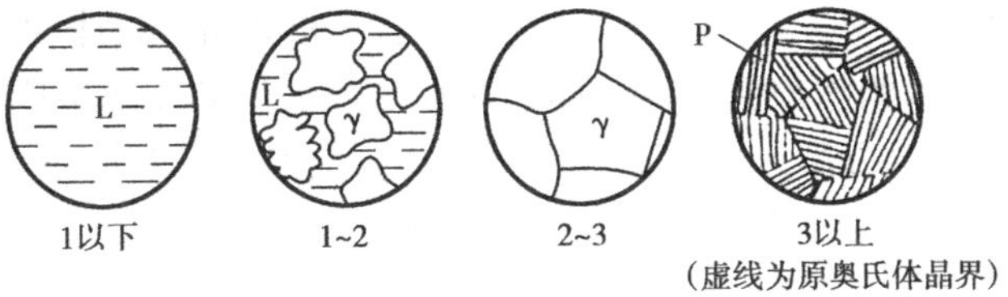

图 4.8　共析钢的结晶过程示意图

共析钢合金溶液从 1 点开始按匀晶转变结晶出 A，到 2 点结晶完成，2 点到 3 点为单相 A 状态，A 冷却到 3 点(727 ℃)时，发生共析转变：$\gamma_{0.77}=(\alpha_P+Fe_3C)$，形成珠光体 P。

4.3.4　过共析钢的结晶

过共析钢的结晶如图 4.9 所示。

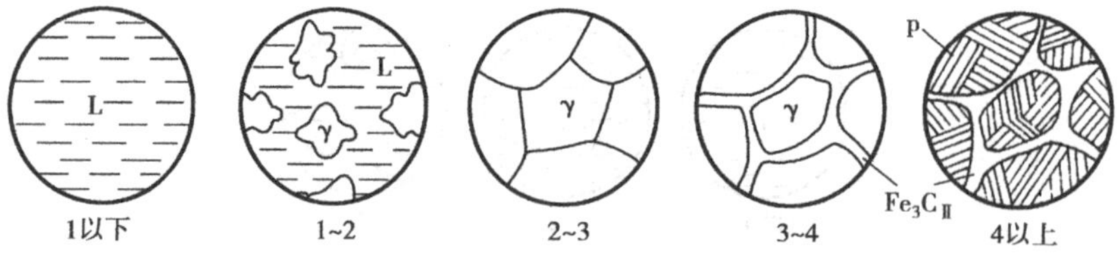

图 4.9　过共析钢的结晶示意图

过共析钢合金溶液从 1 点开始按匀晶转变结晶出 A,到 2 点结晶完成,2 点到 3 点为单相 A 状态,当冷至 3 点与 *ES* 相遇时,开始从 A 中析出二次渗碳体,这种先共析的 $Fe_3C_{Ⅱ}$ 一般沿着 A 晶界及网状分布。

当温度降至 4 点(727 ℃)时,A 成分达到了 *S* 点,这部分 A 在恒温下发生共析转变,形成珠光体。过共析钢的室温组织由二次渗碳体和珠光体组成。

4.3.5　亚共晶白口铁的结晶

亚共晶白口铁结晶过程如图 4.10 所示。

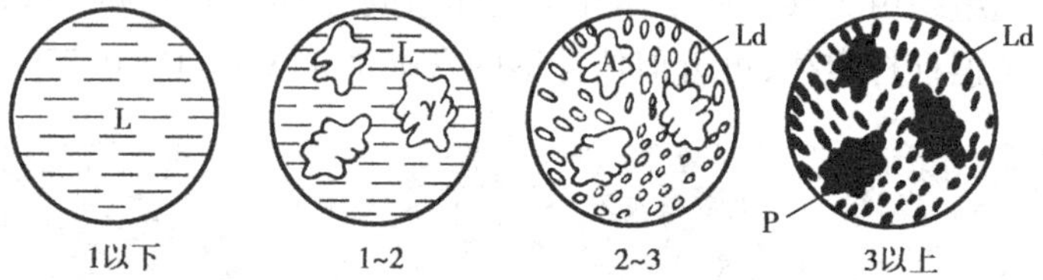

图 4.10　亚共晶白口铁结晶过程示意图

亚共晶白口铁合金溶液在 1 点按匀晶转变结晶出先共晶奥氏体,继续冷却,奥氏体的成分沿 *JE* 线变化,而液相的成分沿 *BC* 线变化,1 点至 2 点之间是液相和奥氏体两相,冷却至 2 点时,在恒温下(1 148 ℃)下,成分达到共晶点 *C* 的液相发生共晶转变,形成莱氏体,当温度冷却到 2 至 3 点之间时,先共晶 A 和共晶 A 都析出 $Fe_3C_{Ⅱ}$,A 成分达到 *S* 点,在恒温 727 ℃下发生共析转变,所有 A 均转变为 P,其中我们把奥氏体 A 和共晶渗碳体的混合物称为高温莱氏体。用符号 Ld 表示。把 P 和共晶渗碳体的混合物称为低温莱氏体,用符号 Ld′表示。室温组织由二次渗碳体加珠光体加低温莱氏体组成,其中二次渗碳体和共晶渗碳体连成一片,难以分辨。图 4.11 是该合金的显微组织,其中黑色枝状的组织为珠光体,基体中黑白相间的为低温莱氏体。

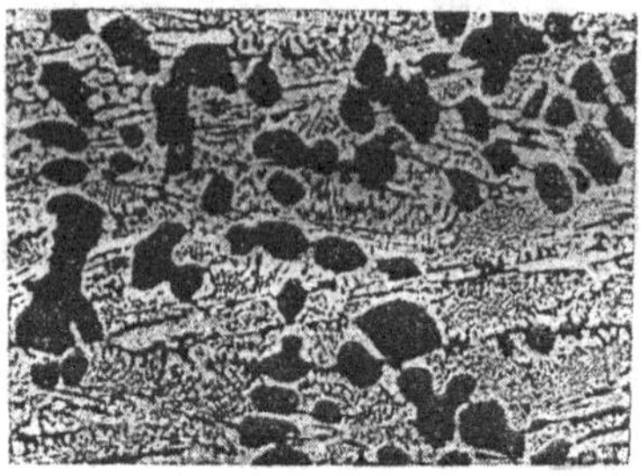

图 4.11　亚共晶白口铁显微组织

4.3.6　共晶白口铁的结晶

共晶白口铁中碳的质量分数 $w(C)=4.3\%$,结晶过程如图 4.12 所示。

共晶白口铁合金溶液冷却到 1 点(1 148 ℃)时,在恒温下发生共晶转变,形成莱氏体(Ld),继续冷却,碳在 A 中的溶解度不断下降,析出二次渗碳体,$Fe_3C_{Ⅱ}$ 吸附在共晶 Fe_3C 上,难以分辨。当温度降至 α 点时(727 ℃)奥氏体的含碳量降至 *S* 点($w(C)=0.77\%$),在室温下发生共析转变形成珠光体(P),P 分布在共晶渗碳体的基体上形成混合物即低温莱氏体

(Ld'),为其室温组织。图4.13是共晶白口铁的室温显微组织。

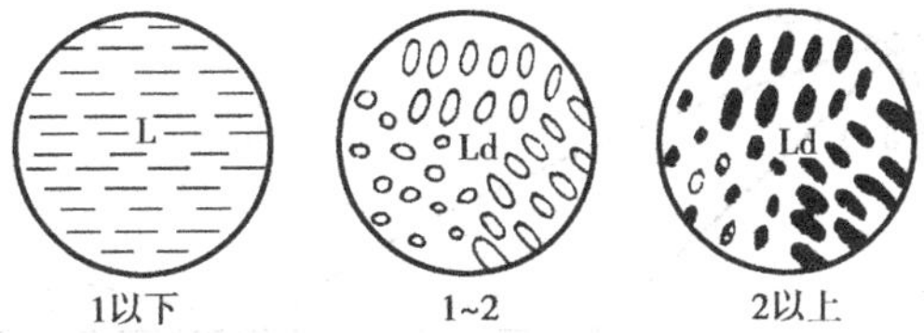

图4.12 共晶白口铁结晶过程示意图

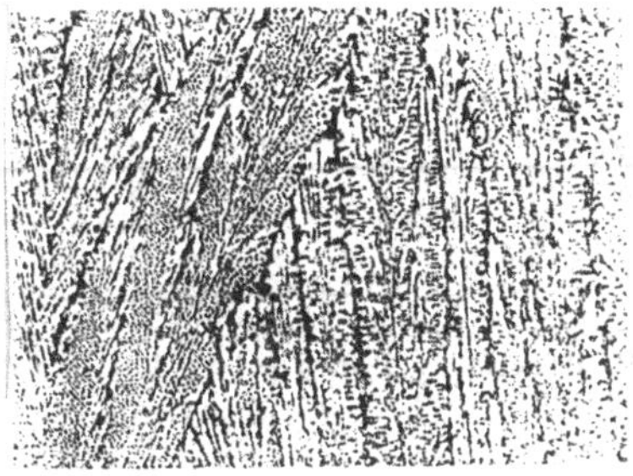

图4.13 共晶白口铁显微组织

4.3.7 过共晶白口铁的结晶

过共晶白口铁的结晶过程如图4.14所示。

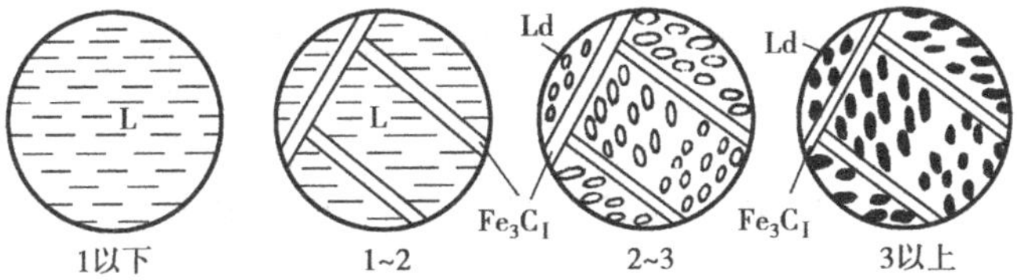

图4.14 过共晶白口铁结晶过程示意图

过共晶白口铁合金溶液在1点至2点温度之间结晶之粗大的先共晶渗碳体,称为一次渗碳体(Fe_3C_I),随着温度下降,液相成分沿着DC线逐渐减少,Fe_3C_I逐渐增加,当液相成分达到2点时($w(C)=4.3\%$),在恒温下发生共晶转变形成高温莱氏体,继续冷却过程中,莱氏体中的奥氏体先析出Fe_3C_{II},到达3点时A在727 ℃室温下发生共析转变,形成珠光体(P),P和共晶渗碳体的混合物形成低温莱氏体(Ld′),室温组织由一次渗碳体加低温莱氏体组成。其显微组织如图4.15所示,其中白色条状的为渗碳体,其余黑白相间的组织为低温莱氏体。

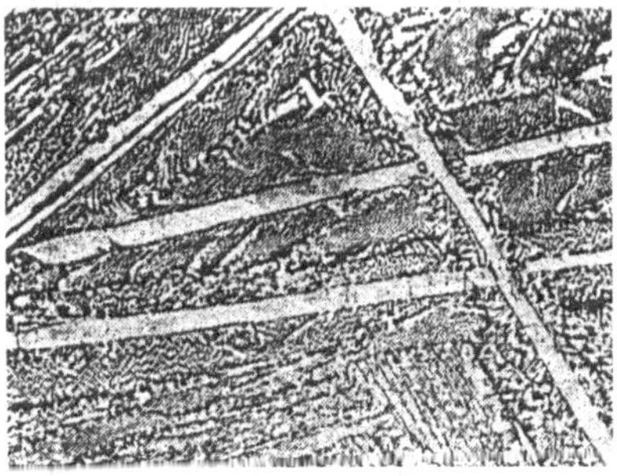

图4.15 过共晶白口铁显微组织

根据对7种合金的结晶过程分析,可将Fe-Fe_3C相图中的各相图按组织混合物加以标注,如图4.16所示。

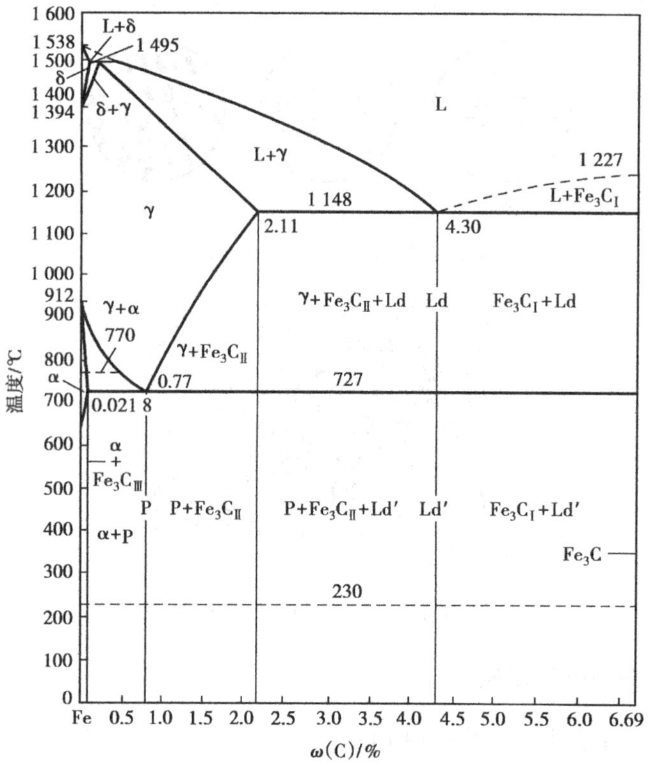

图 4.16　以组织混合物加以标注的 $Fe\text{-}Fe_3C$ 相图

4.4　$Fe\text{-}Fe_3C$ 相图的应用

通过上述 $Fe\text{-}Fe_3C$ 相图分析，可以相图中了解不同成分的合金在平衡状态下，不同温度下的组织，从而通过组织分析了解其性能，这对于铸造、锻造轧制、焊接以及热处理等生产实践具有重要意义。

4.4.1　零件选材

在材料生产加工过程中首先是选材，在设计和生产中先要根据机器零件或工程构件的使用条件和使用性能要求来选择钢的成分（钢号）。例如，要求塑性、韧性好而强度不高的机件和构件中可选用低碳钢（$w(C)<0.25\%$）；要求强度、塑性、韧性等综合性能较好的则应选用中碳钢（$w(C)=0.3\%\sim0.55\%$）；各种工具钢则选用高碳钢来制造。

4.4.2　铸造成型

从 $Fe\text{-}Fe_3C$ 相图分析可见，含碳量 $w(C)>2.11\%$ 的白口铸铁，在高温和室温都存在硬脆组织莱氏体，一般不能进行压力加工，只能作为铸造或炼钢原料。从相图上看，铸铁含碳量越接近共晶点 C（$w(C)=4.3\%$），其熔点越低，结晶温度范围也越好，流动性和收缩性越好，故其铸造性能好,根据相图可以确定铸铁成分和熔炼温度以及浇注温度等。

4.4.3　压力加工

在 $Fe\text{-}Fe_3C$ 相图中,碳钢的高温组织是单相奥氏体,面心立方晶格,变形抗力小,塑性好,适合压力加工,一般单相合金比多相合金具有更佳的压力加工性能,但是,开锻(轧)温度过高,容易产生氧化、脱碳,甚至过热、过烧等缺陷。随着科技进步,现代控轧控冷技术和轧钢设备向着大轧制力大压下的方向发展,开锻(轧)温度可以适当降低。

根据 $Fe\text{-}Fe_3C$ 相图,还可以帮助确定各种热处理操作的加热温度等工艺参数,需要注意的是,在使用 $Fe\text{-}Fe_3C$ 相图时,要考虑多种合金元素,杂质及非平衡状态下加热和冷却等因素对相图的影响。

4.5　含碳量对铁碳合金组织和性能的影响

4.5.1　含碳量对组织的影响

图4.2所表示的是按相组成物标准的 $Fe\text{-}Fe_3C$ 相图。图4.16所表示的是按组织组成物标准的 $Fe\text{-}Fe_3C$ 相图。从相组成的角度看,铁碳合金在室温下的平衡组织皆由铁素体和渗碳体两相组成,当含碳量为零时,合金全部由铁素体所组成,随着含碳量的增加,铁素体的含量直线下降,直到 $w(C)=6.69\%$ 时降低到零,与此相反,渗碳体的含量则零增至100%。

从组织组成看,随着含碳量增加,合金室温组织依次为:F,F+P,P,$P+Fe_3C_{II}$,$P+Fe_3C_{II}+Ld'$,Ld′,$Ld'+Fe_3C_I$。

根据运用杠杆定律进行计算的结果,可将铁碳合金的成分(含碳量)与平衡结晶后的组织组成物和相组成物之间的定量关系如图4.17所示。

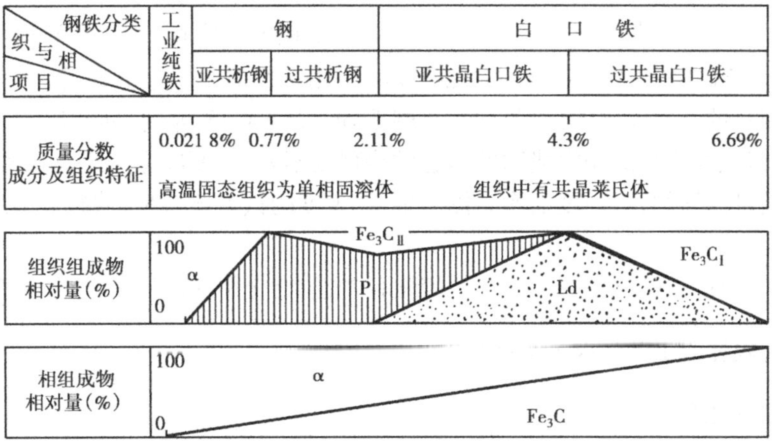

图4.17　铁碳合金的含碳量与平衡结晶后的组织组成物和相组成物之间的定量关系

根据不同成分合金的显微组织分析,随着含碳量增加,铁素体的存在形态和分布发生变化。例如,从奥氏体中析出的铁素体一般呈块状,经共析反应生成的珠光体中的铁素体呈片状，同渗碳体片状交替分布。随着含碳量增加，渗碳体的存在形态和分布也在变化。当含碳量 $w(C)<0.021\,8\%$ 时析出 $Fe_3C_{Ⅲ}$，沿下晶界呈小片状分布。在共析钢中，共析渗碳体与铁素体呈交替层片状，而过共析钢中的 $Fe_3C_{Ⅱ}$ 则以网络状分布于 A 的晶界上，在莱氏体中，共晶渗碳体已作为连续的基体，比较粗大，在过共晶白口铁中，$Fe_3C_{Ⅰ}$ 呈规则的长条块形状。由于铁素体和渗碳体组织在铁碳合金中的数量、形态和分布不同才导致不同成分的铁碳合金具有不同的性能。

4.5.2　含碳量对机械性能的影响

在相图中室温组织基本由铁素体和渗碳体两相组成。其中铁素体是软韧相，渗碳体是硬脆相。珠光体由铁素体和渗碳体组成，渗碳体以细片状分散地分布在铁素体基体上，起了强化作用，因而珠光体有较高的强度和硬度，但塑性较差。

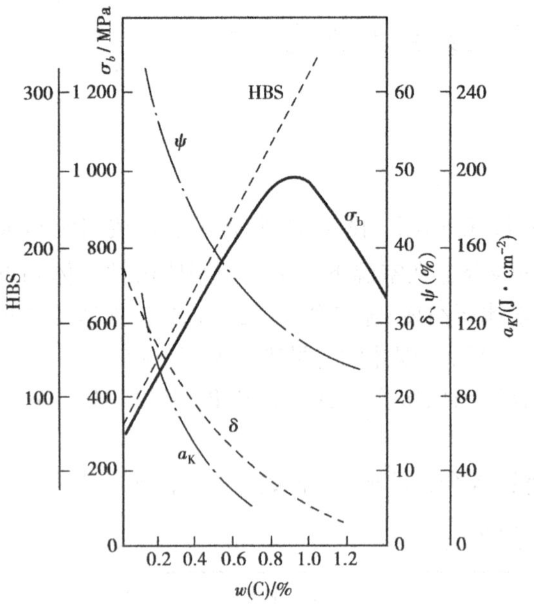

图 4.18　含碳量对平衡状态下碳钢机械性能的影响

图 4.18 是含碳量对平衡状态下碳钢机械性能的影响。

由图可知，亚过共析钢随着含碳量的增加，珠光体逐渐增加强度，硬度升高，而塑性韧性下降。过共析钢的含碳量在接近 1% 时其强度达到最高值，含碳量继续增加，强度下降，这是由于脆性的 $Fe_3C_{Ⅱ}$ 当含碳量高于 1% 时在晶界形成连续的网络分布，使钢的脆性大大增加，用拉伸试验测定其强度时，含有脆性的 $Fe_3C_{Ⅱ}$ 处出现早期裂纹，并发展至断裂，使抗拉强度下降。在白口铁中，由于含有大量的渗碳体，硬度很高，但极脆，强度、塑性不高，随着含碳量增加，塑性不断降低，当组织中出现莱氏体时，塑性降低到接近于零。冲击韧性对组织十分敏感。含碳量增加时，脆性增加，当网状的二次渗碳体出现，韧性急剧下降，以图 4.18 为例，韧性比塑性下降的趋势要大。硬度对组织组成物或相组成物的形态敏感程度不高，主要决定于组成相的数量和硬度，因而，随着含碳量的增加，高硬度的渗碳体增多，低硬度的铁素体减少，铁碳合金的硬度呈直线升高。

工业上为了保证铁碳合金具有适当的塑性和韧性，合金中渗碳体的数量不宜过多。

4.5.3　含碳量对工艺性能的影响

(1)切削加工性能

金属材料的切削加工性，一般可以从允许的切削速度、切削力、表面粗糙度、刀具寿命等几方面进行评价，材料的化学成分、硬度、韧性、导热性以及金属的组织结构和加工硬化程度等对其均有影响。

钢的含碳量对切削性能有影响，含碳量太低或太高都不好切削。低碳钢中的铁素体较多，塑性韧性好,切削加工时产生的切削热较大而粘刀,而且不易断屑,影响表面粗糙度,因而切削加工性能不好。高碳钢中渗碳体多,硬度高,磨损刀具,因而切削性能也差。中碳钢中的铁素体与渗碳体的比例适当,硬度和塑性适中,因而其切削加工性能较好。另外钢的导热性对切削加工性能也有影响。

钢的晶粒尺寸虽然对硬度影响不大,但粗晶钢的韧性较差,切削易断,因而切削性能较好。

珠光体中的渗碳体形态也影响其切削加工性,片状渗碳体比粒状渗碳体的加工性能差。

(2)压力加工性能(锻轧性能)

钢的含碳量影响其可锻性,低碳钢的可锻性能较好,随着含碳量增加,可锻性逐渐变差。奥氏体具有良好的塑性,钢加热到高温时可获得单相A,因此钢材的开轧温度或始锻温度一般是在固相线以下100~200 ℃的奥氏体区。终轧或终锻温度不能过低,否则容易产生裂纹。开轧温度或始锻温度也不能过高,以免严重氧化导致脱碳。

白口铁无论在低温或高温,其组织都是以硬而脆的渗碳体为基体,其可锻性很差。

(3)铸造性

金属的铸造性主要包括金属的流动性、收缩性和偏析倾向。

流动性是液态金属充满铸型的能力。流动性受很多因素的影响,主要是化学成分和浇注温度影响。化学成分中,含碳量对流动性影响很大,钢液的流动性随含碳量的提高而提高。浇注温度越高,流动性越好,当浇注温度一定时,过热度越大,流动性越好。

收缩性是指铸件冷却过程中,其体积和线尺寸减小的现象,是铸件产生缩孔、缩松、残余内应力,变形和裂纹等缺陷的基本原因。影响收缩性的主要因素也是化学成分和浇注温度,随着含碳量增加,钢的体积收缩率增加,浇注温度越高,则液态收缩越大。

固相线和液相线的水平距离和垂直距离越大,枝晶偏析越严重,所以铸铁成分越远离共晶点,枝晶偏析越严重。

4.6 碳 钢

碳钢又称碳素钢,是含碳量小于2.11%的铁碳合金。碳钢具有较好的力学性能、工艺性能,而且冶炼工艺较简单,价格低廉,因而在机器制造和工程构件上得到广泛应用。

碳钢的强度、硬度等主要取决于含碳量,但可通过热处理进一步提高。通过含碳量的增减和不同的热处理获得不同的强度、硬度与塑性、韧性的配合,从而在许多场合下能满足生产上的不同要求。生产实践表明,材料的组织和性能除与其成分、加工工艺及热处理有关外,还与它的冶金质量密切相关。钢的冶金质量指钢在冶炼浇注及各种加工后的质量,其中钢中的杂质元素、非金属杂质物以及组织缺陷影响其组织和性能。

4.6.1 钢中的杂质元素及其影响

碳钢中除铁和碳两个基本组元之外,还含有Mn,Si,S,P,O,H,N,Nb,V,Ti等元素。有些元素是以矿石和冶炼过程中带入钢中的杂质元素,如S,P;有些是人为加入的合金元素,如Nb,V,Ti。

锰(Mn)和硅(Si)是炼钢过程中加入的脱氧剂。用以去除溶于钢液中的氧,还可以把钢液中的 FeO 还原成铁并形成 MnO 和 SiO_2,另外还有少量脱硫作用,生成 MnS,没有参与化学反应的部分 Mn 和 Si 溶于钢液中,Mn 能提高钢的强度和硬度,Si 溶于铁素体有固溶强化作用,Mn 和 Si 是有益元素。

硫是钢中的有害元素,是在炼钢时由矿石和燃料带到钢中的杂质,硫会引起钢的热脆性,原因是 S 在钢中以 FeS 夹杂物的形式存在,并分布晶界处降低晶界的熔化温度,在热加工时,由于晶界熔融从而导致加工时开裂。硫能提高钢的切削加工性能。

磷一般来说是有害元素,它是由矿石和生铁等炼钢原料带入的。磷固溶于铁素体中,提高了钢的强度和硬度,但剧烈地降低钢的韧性,尤其是低温韧性,称为冷脆。这是磷的主要有害影响。在一定条件下磷也具有一定的有益作用。例如提高钢的切削加工性。磷与铜共存时,可以显著提高钢的抗大气腐蚀能力。

4.6.2 碳钢的分类

根据生产、使用和研究的需要,须对种类复杂的钢种进行分类。一般分类方法有:

(1)按冶炼方法分类

1)平炉钢(现已很少)

2)转炉钢

3)电炉钢

(2)按冶炼、浇注时脱氧剂与脱氧程度分类

1)沸腾钢(现已很少)

2)镇静钢

3)半镇静钢

(3)按含碳量分类

1)低碳钢(软钢) $w(C) < 0.25\%$

低碳钢的塑性、韧性良好,适用于各种冷、热加工与焊接。

2)中碳钢 $w(C) = 0.25\% \sim 0.60\%$

中碳钢可得到各种性能的较佳配合,淬火效果也显著优于低碳钢,在制造齿轮、轴、弹簧等机械结构零件等方面得到广泛应用。

3)高碳钢 $w(C) > 0.60\%$

高碳钢的硬度、耐磨性较高,有一定淬火效果,可用于制作刃具、模具、量具。

(4)按碳钢质量分类

1)普通碳素钢 $w(S) < = 0.050\%$, $w(P) < = 0.045\%$

2)优质碳素钢 $w(S) < = 0.040\%$, $w(P) < = 0.040\%$

3)高级优质碳素钢 $w(S) < = 0.030\%$, $w(P) < = 0.035\%$

(5)按钢的用途分类

1)碳素结构钢

主要用于制造各种工程构件和机器零件,这类钢一般属于低碳和中碳钢。

2)碳素工具钢

主要用于制造各种刀具、量具、模具,这类钢含碳量较高,一般属于高碳钢。

4.6.3 碳钢的牌号,主要性能及用途

(1)碳素结构钢的牌号、性能及用途

1)普通碳素结构钢　这类钢按照供应时所保证的技术条件分为甲类钢、乙类钢和特类钢,分别用A、B、C表示。普通碳素结构钢冶炼容易、价格低,而且在性能上能满足一般工程结构及普通机器零件的要求,应用比较广。但钢中的S,P和非金属夹杂物含量比较多,因而塑性、韧性较低。普通碳素结构钢加工成形后一般不进行处理,一般在热轧后交付使用。

GB 700—88 中其牌号编排如下:

Q255-AF

Q——屈服点;

255——屈服强度值;

A——技术条件质量等级;

F——沸腾钢(现已很少)。

表4.2列出了碳素钢的化学成分。

表4.2　碳素钢的化学成分

<table>
<tr><th rowspan="3">牌号</th><th rowspan="3">等级</th><th colspan="5">化学成分(质量分数)/%</th><th rowspan="3">脱氧方法</th></tr>
<tr><th rowspan="2">C</th><th rowspan="2">Mn</th><th>Si</th><th>S</th><th>P</th></tr>
<tr><th colspan="3">不大于</th></tr>
<tr><td>Q195</td><td>—</td><td>0.06～0.12</td><td>0.25～0.50</td><td>0.30</td><td>0.050</td><td>0.045</td><td>F、B、Z②</td></tr>
<tr><td rowspan="2">Q215</td><td>A</td><td rowspan="2">0.09～0.15</td><td rowspan="2">0.25～0.55</td><td rowspan="2">0.30</td><td>0.050</td><td rowspan="2">0.045</td><td rowspan="2">F、B、Z</td></tr>
<tr><td>B</td><td>0.045</td></tr>
<tr><td rowspan="4">Q235</td><td>A</td><td>0.14～0.22</td><td>0.30～0.65①</td><td rowspan="4">0.30</td><td>0.050</td><td rowspan="2">0.045</td><td rowspan="2">F、B、Z</td></tr>
<tr><td>B</td><td>0.12～0.20</td><td>0.30～0.70①</td><td>0.045</td></tr>
<tr><td>C</td><td>≤0.18</td><td rowspan="2">0.35～0.80</td><td>0.040</td><td>0.040</td><td>Z</td></tr>
<tr><td>D</td><td>≤0.17</td><td>0.035</td><td>0.035</td><td>TZ</td></tr>
<tr><td rowspan="2">Q255</td><td>A</td><td rowspan="2">0.18～0.28</td><td rowspan="2">0.40～0.70</td><td rowspan="2">0.30</td><td>0.050</td><td rowspan="2">0.045</td><td rowspan="2">Z</td></tr>
<tr><td>B</td><td>0.045</td></tr>
<tr><td>Q275</td><td>—</td><td>0.28～0.38</td><td>0.50～0.80</td><td>0.35</td><td>0.050</td><td>0.045</td><td>Z</td></tr>
</table>

①Q235A、B级沸腾钢锰含量上限为0.60%;

②"F"沸腾钢,"B"半镇静钢,"Z"镇静钢,"TZ"特殊镇静钢

常用碳素结构钢,如Q195,Q215,Q235,这类钢强度不高,但塑性好,焊接性好,可用于一般工程结构,如金属构件,建筑构架等和制造受力不大的机器零件(如螺钉、螺母、轴套等)。而Q255,Q275的强度较高些,可用于制作受力中等的普通零件(如链轮、拉杆、小轴等)。

2)优质碳素结构钢　这类钢主要通过控制冶金质量提高性能,尤其是S,P含量较低,非金属夹杂物也较少,钢的塑性、韧性、强度都比普通碳素结构钢好,主要用于制造重要的机械零件。

用两位数字表示平均含碳量的质量百分比来标示优质碳素结构钢的牌号，如15钢表示平均 $w(C)=0.15\%$。这类钢按含Mn量的不同可分两组即普通含锰量（$w(Mn)=0.35\%\sim0.8\%$）和较高含锰量（$w(Mn)=0.7\%\sim1.2\%$）。在含锰量较高的一组，牌号数字后应加"Mn"，以示区别，如25 Mn，45 Mn等。

优质碳素结构的牌号和性能列于表4.3。

表4.3 优质碳素结构钢的牌号，性能

牌号	化学成分（质量分数）/%					力学性能（正火态）		交货状态硬度（HBS）	
	C	Si	Mn	P	S	σ_b/MPa	δ_s/%	未热处理	退火钢
				不大于		不小于		不大于	
08F	0.05～0.11	≤0.03	0.25～0.50	0.035	0.035	295	35	131	
10F	0.07～0.14	≤0.07	0.25～0.50	0.035	0.035	315	33	137	
08	0.05～0.12	0.17～0.37	0.35～0.65	0.035	0.035	325	33	131	
10	0.07～0.14	0.17～0.37	0.35～0.65	0.035	0.035	335	31	137	
15	0.12～0.19	0.17～0.37	0.35～0.65	0.035	0.035	375	27	143	
20	0.17～0.24	0.17～0.37	0.35～0.65	0.035	0.035	410	25	156	
25	0.22～0.30	0.17～0.37	0.50～0.80	0.035	0.035	450	23	170	
30	0.27～0.35	0.17～0.37	0.50～0.80	0.035	0.035	490	21	179	
35	0.32～0.40	0.17～0.37	0.50～0.80	0.035	0.035	530	20	197	
40	0.37～0.45	0.17～0.37	0.50～0.80	0.035	0.035	570	19	217	187
45	0.42～0.50	0.17～0.37	0.50～0.80	0.035	0.035	600	16	229	197
50	0.47～0.55	0.17～0.37	0.50～0.80	0.035	0.035	630	14	241	207
55	0.52～0.60	0.17～0.37	0.50～0.80	0.035	0.035	645	13	255	217
60	0.57～0.65	0.17～0.37	0.50～0.80	0.035	0.035	675	12	255	229
65	0.62～0.70	0.17～0.37	0.50～0.80	0.035	0.035	695	10	255	229

从表4.3可知，08F，10，15，20，25钢等都属于低碳结构钢，这些钢种含碳量很低，强度低、塑性好，一般可轧制成薄的板和带，用来制作冷冲压材料或零件。10，15，20钢，具有良好的焊接性能，适合制作各种焊接件以及渗碳件。如轴套、滚子、不重要的齿轮等。30～55钢属于中碳钢，一般经过调质处理后具有良好的综合力学性能，既具有较高强度，又具有较好的塑性和韧性。这类钢是碳钢中应用最广泛的一类，主要用作工程结构和机械零件，如齿轮、轴类、连杆等零件。60～85钢属于高碳钢，经热处理后，具有高的弹性极限和屈服强度，主要用于制造各类弹簧，如板弹簧、气门弹簧、弹簧发条等，其中70，75，65Mn钢用得较多。

3）碳素铸钢　在机器制造过程中，有许多形状复杂零件难以用锻造、切削加工等加工方法成形，如轧钢机机架、机床车架等，可以采用铸造的方法成形，为了满足性能要求，采用铸钢铸造。

铸钢牌号用“ZG”表示，后面两组数字分别表示该铸钢的屈服强度值和抗拉强度值。一般工程用铸钢的牌号、成分、力学性能及用途列于表4.4。

表4.4　工程用铸钢的牌号、成分、力学性能及用途

牌号	$w_{Me}\times100$				室温力学性能(不小于)					用途举例
	C ≤	Si ≤	Mn ≤	P S≤	$\frac{\sigma_s(\sigma_{0.2})}{MPa}$	$\frac{\sigma_b}{MPa}$	$\delta\times100$	$\psi\times100$	$\frac{A_{KV}}{J}$	
ZG200—400	0.20	0.50	0.80	0.04	200	400	25	40	30	良好的塑性、韧性及焊接性，用于受力不大的机械零件，如机座、变速箱壳等
ZG230—450	0.30	0.50	0.90	0.04	230	450	22	32	25	一定的强度和好的塑性韧性，焊接性良好。用于受力不大、韧性好的机械零件，如砧座、外壳、轴承盖、阀体、犁柱等
ZG270—500	0.40	0.50	0.90	0.04	270	500	18	25	22	较高的强度和较好的塑性，铸造性良好，焊接性尚好，切削性好，用于轧钢机机架、轴承座、连杆、箱体、曲轴、缸体等
ZG310—570	0.50	0.60	0.90	0.04	310	570	15	21	15	强度和切削性良好，塑性、韧性较低，用于载荷较高的大齿轮、缸体、制动轮、辊子等
ZG340—640	0.60	0.60	0.90	0.04	340	640	10	18	10	有高的强度和耐磨性，切削性好，焊接性较差，流动性好，裂纹敏感性较大，用作齿轮、棘轮等

(2)**碳素工具钢的编号、性能及用途**

碳素工具钢属于高碳钢，含碳量高，含硫、磷杂质低，经热处理有高硬度和良好的耐磨性，用于制作尺寸较小、形状简单、工作温度不高的量具、刃具、模具等。

在汉字“碳”字拼音首字母“T”之后附以数字表示碳素工具钢，数字表示平均含碳量的质量千分比，例如T12，分别表示含碳量 $w(C)=1.20\%$。

常用碳素工具钢的牌号、化学成分和力学性能列于表4.5。

表 4.5　常用碳素工具钢的牌号、化学成分和力学性能

<table>
<tr><th rowspan="2">钢　号</th><th colspan="5">化学成分(质量分数)/%</th><th colspan="2">硬　度</th></tr>
<tr><th>C</th><th>Mn</th><th>Si</th><th>S</th><th>P</th><th>退火状态(HBS)</th><th>淬火</th></tr>
<tr><td>T7</td><td>0.65～0.74</td><td rowspan="2">≤0.40</td><td rowspan="8">≤0.35</td><td rowspan="8">≤0.30</td><td rowspan="8">≤0.35</td><td rowspan="3">≤187</td><td rowspan="8"></td></tr>
<tr><td>T8</td><td>0.75～0.84</td></tr>
<tr><td>T8Mn</td><td>0.80～0.90</td><td>0.40～0.60</td></tr>
<tr><td>T9</td><td>0.85～0.94</td><td rowspan="5">≤0.40</td><td>≤192</td></tr>
<tr><td>T10</td><td>0.95～1.04</td><td>≤197</td></tr>
<tr><td>T11</td><td>1.05～1.14</td><td rowspan="2">≤207</td></tr>
<tr><td>T12</td><td>1.15～1.24</td></tr>
<tr><td>T13</td><td>1.25～1.35</td><td>≤217</td></tr>
</table>

拓展阅读

铁碳合金结晶的相变过程深刻蕴藏着从量变到质变的经典哲学思想：铁碳合金的演变经历液相→固相(不同温度)→室温组织这个过程，这个过程包含了物质随着温度的逐渐降低而产生各种相变，并非一蹴而就实现的。此外，随着相变进行，不同温度下的组织/相百分含量也随之改变。哲学理解为，随着量(温度下降)的积累，材料发生着微妙的变化(相变)，超越了原有的认识(结晶)。

作为一名大学生，懂得正确运用辩证、批判的观点和思维方法去分析材料学科中各种复杂关系，是解决主要矛盾的关键，利用其理论和实践指导并服务于社会，牢牢把握以伟大自我革命引领伟大社会革命，也是我们当代学生应具备的基本素质。

复习思考题

1. 说出铁素体、奥氏体、渗碳体、珠光体和莱氏体的定义与力学性能。

2. 默画铁碳相图。

3. 写出 $Fe\text{-}Fe_3C$ 相图上的三条水平线转变反应式。

4. 分析 $w(C)=0.77\%$，$w(C)=1.2\%$，$w(C)=4.3\%$ 合金的平衡结晶过程，画出室温组织示意图。并分别计算室温下的相组成物及组织组成物的含量。

5. 某铁碳合金的退火组织为 60% P +40% F，试估算其含碳量，写出其钢号。

6. 如何从成分、组织和性能上区分钢和白口铸铁。

7. 随着含碳量的增加，铁碳合金的组织和性能是如何变化的？

第2篇 钢的热处理

第5章 钢的热处理

钢的热处理是将钢在固态范围内施以不同的加热、保温和冷却，通过改变钢的表面或内部的组织结构，从而获得所需要性能的一种工艺。

钢的性能是由钢的组织结构所决定，钢的热处理就是通过改变钢的组织结构来实现，因为钢在固态范围内加热、保温和冷却过程中，会发生一系列的组织改变。

热处理的主要目的在于改善钢的工艺性能和提高使用性能。因此热处理在机械制造工业中占有十分重要的地位。例如，现代机床工业中，有60% ~70%的工件要进行热处理；在汽车、拖拉机的零件中有70% ~80%的工件要进行热处理；滚动轴承及工模具等几乎全部要进行热处理。

根据加热和冷却方法的不同，热处理方法大致分类如下：

- 热处理
  - 普通热处理
    - 退火
    - 正火
    - 淬火
    - 回火
  - 表面热处理
    - 表面淬火
      - 感应加热淬火
      - 火焰加热淬火
    - 化学热处理
      - 渗碳
      - 氮化
      - 碳氮共渗
      - 其他(如碳金属等)

若按热处理在零件整个生产工艺过程中的位置和作用不同,热处理又可分为预先热处理(退火、正火)和最终热处理(淬火、回火)。

热处理方法虽然很多,但任何一种热处理工艺都是由加热、保温和冷却三个阶段所组成。图5.1就是最基本的热处理工艺曲线。因此,要了解各种热处理方法对钢的组织与性能的改变情况,必须首先研究钢在加热(包括保温)和冷却过程中的组织转变规律。

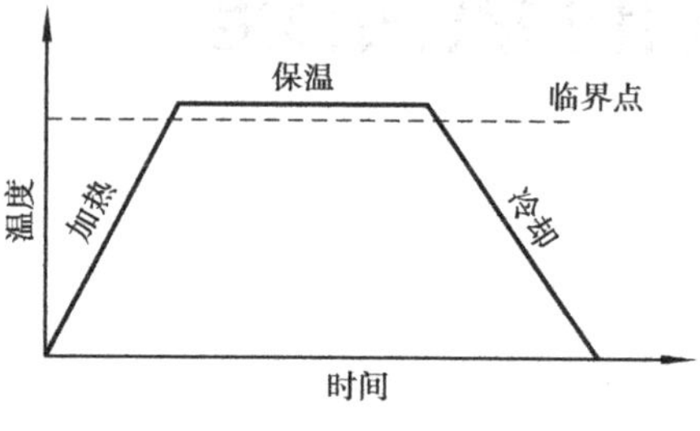

图 5.1　钢的热处理工艺曲线

5.1　钢在加热时的转变

从 $Fe\text{-}Fe_3C$ 相图得知,碳钢在缓慢加热或冷却过程中,经过 *PSK* 线、*GS* 线和 *ES* 线时,其组织都要发生变化。故任一含碳量的碳钢,在缓慢加热或冷却过程中,其为固态组织的临界点,都可以由 *PSK* 线、*GS* 线和 *ES* 线来确定。为了使用方便,常把 *PSK* 线、*GS* 线和 *ES* 线简称为 A_1 线、A_3 线和 A_{cm} 线,并将该线上的临界点,则相应地用 A_1 点、A_3 点和 A_{cm} 点来表示。

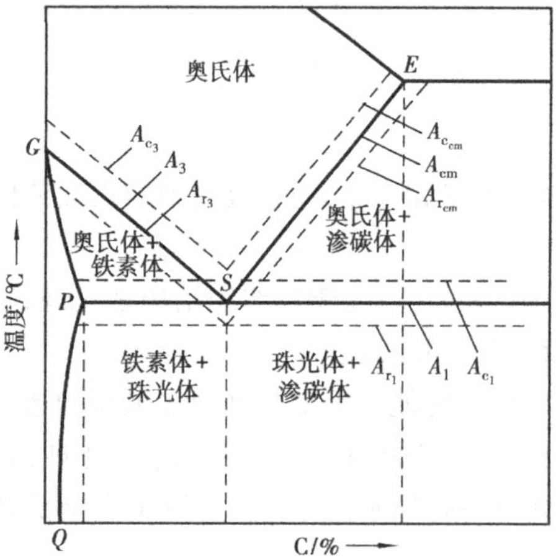

图 5.2　加热(冷却)时碳钢的临界点在铁碳相图上的位置示意图

A_1,A_3 和 A_3 点均为平衡临界点,而实际生产中,往往都不是缓慢加热或冷却,其组织转变点都会偏离平衡临界点,而且加热和冷却的速度越大,偏离也越大,通常把实际加热点时的临界点用 A_{c_1},A_{c_3},$A_{c_{cm}}$ 表示;而冷却时的各临界点用 A_{r_1},A_{r_3},$A_{r_{cm}}$ 表示;图 5.2 为这些临界点在 $Fe\text{-}Fe_3C$ 相图上的位置示意图。

钢在进行退火、正火热处理时,一般都要加热到 A_1 点以上,其组织都要发生珠光体向奥氏体转变,这种加热时获得奥氏体的组织转变称为“奥氏体化”。为方便起见，先以共析碳钢为例，来分析奥氏体化的过程。

5.1.1　共析碳钢的奥氏体化过程

共析碳钢室温下是珠光体（铁素体＋渗碳体），在 A_1 以下加热，钢的组织不发生变化，当温度超过临界点 A_{c_1}，珠光体就开始转变为奥氏体。这一转变可表示为：

$$P[F(C0.021\ 8\%)+Fe_3C(C6.69\%)]\xrightarrow{A_{c_1}}A(C0.77\%)$$

珠光体是铁素体和渗碳体两相组成的机械混合物。铁素体具有体心立方晶格，在 A_1 点时其含碳量仅为0.021 8%；渗碳体具有复杂晶格，其含碳量高达6.69%。而加热到 A_{c_1} 以上转变成具有面心立方晶格的奥氏体，其含碳量为0.77%。因此，奥氏体化过程必须进行晶格改组和铁、碳原子的扩散，其转变过程如图5.3所示。

(1)奥氏体晶核的形成

奥氏体晶核优先在铁素体与渗碳体的相界面上形成，如图5.3(a)所示。

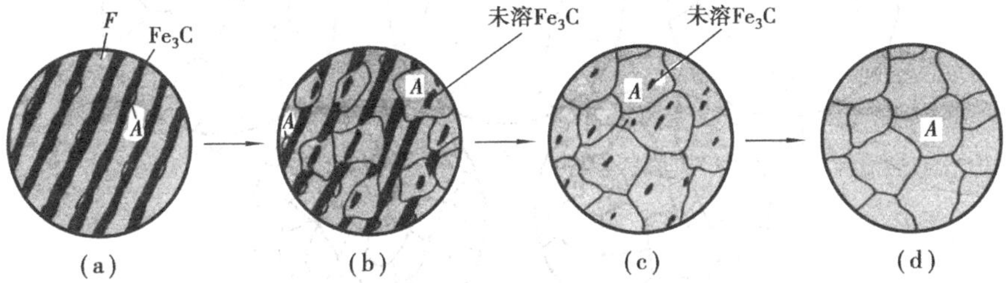

图5.3　共析碳钢的奥氏体形成过程示意图

(a)A形核　(b)A长大　(c)残余 Fe_3C 溶解　(d)A均匀化

(2)奥氏体晶核的长大

通过原子扩散与晶核相邻的铁素体晶体不断改组为奥氏体晶格，与晶核相邻的渗碳体不断向奥氏体中溶解，晶核向铁素体和渗碳体两个方向逐渐长大，如图5.3(b)所示。

(3)残余渗碳体的溶解

在奥氏体化过程中，铁素体首先消失。然后，未溶的残余渗碳体不断溶入奥氏体中，如图5.3(c)所示。

(4)奥氏体的均匀化

残余渗碳体刚被全部溶解时，奥氏体的成分是不均匀的。原来的渗碳体处碳浓度高，原来铁素体处碳浓度低。通过原子扩散，奥氏体的成分趋于均匀，如图5.3(d)所示。

因此，热处理加热后的保温阶段，不仅为使工件热透，也是为了获得成分均匀的奥氏体组织。一般来说，保温的目的是实现奥氏体均匀化，以便冷却后能得到良好的组织和性能。

5.1.2　亚共析钢和过共析钢奥氏体的形成过程

亚共析钢和过共析钢奥氏体化的过程与共析钢基本相同，附加有过剩相转变和溶解的过程。

亚共析钢室温平衡组织为珠光体和先共析铁素体。当加热到 A_{c_1} 以上，珠光体转变为奥氏体，转变的过程与共析钢相同。当加热到 A_{c_3} 以上时，铁素体全部转变完毕，得到单一的奥氏体。

过共析钢室温平衡组织为珠光体和二次渗碳体。当加热到 A_{c_1} 以上,珠光体转变为奥氏体,温度继续升高,二次渗碳体不断向奥氏体溶解。温度超过 A_{cm} 时,二次渗碳体完全溶解而得到单一的奥氏体,但此时奥氏体晶粒已经长大。

5.1.3 奥氏体晶粒大小及其控制

常用的金属材料都是无数晶粒组成的多晶体,晶粒的大小对金属的机械性能有很大影响。

(1)晶粒大小的表示方法

晶粒大小通常采用晶粒度等级来表示。标准晶粒度共分 8 级,一级晶粒度最粗大,八级晶粒最细小,如图 5.4 所示。评定晶粒的大小一般是在放大 100 倍的金相显微镜下,用标准晶粒度等级图比较进行评定。

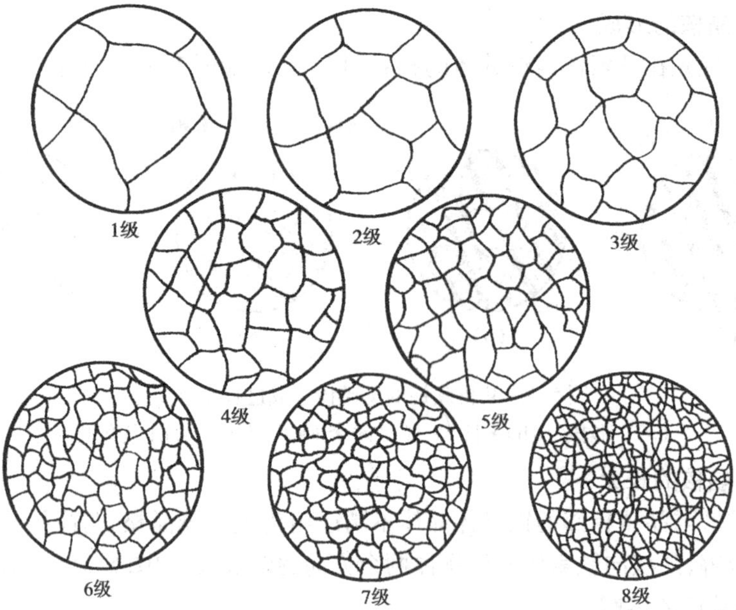

图 5.4　八级奥氏体晶粒度标准等级图

(2)奥氏体晶粒度的概念

奥氏体晶粒度分为起始晶粒度、本质晶粒度和实际晶粒度 3 个概念。

1)起始晶粒度　在珠光体向奥氏体的转变刚刚完成时,奥氏体晶粒的大小,称为奥氏体的"起始晶粒度"。一般来说,起始晶粒比较细小,但是随着加热温度的升高或保温时间延长,奥氏体的晶粒便会自发长大。

2)本质晶粒度　在相同的加热条件下,不同钢加热至临界温度以后,随着温度的升高,奥氏体晶粒长大的倾向不相同,有的迅速长大,有的则不容易长大,如图 5.5 所示。通常把奥氏体晶粒加热时长大的倾向称为奥氏体的"本质晶粒度"。凡是奥氏体晶粒容易长大的钢称为"本质粗晶粒钢",而奥氏体晶粒不容易长大的钢称为"本质细晶粒钢"。由图 5.5 可知,本质细晶粒钢在 930 ℃以下时,不容易长大,但在加热温度超过 930 ℃时,也会迅速长大,甚至比本质粗晶粒钢长大得更快。反之,本质粗晶粒钢在加热稍高于临界点时,也可得到细小的奥氏体晶粒。

钢的本质晶粒度取决于钢的成分及冶炼条件,含有 Ti,V,W,Mo,Nb,Zv 等合金元素的钢,大多数属于本质细晶粒钢。冶炼时采用铝脱氧的钢为本质细晶粒钢,而只用硅、锰脱氧的钢则为本质粗晶粒钢。

3)实际晶粒度　实际晶粒度是指在具体加热条件下得到的奥氏体晶粒大小。它直接影响钢在冷却后的组织和性能。

(3)影响奥氏体晶粒大小的因素

1)加热温度和保温时间　奥氏体晶粒长大是一个自发的过程。加热温度过高,保温时间过长,必然导致奥氏体晶粒粗大。但是加热速度快,过热度大,奥氏体化温度低,奥氏体形核数量多,长大速度慢,有利于细化奥氏体晶粒。

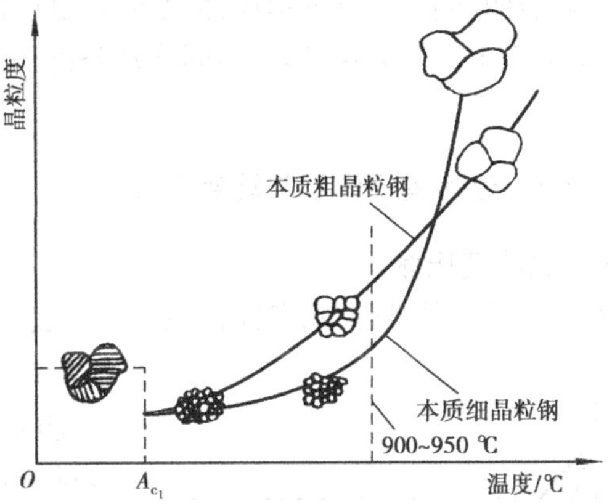

图5.5　钢加热时奥氏体晶粒长大的倾向示意图

2)钢的组织及成分　钢的原始组织愈细,相界面愈多,有利于细化奥氏体晶粒。随着奥氏钢中奥氏体碳含量的增加,奥氏体晶粒长大的倾向也会增加。然而,当奥氏体晶界上存在未溶的残余渗碳体时,会阻止奥氏体晶粒的长大。

(4)奥氏体晶粒大小对钢机械性能的影响

奥氏体晶粒大小对冷却转变后钢的性能有明显的影响。奥氏体晶粒越细小,则热处理后钢的机械性能越高,特别是冲击韧性很高。所以热处理加热时,总希望获得细小而均匀的奥氏体晶粒。钢在加热时,加热温度显著粗化的现象称为"过热",这是热处理缺陷之一。因此重要的工件在热处理时都要进行奥氏体晶粒度金相评级,奥氏体晶粒大小也是评定热处理加热质量的指标之一。

5.2　钢在冷却时的转变

加热时钢的奥氏体化,一般不是热处理的目的,它仅为了随后的冷却转变作准备。冷却过程是热处理的关键工序,它对控制钢在冷却后的组织与性能具有决定性的意义。

表5.1　不同冷却条件对45钢机械性能的影响

冷却方法	机械性能				硬度/HRC
	$\sigma_b/(MN\cdot m^{-2})$	$\sigma_s/(MN\cdot m^{-2})$	δ/%	ψ/%	
随炉冷却	519	272	32.5	49	15~18
空气冷却	657~706	333	15~18	45~50	18~24
油冷却	882	608	18~20	48	40~50
水冷却	1 078	706	7~8	12~14	52~60
15%盐水冷却	—	—	—	—	57~62

实践表明，同一种钢的奥氏体化条件相同，冷却条件不同，将获得不同的组织，具有不同的性能，如表 5.1 所示为 45 钢在不同冷却条件下获得的机械性能，由表可知机械性能有很大的差别。

5.2.1　过冷奥氏体及其转变方式

(1)过冷奥氏体

在无限缓冷的条件下，奥氏体在 A_1 线温度发生共析转变；热处理时，在一定冷却速度下，奥氏体则冷却到 A_1 线以下才会发生转变，转变需要有一定的过冷度。被冷却到 A_1 线温度以下尚未发生转变的奥氏体，称为过冷奥氏体。过冷奥氏体是一种不稳定的组织。它将自发地转变为其他较稳定的组织。

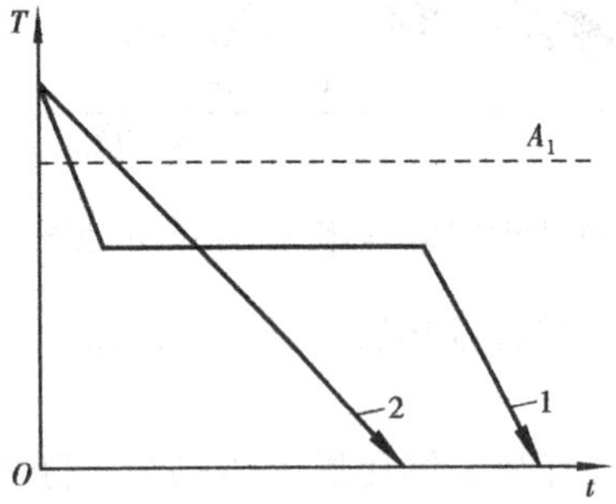

图 5.6　奥氏体的冷却曲线

(2)过冷奥氏体转变方式

1)等温转变　钢经奥氏体化后，冷却到相变点以下的温度区间内，等温保持阶段内过冷奥氏体所发生的相转变，称为等温转变。其冷却曲线如图 5.6 曲线 1 所示。

2)连续冷却转变　钢经奥氏体化后，在不同冷却速度下的连续冷却过程中，过冷奥氏体所发生的相转变，称为连续冷却转变。其冷却曲线如图 5.6 曲线 2 所示。

5.2.2　过冷奥氏体的等温转变曲线

(1)共析碳钢过冷奥氏体转变曲线的建立

在过冷奥氏体转变过程中，必然发生钢的组织和物理、机械性能等的变化，因此可以根据钢的组织与性能的变化来测定过冷奥氏体的转变过程，现以金相硬化法测定共析碳钢过冷奥氏体的等温转变为例，来说明其奥氏体等温转变曲线的建立过程，如图 5.7 所示。其建立步骤是：

1)取一批试样进行加热奥氏体化；

2)将试样分组取出，迅速投入 A_1 点以下的不同温度的盐浴中，每隔一定时间取一试样投入冷水中；

3)测定出试样在各个等温温度下，经不同等温时间($t_1, t_2, \cdots, t_6$ 等)后，奥氏体开始转变的时间($a_1, a_2, \cdots, a_6$ 等)和转变终了的时间($b_1, b_2, \cdots, b_6$ 等)；

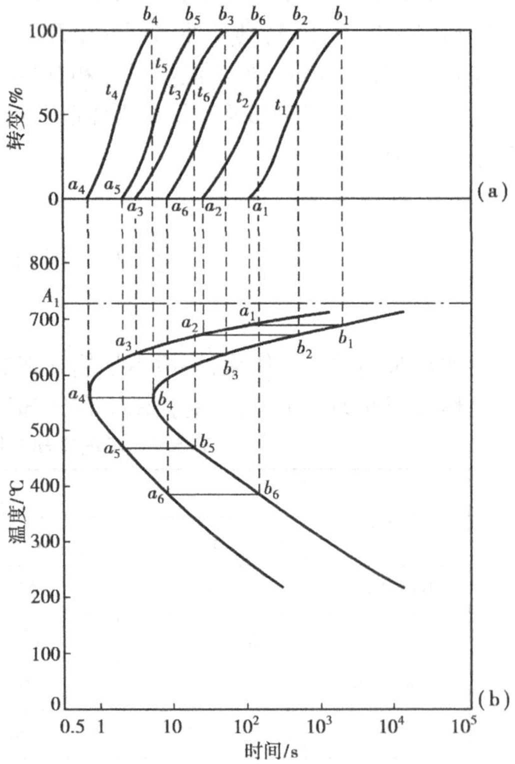

图 5.7　共析碳钢过冷奥氏体等温转变曲线的建立

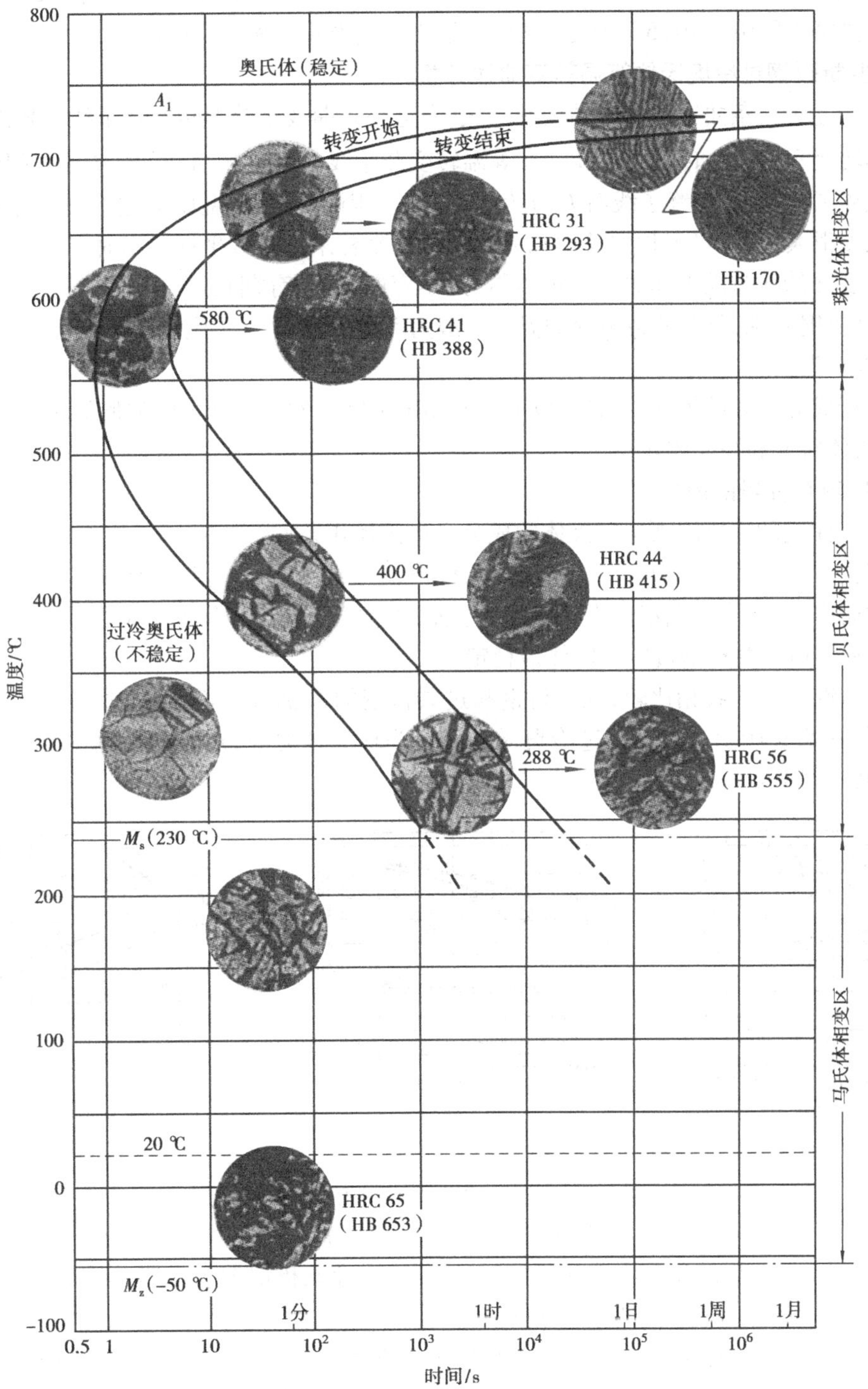

图5.8　共析碳钢过冷奥氏体等温转变曲线及转变物全相组织图(600×)

4)将各等温温度的奥氏体转变开始和转变终了的时点,描绘在以温度-时间坐标系内,并分别连线,即得到所要测定的共析碳钢过冷奥氏体等温转变曲线。该曲线表示过冷奥氏体等温转变的温度、时间和转变量三者之间的关系。因曲线的形状与字母“C”相似,故称C曲线或

TTT 图，如图 5.7 所示。在实际应用中，C 曲线中除有图 5.7 等温转变的部分外，并将低温下的转变也描绘于图中，如图 5.8 所示，图中描绘出转变产物金相组织图。

（2）共析碳钢过冷奥氏体等温转变曲线分析

1）图中左边一条曲线是等温转变开始线，右边一条曲线是等温转变终了线。M_s线和 M_f线是马氏体转变开始线和转变终了线。在等温转变开始线与纵坐标、A_1 线与 M_s线之间的区域为过冷奥氏体区，等温转变终了线右方为转变产物区。因不同等温温度下过冷奥氏体转变经历的时间相差很大（从不足 1 秒到长达几天），所以横坐标采用对数坐标标出时间。

2）转变开始线与纵坐标的水平距离称为“孕育期”。孕育期长短，表示过冷奥氏体的稳定性，对于共析钢来说，孕育期最短处的温度一般为 550 ℃左右。习惯上将孕育期最短处称为 C 曲线的“鼻尖”。

3）共析成分的奥氏体在 A_1 温度以下不同温度范围会发生 3 种不同类型的转变，即珠光体转变、贝氏体转变和马氏体转变。

（3）影响 *C* 曲线的因素

影响 C 曲线的主要因素是奥氏体的成分和奥氏体化条件。

1）奥氏体含碳量的影响　在正常加热条件下，亚共析钢中过冷奥氏体的稳定性随着含碳量的增加而增加，即使 C 曲线向右移；过共析钢则与之相反，随过冷奥氏体中含碳量增加，使 C 曲线向左移。所以共析钢过冷奥氏体最稳定。

与共析钢的 C 曲线相比较，亚共析钢和过共析钢的 C 曲线上部，还各多一条先共析相的析出线，如图 5.9 所示。因为在过冷奥氏体转变为珠光体之前，在亚共析钢中要先析出铁素体，在过共析钢中要先析出渗碳体。

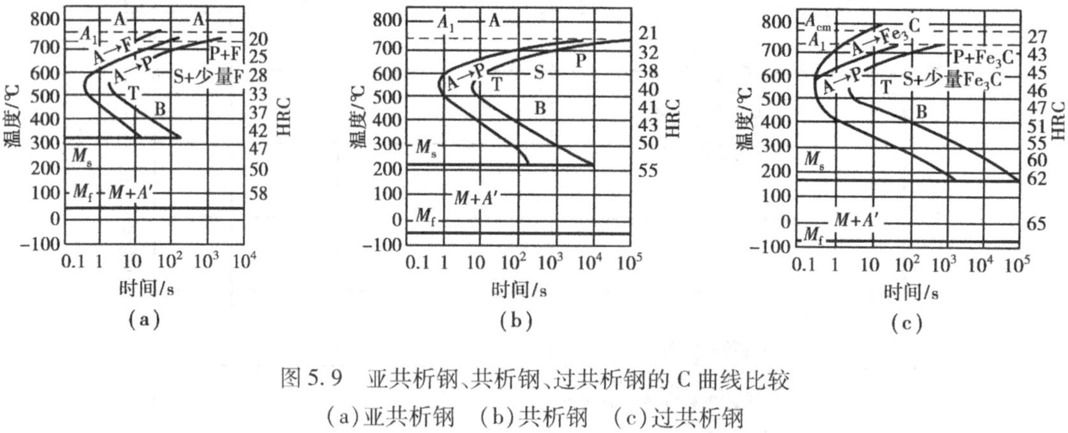

图 5.9　亚共析钢、共析钢、过共析钢的 C 曲线比较

（a）亚共析钢　（b）共析钢　（c）过共析钢

奥氏体含碳量越高，M_s点温度越低。以碳钢为例，亚共析钢 M_s点温度一般在 300 ℃以上，而过共析钢的 M_s点已降低到 200 ℃以下了。

2）奥氏体中合金元素的影响　合金元素对 C 曲线的影响比较复杂，可概括为两种情况，一种是只改变 C 曲线的位置；另一种除了改变位置，还明显地改变其形状。

合金元素对 C 曲线影响的一般规律是：除了个别元素如 Co 和 Al（>2.5%）外，其他合金元素都使 C 曲线不同程度地向右移，即增加过冷奥氏体的稳定性。某些形成碳化物的合金元素如 Cr、Mo、W、V、Ti 等不仅使 C 曲线位置向右移，而且改变了 C 曲线的形状，使 C 曲线呈两个“鼻子”，即使得珠光体转变与贝氏体转变分开，中间出现一过冷奥氏体稳定性较大的区域。

如图5.10和图5.11所示。

必须指出的是,只有合金元素溶入奥氏体中才能对C曲线产生上述影响。大多数合金元素均会使M_s点温度降低,只有Co和Al使M_s点升高。

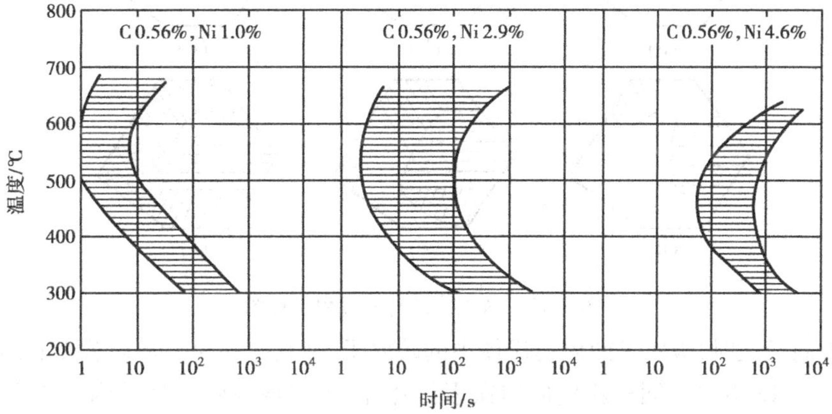

图5.10　Ni对C曲线的影响

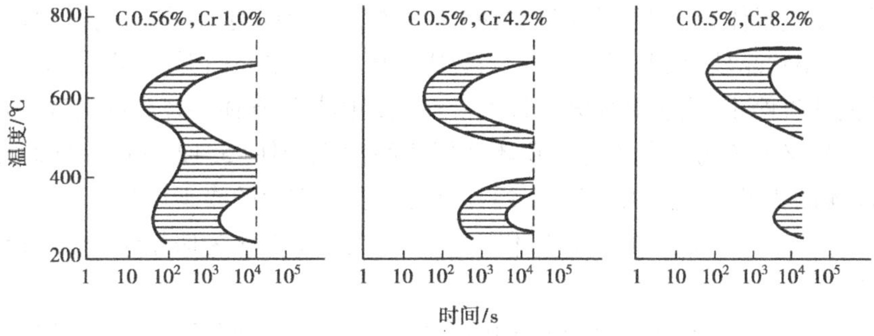

图5.11　Cr对C曲线的影响

3)加热温度和保温时间的影响　随着加热温度的提高和保温时间的延长,奥氏体的成分更加均匀,成为奥氏体转变的晶核数量减少,同时奥氏体晶粒较粗大晶界总面积减少,这些都不利于过冷奥氏体的转变,提高过冷奥氏体的稳定性,使C曲线右移。

5.2.3　过冷奥氏体转变产物及形成过程

为了说明方便,我们将A_1以下的温度划分为3个区:从C曲线的鼻尖至A_1这一段称为高温区,在高温区过冷奥氏体转变为珠光体类型的组织;鼻尖以下至马氏体转变开始线这一段叫中温区,在该区内过冷奥氏体转变为贝氏体类型的组织;马氏体转变开始线以下的叫低温区,在低温区发生马氏体转变。仍以共析碳钢为例来说明。

(1)珠光体转变

1)珠光体的转变过程　珠光体转变是在高温区进行,因转变温度较高,铁、碳原子的扩散都能比较充分地进行,使过冷奥氏体分解为渗碳体和铁素体的片状混合物。

奥氏体转变为珠光体的过程也是形核和长大的过程,如图5.12所示。由于能量、成分、结构的起伏,优先在奥氏体晶界上产生渗碳体小片状晶核(图5.12(a))。这种小片状渗碳体晶

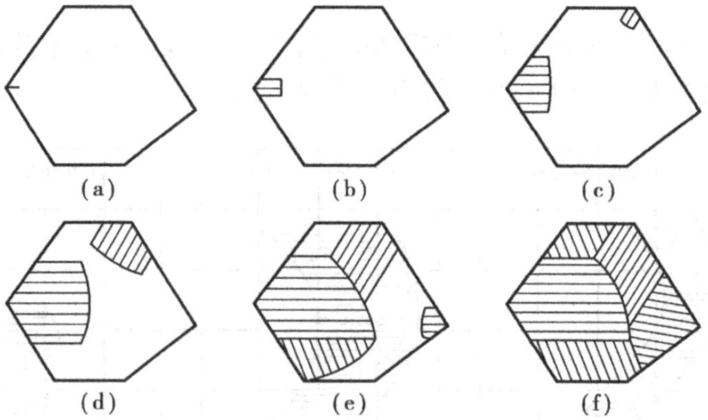

图 5.12　珠光体的转变过程示意图

核向纵、横方向长大时,吸收了两侧奥氏体中的碳原子,使其两侧含碳量显著降低,从而出现了铁素体片(图 5.12(b))。同样新生成的铁素体片,除了伴随渗碳体片沿纵向长大外,也沿横向长大,而铁素体横向长大时,必然要向侧面的奥氏体中排出多余的碳,因而显著增高侧面奥氏体的碳浓度,这就促进了另一片渗碳体的形成,而出现新的渗碳体片。这样交替连续进行下去,就形成了许多铁素体与渗碳体片层相间的珠光体。与此同时,在晶界的其他部分,有可能产生新的渗碳体小片晶核(图 5.12(c))。当奥氏体中已形成层片相间铁素体与渗碳体的集团之后,侧向长大即告停止,只能继续纵向长大。在铁素体与渗碳体层片相间的珠光体不断纵向长大时,另一晶核又成长为铁素体与渗碳体片层相间的珠光体(5.12(d))。同时在长大着的珠光体与奥氏体的相界上,也可能产生新的具有另一长大方向的渗碳体晶核,成为新的珠光体团(图 5.12(e))。一直长大到各个珠光体团相接,奥氏体全部转为珠光体时,珠光体形成即告结束(图 5.12(f))。

2)珠光体类型组织与性能　过冷奥氏体在 A_1 至 550 ℃温度范围内,分解为珠光体类型组织。按珠光体中铁素体与渗碳体的片层间距大小,通常将珠光体类型组织分为珠光体、索氏体、托氏体 3 种,其金相组织照片见图 5.13。三者之间并无本质的区别,均为铁素体和渗碳体片层相间的机械混合物,只是片层厚度不同。转变温度越低,珠光体类型组织的片层间距越小,相界面越多,强度和硬度越高,塑性和韧性也有所改善。

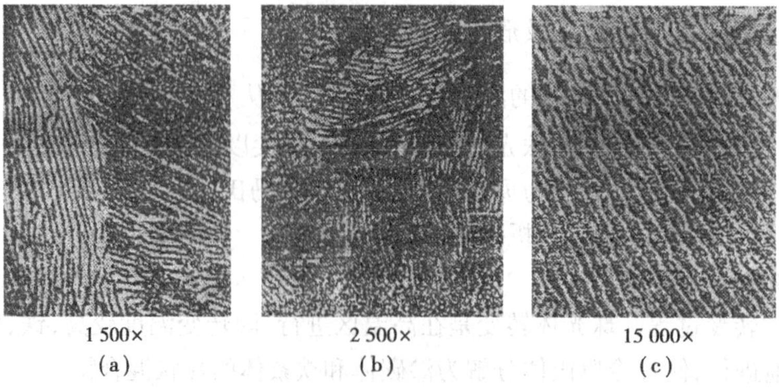

图 5.13　珠光体型组织的金相照片
(a)珠光体　(b)索氏体　(c)托氏体

珠光体型组织的名称与特征见表5.2。

表5.2　珠光体类型组织的名称、符号与特征

名　称	符　号	形成温度/℃	片层间距/μm	显微组织特征	硬度/HRC
珠光体	P	A_1 ~650	>0.4	F与Fe_3C片层相间的混合物，>400×显微镜下可看到片层状特征	15~25
索氏体	S	650~600	0.2~0.4	F与Fe_3C片层相间的混合物，片层间距比P小，1 000×显微镜下可看到片层状特征	25~35
托氏体	T	600~550	<0.2	F与Fe_3C片层相间的混合物，片层间距比S小，>5 000×电镜下可看到片层状特征	35~42

(2)贝氏体转变

1)贝氏体的转变过程　贝氏体是过冷奥氏体在中温区等温转变产物，通常用符号B表示。过冷奥氏体在这一温度区间转变时，由于过冷度较大，原子扩散能力下降，这时，铁原子不扩散，只有碳原子的扩散，且不充分，因此，贝氏体转变是半扩散型相变。

贝氏体的形成与珠光体一样，也是形核和长大的过程，但二者有本质的区别。贝氏体转变开始之前，在过冷奥氏体中的贫碳区可孕育出铁素体晶核。这种铁素体含碳量虽然低于奥氏体的平均含碳量，但仍高于铁素体的平衡状态含碳量，即处于过饱和状态，碳原子有从铁素体脱溶、向奥氏体方向扩散的倾向。

在温度较高(550~350 ℃)时，条状或片状铁素体从奥氏体晶界向晶内以同样方向平行生长。随着铁素体的伸长和变宽，其中的碳原子向条间的奥氏体富集，当碳浓度足够高时，便在铁素体条间断续地析出渗碳体，奥氏体消失，形成典型的上贝氏体($B_上$)，如图5.14所示。

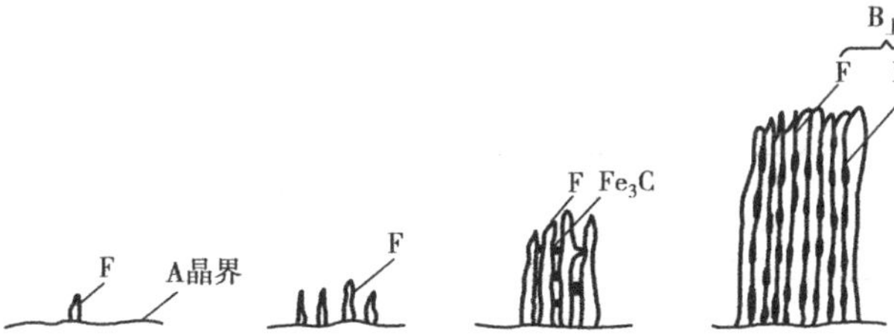

图5.14　上贝氏体形成过程

当温度降低至350 ℃至M_s时，碳原子扩散能力更低，铁素体在奥氏体的晶界或晶内某些晶面上长成针状，碳原子在铁素体内一定的晶面上以断续碳化物小片的形式析出，从而形成下贝氏体($B_下$)，如图5.15所示。

2)贝氏体的组织形态及性能　上贝氏体中短杆状的渗碳体，分布于自奥氏体晶界向晶内生长的铁素体体条之间，在光学显微镜下呈羽毛状，如图5.16所示。下贝氏体中碳化物以小片状分布在铁素体针内，在光学显微镜下呈黑针状，如图5.17所示。

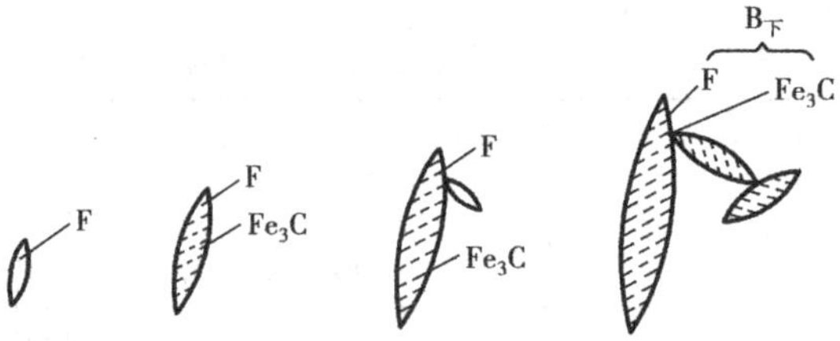

图 5.15　下贝氏体形成过程

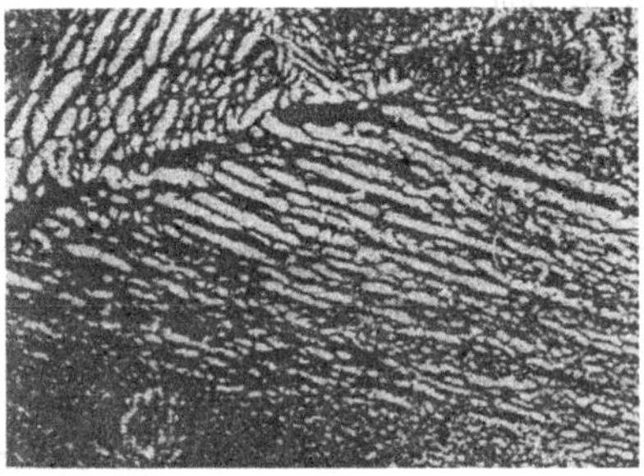

图 5.16　上贝氏体的金相形态(1 000×)

图 5.17　下贝氏体的金相形态(500×)

贝氏体的机械性能主要取决于贝氏体的组织形态。上贝氏体的形成温度较高,其铁素体条状晶粒较宽,它的塑性变形能力较低;且其渗碳体分布在铁素体条之间,变形时易引起脆断,因此,上贝氏体的强度和韧性较差。下贝氏体在较低的温度下形成,具有较优良的综合机械性能,即具有较高的强度和较高的塑性和韧性的配合。下贝氏体的高密度位错,以及细小碳化物在下贝氏体铁素体内沉淀析出是保证下贝氏体具有优良综合机械性能的两个主要因素。贝氏体的符号与特征见表 5.3。

表 5.3　贝氏体的符号与特征

名　称	符号	形成温度/℃	显微组织特征	硬度/HRC	塑性韧性
上贝氏体	$B_{上}$	550～350	平行的铁素体板条之间分布不连续的短杆状的 Fe_3C,金相形态呈羽毛状特征	45	差
下贝氏体	$B_{下}$	350～M_s	针状的铁素体内分布细粒状的 Fe_3C,金相形态呈黑色针状特征	55	较好

生产中通常采用等温淬火获得以下贝氏体为主的组织,使钢件既具有较高的强韧性,又可减少淬火成马氏体组织时产生的变形和开裂。近年来,采用形变与贝氏体转变相结合的形变热处理方法,可显著提高钢的性能。

(3)**马氏体转变**

1)马氏体的转变过程　奥氏体被迅速过冷至 M_s 点(共析钢的 M_s 约为 230 ℃)以下便发生马氏体转变。马氏体以符号 M 表示。由于其转变温度很低,过冷度很大,铁原子和碳原子均不发生扩散,奥氏体向马氏体转变时只发生 γ-Fe→α-Fe 的晶格改组,而没有碳原子的扩散,因此,这种转变称为非扩散型转变。马氏体中的含碳量就是转变前奥氏体中的含碳量。由 Fe-Fe_3C 相图可知,α-Fe 最大溶碳能力只有 0.021 8%(在 727 ℃时),因此,马氏体实质上是碳在

α-Fe 中的过饱和固溶体。

2) 马氏体的晶格结构　马氏体是碳在 α-Fe 中过饱和固溶体。由于碳的过饱和溶解，使 α-Fe 晶格由体心立方变为体心正方晶格，c 轴比其他两个轴 a 长一些，使晶格常数 $c > a$，如图 5.18所示。C/a 称为马氏体的正方度。C/a 随着马氏体含碳量的增加而呈线性增加，如图 5.19 所示。

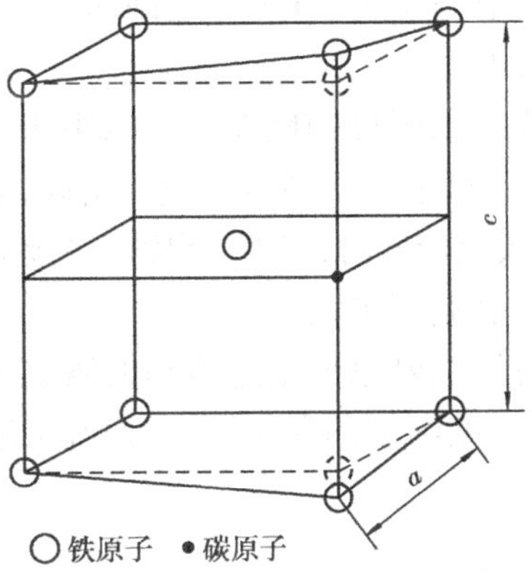

图 5.18　马氏体晶体结构

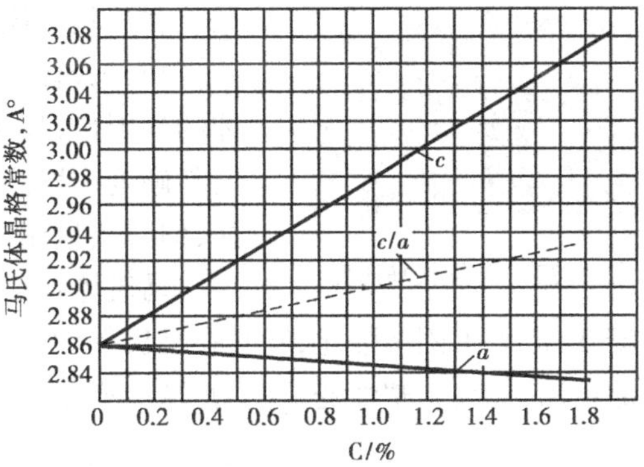

图 5.19　马氏体晶体常数及正方度与含碳量的关系

3) 马氏体组织形态　马氏体的组织形态，因其含碳量的不同而变化。通常有两种基本的形态，即片状马氏体与板条状马氏体。

①片状马氏体　在显微镜下呈针状或针叶状，各针叶之间呈一定角度(120°、60°、90°)，其立体形态为双凸透镜状，针状只是其截面形状，如图 5.20 所示。当金相磨面与马氏体平行相切时，也可以看到大片状马氏体，如图 5.21 所示。当马氏体中含碳量大于 1.0% 时，则大都是针状马氏体。

图 5.20　片状马氏体

图 5.21　马氏体片的形态

在透射电子显微镜下的观察表明，片状马氏体的亚结构主要是孪晶，故片状马氏体也称孪晶马氏体。

在一个奥氏体晶粒内，先形成的马氏体片横贯整个晶粒，但不能穿越晶界和孪晶界，后形成的马氏体片不能穿越先形成的马氏体片，所以越是后形成的马氏体片就越小。显然，奥氏体晶粒越细，转变后最大马氏体片的尺寸也越小。当最大的马氏体片细小到在光学显微镜下无法分辨时的马氏体称为隐晶马氏体。

②板条马氏体　它是由平行的一束束的长条晶体所组成，具有板条状特征。在一个奥氏体晶粒内可形成几束不同方位的板条马氏体，如图 5.22 所示。每个马氏体条的立体形态为椭

图 5.22　板条状马氏体

圆截面的柱状晶体，宽度在 0.025 ~ 2.25 μm 之间。当奥氏体中含碳量小于 0.2% 时，组织中几乎完全是板条状马氏体。

电镜观察表明，板条状马氏体内的亚结构主要是高密度的位错，位错密度高达 $10^{12}/cm^2$。这些位错分布不均匀，形成胞状亚结构，称为“位错胞”，故板条状马氏体也叫位错马氏体。

当过冷奥氏体的含碳量在 0.2% ~ 1.0% 之间时，则为板条状和片状马氏体的混合组织。

4）马氏体的性能　马氏体的强度和硬度主要取决于马氏体的含碳量，如图 5.23 所示。随着马氏体含碳量的增高，其强度与硬度也增高，尤其是含碳量较低时，强度、硬度增高比较明显，但含碳量超过 0.6% 以后就趋于平缓。

马氏体强度和硬度提高的主要原因是过饱和的碳原子使晶格畸变，产生了固溶强化，同时在马氏体中又存在着大量的微细孪晶和位错，它们都会阻碍位错的运动，提高了塑性变形抗力，从而产生了相变强化。

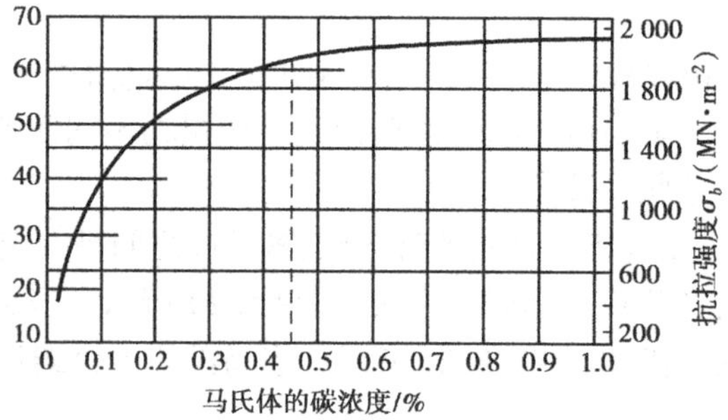

图 5.23　马氏体的强度和硬度与其含碳量的关系

马氏体的塑性变形和韧性也与其含碳量有关。高碳片状马氏体由于碳在马氏体中过饱和程度大，晶体畸形严重，又存在着较大的淬火内应力等原因，故其塑性、韧性很差。而板条状马氏体，由于碳在马氏体中过饱和程度较小，晶格畸变轻微，亚结构主要是位错等原因，故它具有较高的塑性和韧性。

表 5.4 为含碳 0.10% ~0.25% 的碳钢淬火形成的板条状马氏体，与含碳 0.77% 的碳钢淬火形成的片状马氏体的性能比较。

表 5.4　板条状马氏体与片状马氏体的性能比较

淬火钢中含碳量/%	马氏体形态	$\sigma_b/(MN \cdot m^{-2})$	$\sigma_s/(MN \cdot m^{-2})$	HRC	δ/%	ψ/%	$a_k/(J \cdot cm^{-2})$
0.10 ~ 0.25	板条状	1 020 ~ 1 530	820 ~ 1 330	30 ~ 50	9 ~ 17	40 ~ 65	60 ~ 180
0.77	片状	2 350	2 040	66	≈1	30	10

由表 5.4 可知，片状马氏体的性能特点是硬度高而脆性大；而板状马氏体不仅具有较高的强度和硬度，而且具有良好的塑性和韧性。因此，板条马氏体是一种具有高的强度、韧性和良好耐磨性的组织，它打破了马氏体“硬而脆”的概念，使具有马氏体组织的工件，在生产中的使

用范围获得了进一步的扩大。

马氏体的比容(单位质量物质的体积)在钢中各种组织中最大,奥氏体最小,珠光体则居中。由于碳含量高,其比容比其他组织的比容大,且含碳量愈高,其比容愈大,故钢淬火成马氏体后,必然引起材料的体积增大,产生大的内应力,从而易导致淬火工件的变形与开裂。

5)马氏体转变的特点　马氏体转变过程和其他相变一样,它也是形核和长大两个基本过程所组成的。但它和其他相变比较,有以下几方面的特点:

①无扩散性　马氏体是在极大过冷度下进行,转变温度低,铁碳原子的扩散受抑制,转变时只发生 γ-Fe→α-Fe 的晶格改组而成为碳在 α-Fe 中的过饱和固溶体。因此,马氏体转变是无扩散性。

②马氏体转变的连续性　过冷奥氏体转变为珠光体和贝氏体可以在一定的温度下完成(等温转变),而 A→M 转变是在冷却到 M_s点以后随着温度的下降而不断发生的。冷却到一定的温度只能产生一定数量的马氏体,冷却中断,马氏体转变也中断。在一般情况下,马氏体形成的数量只决定于所冷却的温度,与冷却速度或时间关系不大,如图5.24所示。所以马氏体转变是连续冷却的转变。

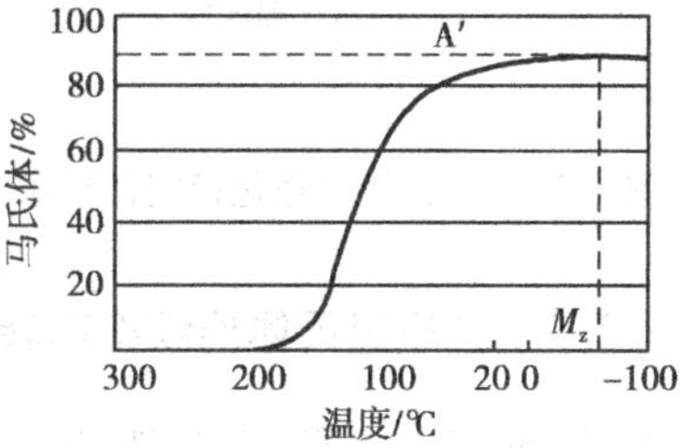

图5.24　淬火时马氏体形成的数量与温度的关系

③马氏体转变的不彻底性　实践表明,当温度降低到一定温度以后,马氏体数量不再增加了,这一温度称为马氏体转变的终止温度,以 M_f表示。钢在淬火时即使冷却到 M_f以下,仍然还有少量的奥氏体未发生转变,这部分奥氏体叫残余奥氏体,以符号 A′表示之。如果淬火时冷却到室温(20 ℃),则残余奥氏体就更多些。这一现象对于钢的热处理很重要。精密量具及轴承采用冷处理,就是为了减少残余奥氏体。

马氏体转变开始点 M_s和终止点 M_f首先决定于奥氏体中的含碳量,其次决定于奥氏体中的合金元素。碳含量的影响如图5.25所示。

残余的奥氏体的量主要与 M_s和 M_f点有关,M_s点越低,残余奥氏体的量就越多,如图5.26所示。

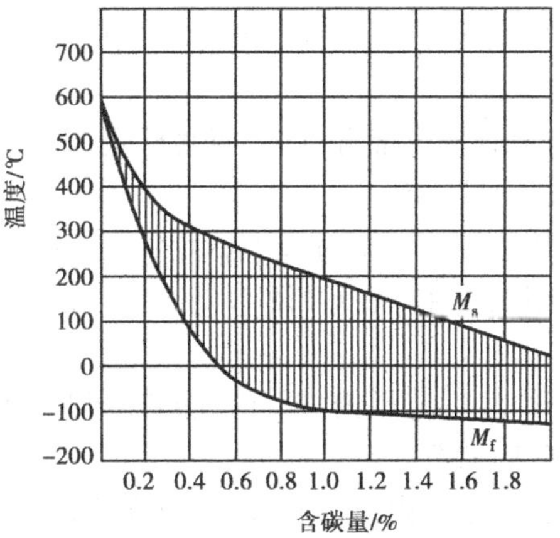

图5.25　奥氏体中的含碳量对 M_s和 M_f点的影响

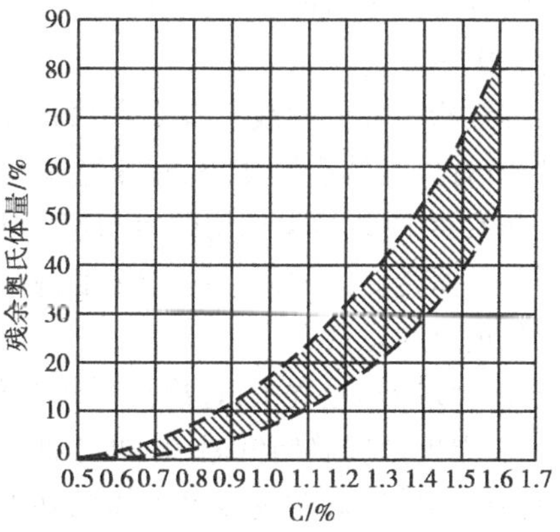

图5.26　奥氏体中的含碳量对残余奥氏体量的影响

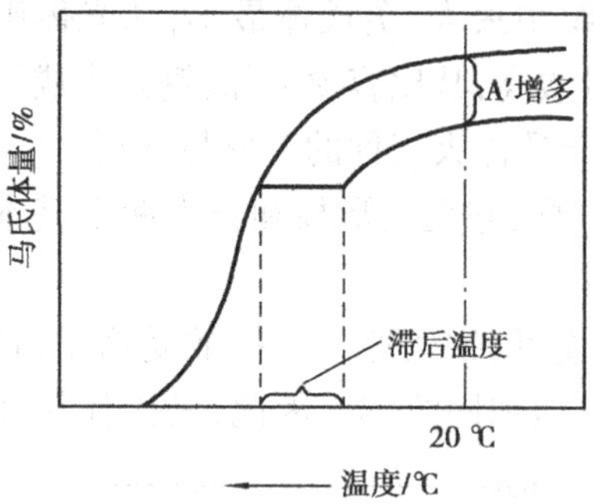

图 5.27　奥氏体的陈化稳定性现象

④马氏体转变的高速性　马氏体形成时一般不需要孕育期,有人测得一片高碳马氏体的形成仅需 10^{-7} s,且在通常情况下是看不到马氏体的长大过程的。马氏体量的增大不是靠已形成马氏体片的不断长大,而是靠新的马氏体片的不断形成。

⑤奥氏体的陈化稳定性　若淬火到某一温度(如在 M_s 以下 50 ℃)中断冷却并在此等温停留一段时间,随后断续冷却时奥氏体不立即开始转变成马氏体,只有温度降至更低才开始马氏体转变,并且从总的效果看,残余奥氏体增多,如图 5.27 所示。这一现象称为奥氏体的陈化稳定性。在实际生产中可加以利用,以减少工件的变形。

5.2.4　过冷奥氏体连续冷却转变

为方便起见,我们仍然以共析碳钢为例。

(1)连续冷却转变图

在热处理生产中,钢经奥氏体化后多采用连续冷却方式。在不同冷却的连续冷却条件下过冷奥氏体转变为亚稳态产物时,转变开始及转变终止的时间与转变温度之间的关系曲线图,称为连续冷却转变图,如图 5.28 所示。连续冷却转变曲线又称 CCT 曲线。

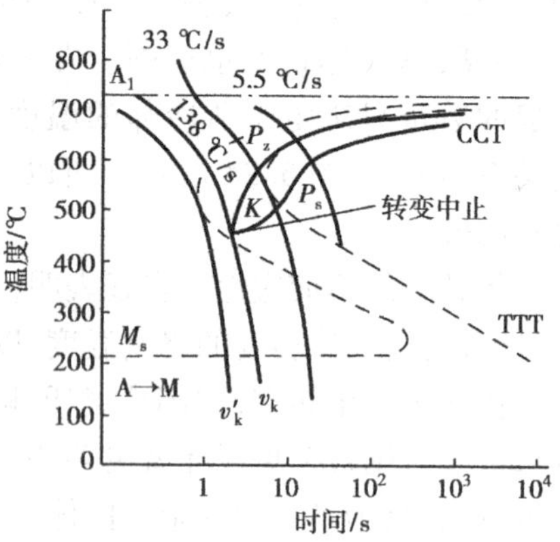

图 5.28　共析碳钢 CCT 曲线与 TTT 曲线的比较图

(2)共析碳钢 CCT 曲线与 TTT 曲线的比较

将图 5.28 与图 5.8 相比较时,连续冷却转变有以下一些主要特点:

1)图中除有珠光体型转变开始线 P_s 和终了线 P_z 外,出现了珠光体型转变中途停止线 K,即冷却曲线碰到 K 线时,过冷奥氏体就不再发生珠光体型转变,而一直保留到 M_s 点以下,直接转变为马氏体。

2)连续冷却转变曲线只有 C 曲线的上半部分,而没有下半部分,这表明共析碳钢在连续冷却时,没有贝氏体型转变,只有珠光体型转变和马氏体型转变。

3)与 CCT 曲线鼻尖相切的冷却速度则保证奥氏体在连续冷却过程中不发生分解而全部过冷到马氏体转变区的最小冷却速度,称之临界冷却速度,用 v_k 表示(图 5.28)。v_k 对于淬火具有十分重要的意义。

4)在连续冷却过程中,过冷奥氏体的转变是在一个温度范围内进行的,随着冷却速度的增加,转变温度范围趋向低温,并随之加宽,而转变时间则缩短。

5)由于连续冷却时过冷奥氏体的转变是在一个温度范围内,在同一冷却速度下,开始转变温度高于转变终了温度,因而先后获得的组织粗细不均匀。有时在某种冷速下可能获得的产物是几种组织的混合物。

(3) *CCT* **曲线的应用**

1)可以定性和定量地显示在不同冷却速度下所获得的组织和硬度,这对于制定和选择零件热处理工艺有实际指导意义。

图 5.29 是 45Mn2 钢的 CCT 曲线图。图中各冷却曲线与铁素体、珠光体、贝氏体等转变终止线相交处的数字,指出该冷速冷却时,组织中铁素体、珠光体、贝氏体等所占的体积百分数;冷却曲线下端的数字代表冷却后钢的洛氏硬度值。CCT 曲线对于制定热处理工艺、分析冷却过程中组织转变情况十分方便。

2)可以较准确地确定出钢的临界淬火冷却速度(v_k),正确选择冷却介质。

3)利用 CCT 曲线图可以大致估计零件热处理后表层心部的组织性能。

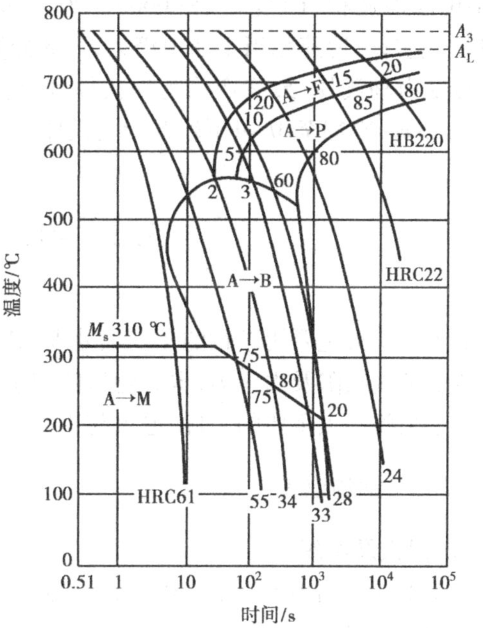

图 5.29　45Mn 钢连续冷却 C 曲线

(4) **TTT 曲线在连续冷却时的应用**

测定钢的 TTT 曲线比较容易,科研人员测定并绘制了大量的 TTT 曲线。因此,生产中常应用 TTT 曲线定性地、近似地来分析奥氏体在连续冷却中的转变。

1)估计钢的临界淬火冷却速度(v_k),合理选择冷却介质。如图 5.30 所示,先求出 v_{k_1},再加以修正,则可得 $v_k = \frac{v_{k_1}}{1.5}$。

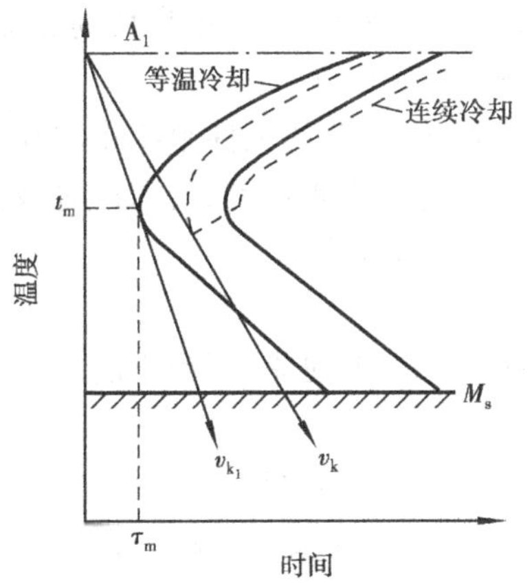

图 5.30　应用 TTT 曲线估计 v_k 示意图

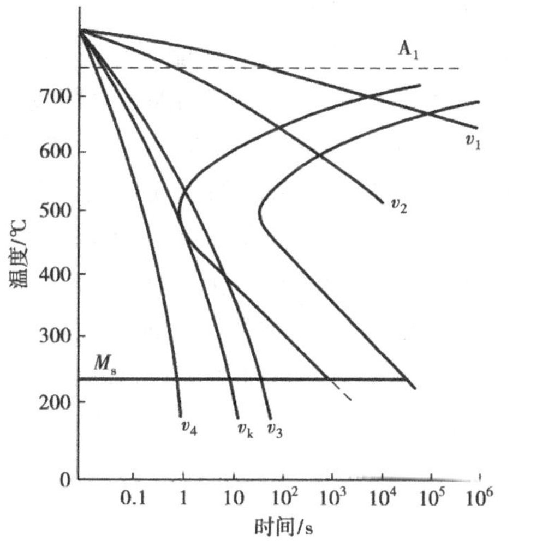

图 5.31　应用 TTT 曲线估计连续冷却时组织转变情况

2)可以预测钢在连续冷却时的组织转变情况,将不同的冷却速度曲线画在 TTT 曲线上,根据交点的位置估计出组织转变情况。如图 5.31 所示,v_1 冷速相当于炉冷,与等温冷却 C 曲线相交于 710 ~ 690 ℃附近,可以判断是发生珠光体转变,最终组织为珠光体,其硬度为170 ~

220 HB；v_2 冷速相当于空冷，在 660 ~ 670 ℃发生组织转变，转变产物为索氏体，硬度为 25 ~ 33HRC 左右；v_3 冷速相当于油中淬火，一部分奥氏体在 600 ℃转变为屈氏体，其余奥氏体在 M_s 以下转变为马氏体，最终产物为屈氏体和马氏体，硬度为 45 ~ 47HRC；v_4 冷速相当于水中淬火，因 $v_4 > v_k$，冷却至 M_s 以下转变为马氏体，硬度为 64 ~ 65HRC。

5.3 钢的退火与正火

退火与正火主要用于钢的预先热处理，其目的是消除或改善前一道工序（如铸、锻、焊等）所造成的某些缺陷及内应力，也为随后的切削加工及热处理作组织和性能上的准备。

对于某些不太重要的工件，退火与正火也可作最终热处理工序。

5.3.1 钢的退火

(1)退火及组织

将钢加热到临界点以上或以下某一温度，保温后缓慢冷却（炉冷、坑冷、灰冷）到较低温度的热处理称为退火。

退火的实质，对于共析钢、过共析钢来说，是加热奥氏体化后进行珠光体转变和先共析转变。

退火后的组织，亚共析钢是铁素体和片状珠光体；对共析钢、过共析钢则是粒状珠光体，也叫球状珠光体（使珠光体中层片状渗碳体及网状二次渗碳体都进行球化）。总之，退火组织是接近平衡状态的组织。

(2)退火的目的

退火的主要目的是：

1)降低硬度，改善切削性能。经铸、锻、焊成型的工件，一般硬度较高，不易切削加工，需经退火来降低硬度，使其在切削加工性能较好的硬度为 200 ~ 250 HBS。

2)细化晶粒，消除组织缺陷，改善和提高性能。经铸、锻、焊成型的工件组织中往往存在晶粒粗大的过热组织、魏氏组织或带状组织等缺陷，退火时进行一次重结晶，可以减轻或消除这些组织缺陷，改善和提高性能，并为以后的淬火等热处理作组织准备。

3)消除铸造偏析，均匀化学成分，使性能均匀。

4)提高塑性，便于冷加工变形。冷加工变形会使工件产生加工硬化，不利于随后的冷加工变形，经退火可以消除加工硬化，提高塑性，便于加工。

5)消除内应力，稳定尺寸，减少变形。工件在冷、热加工过程中会产生内应力，如不及时消除，将使工件变形，甚至开裂。经退火后可消除内应力，稳定工件尺寸，减少或防止变形、开裂。

(3)退火方法

因钢的成分和退火目的不同，退火的方法很多。经常使用的方法有完全退火、等温退火、球化退火、扩散退火和去应力退火等。

1)完全退火　完全退火又称重结晶退火，一般简称退火。这种退火主要用于亚共析成分的碳钢和合金钢的铸件、锻件及热轧型材，有时也用于焊接结构件。一般常用于一些不重要的最终热处理，或作为某些重工件的预先热处理。

完全退火操作是将工件加热至 $A_{c_3}+(30\sim50)$℃，保温一定时间后，随炉缓慢冷却至500 ℃以下，再在空气中冷却。

对于过共析成分的碳钢和合金钢一般不进行完全退火，否则会出现网状二次渗碳体，影响钢的性能。

2）等温退火　完全退火所需时间非常长，特别是对于某些奥氏体比较稳定的合金钢，往往需数十小时，甚至数天的时间。如果采用等温退火，使奥氏体在等温条件下转变为珠光体，就可以大大缩短整个退火周期，且获得比较均匀的组织和硬度。

等温退火主要用于要求比较高的合金钢工件。等温退火是将钢件加热到 $A_{c_3}+(30\sim50)$℃（亚共析钢）或 $A_{c_1}+(30\sim50)$℃（过共析钢），保温后冷却到 A_{r_1} 以下某一温度，并在该温度下停留一定时间，待相变完成后出炉空冷。图5.32所示为高速钢的等温退火与普通退火的比较，普通退火需要15～20 h以上，而等温退火缩短为几个小时。

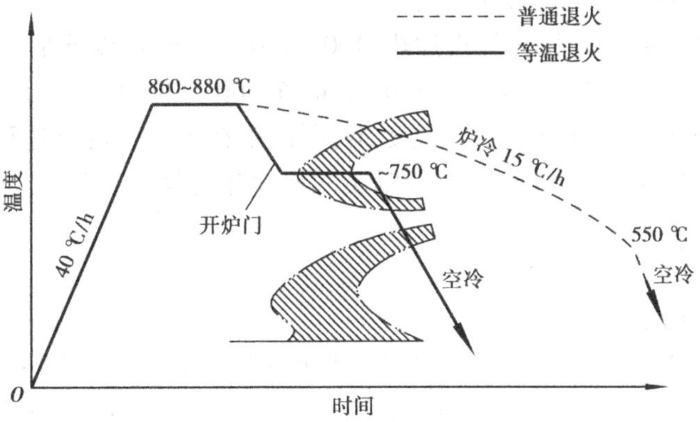

图5.32　高速钢的等温退火与普通退火的比较

3）球化退火　球化退火主要用过共析的碳钢及合金工具钢（用于制造刃具、量具、模具等的钢种），其主要目的在于降低硬度，改善切削加工性，并为以后淬火作好准备。

一般球化退火的工艺是把过共析钢加热到 $A_{c_1}+(20\sim40)$℃，保温一定时间，然后缓慢冷却（$v_{冷}=50\sim100$ ℃/h）至600 ℃以下，再在空气中冷却，如图5.33中曲线Ⅰ所示。在生产中为了缩短退火时间，也经常采用等温球化退火，将工件全部加热至 $A_{c_1}+(20\sim40)$℃，保温2～4 h后，再冷却到 A_{r_1} 以下20 ℃左右保温4～6 h，然后炉冷至600 ℃以下，再在空气中冷却，如图5.33中曲线Ⅱ所示。

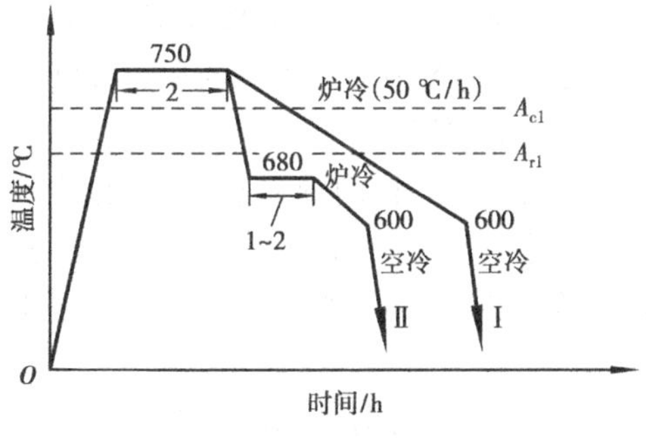

图5.33　T7～T12工具钢的球化退火工艺曲线
曲线Ⅰ—普通球化退火　曲线Ⅱ—等温球化退火

球化退火的组织是铁素体基体上弥散分布着颗粒渗碳体，称为球状珠光体，如图5.34所示。

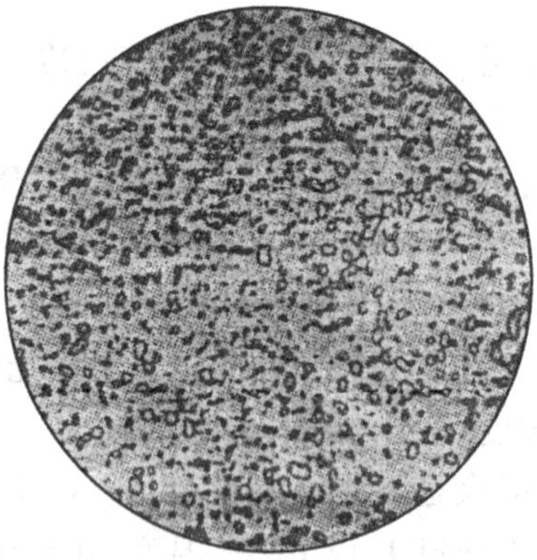

图 5.34　球状珠光体组织

为了便于球化过程的进行，对于网状渗碳体严重的过共析钢，应在球化退火之前进行一次正火，以消除网状渗碳体。

4）扩散退火　合金钢铸锭及铸件往往易形成较严重的枝晶偏析。为了消除枝晶偏析，均匀化学成分，改善性能，需要扩散退火。

扩散退火是将钢件加热到略低于 $Fe\text{-}Fe_3C$ 相图中固相线的温度（1 050 ~ 1 150 ℃），长时间保温（10 ~ 20 h），然后缓慢冷却，以消除成分偏析。

5）去应力退火　去应力退火又称低温退火，主要用来消除铸件、锻件焊接件、热轧件和冷冲压件等残余应力，若不消除这些应力，会使钢件在一定时间后，或在随后的切削加工过程中产生变形或裂纹。

去应力退火一般是将工件随炉缓慢加热（100 ~ 150 ℃）至 A_1 以下某一温度（通常是500 ~ 650 ℃），保温后缓慢随炉冷却（$v_{冷}$ = 50 ~ 100 ℃/h）至 300 ~ 200 ℃以下出炉空冷。

由于去应力退火加热温度低于临界温度 A_1，所以钢在去应力退火过程中并无组织变化，残余应力主要是通过钢在 500 ~ 650 ℃保温后的缓慢冷却过程中消除。

5.3.2　钢的正火

（1）正火工艺及组织

所谓正火是将钢加热到 A_{c_3} +（30 ~ 50）℃（亚共析钢）或 $A_{c_{cm}}$ +（30 ~ 50）℃（过共析钢），保温一定的时间，出炉后以一定的冷却速度冷却至室温的一种热处理工艺。

正火与退火相比，主要区别是正火冷却速度较快，所以获得的组织较细，强度、硬度比退火高一些。

图 5.35 是各种退火与正火的加热温度范围。

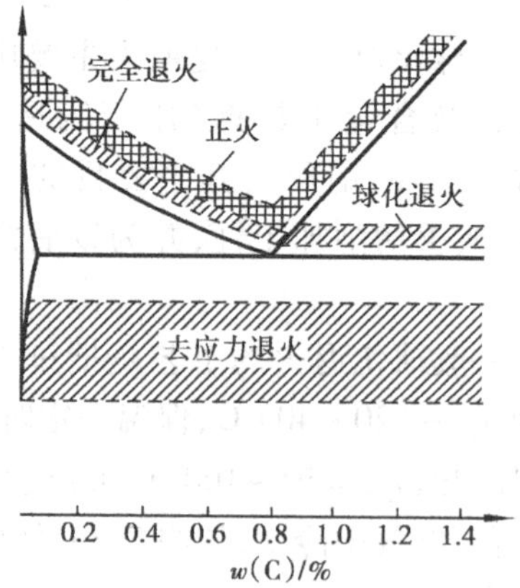

图 5.35　各种退火及正火的加热温度范围

（2）正火的应用

1）作为低、中碳钢的预先热处理，以获得合适的硬度，改善切削加工性能，并为淬火作组织准备。

2）消除过共析钢的网状二次渗碳体，为球化退火作组织准备。

3）消除中碳结构钢铸、锻、焊等加工工件中的晶粒粗大、魏氏组织等组织缺陷，细化晶粒，均匀组织，消除应力。

4）作为普通结构零件的最终组织，提高机械性能，使之达到使用性能的要求。

（3）正火与退火的选择

综上所述，它们之间的选择，可以从以下几方面加以考虑：

1）切削加工性　一般来说，当钢的硬度为 170 ~ 250 HBS，且组织中无大块铁体时，切削加工性较好，因此，对低、中碳钢宜采用正火；高碳结构钢、工具钢和含合金元素较多的中碳合金钢,则以退火为好。

2)使用性能　对于性能要求不太高,随后也不进行淬火、回火的普通结构件,一般采用正火,以提高其力学性能。

3)经济性　正火比退火生产周期短,设备利用率高,节能省时,操作简便,所以在可能的情况下,优先采用正火。

5.4　钢的淬火

5.4.1　淬火的目的

将钢加热到 A_{c_3} 或 A_{c_1} 以上 30 ~ 50 ℃,保温后快速冷却,获得以马氏体或贝氏体为主的组织的热处理工艺称为淬火。淬火的直接目的是获得马氏体(或贝氏体),间接目的是与回火配合,使工件获得所需性能。例如各种工模具、滚动轴等工件的淬火,就是为了获得马氏体,以提高其硬度和耐磨性。

5.4.2　淬火温度的选择

碳钢的淬火温度利用 Fe-Fe_3C 相图来确定,如图5.36所示。

亚共析钢适宜的淬火温度一般为 A_{c_3} +(30 ~ 50)℃,这样可获得均匀细小的马氏体组织。若淬火温度过高,则使获得的马氏体组织粗大,并引起钢件严重变形。但如果淬火温度过低,则在淬火组织工作中将出现铁素体,造成钢的硬度偏低,强度不高。

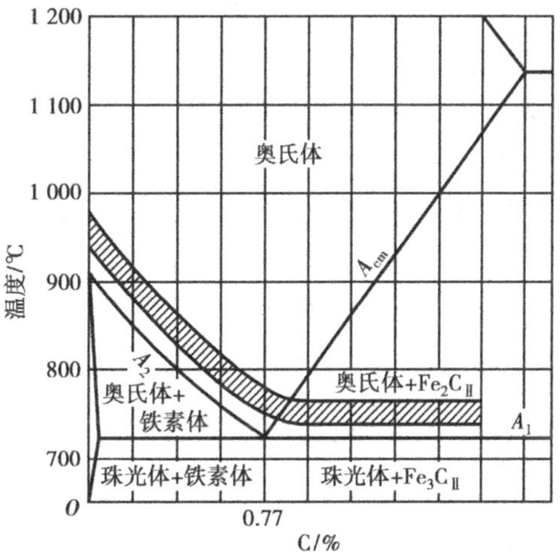

图5.36　碳钢的淬火加热温度范围

过共析碳钢适宜的淬火温度一般为 A_{c_1} +(30 ~ 50)℃,这样可获得均匀细小马氏体和粒状渗碳体的混合组织。如果淬火温度过高,则获得粗片状马氏体组织,并引起工件较严重变形,增加淬火开裂倾向,还由于渗碳体溶解过多,奥氏体含碳量过高,淬火后钢中残余奥氏体量增多,降低获得非马氏体组织,钢的硬度也达不到要求。

对于合金钢淬火温度一般为临界温度以上 50 ~ 100 ℃,因为大多数合金元素都不得阻碍碳的扩散,且合金元素在奥氏体中扩散也较困难,因此,为了使合金元素充分溶解和均匀化,以便取得较好的淬火效果,所以合金钢的淬火温度比碳素钢要高些,保温时间也较长。

5.4.3 淬火冷却介质

(1)淬火冷却速度选择矛盾

为了获得马氏体组织,淬火冷却速度必须大于钢的临界冷却速度 v_k,但是,快冷会使工件产生很大的内应力,使工件产生变形和开裂。

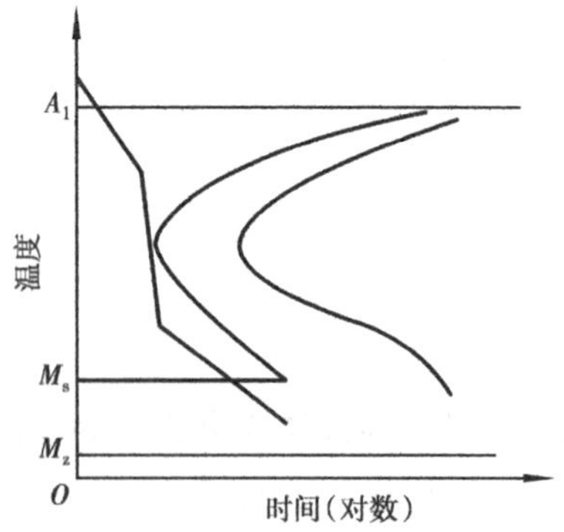

图 5.37 碳钢的淬火理想冷却曲线

(2)理想的淬火冷却曲线

根据等温转变曲线可知,要获得马氏体组织并不要在整个冷却过程中都要快速冷却,只要在 650 ~ 550 ℃(鼻尖附近)快冷。为了减少零件淬火时因快冷产生大的应力,引起工件变形和开裂,最好在鼻尖部分外(略低于 A_1 点和稍高于 M_s点)采用缓慢冷却,因此,理想的冷却曲线如图 5.37 所示。

(3)淬火冷却介质

生产中最常用的淬火冷却介质是水、盐水和矿物油,以及一些新型淬火冷却介质。

水的冷却能力很强,盐水的冷却能力更强,尤其是在 650 ~ 550 ℃的范围内有很大的冷却能力。这对保证工件淬成马氏体非常有利。但是水在低温区冷却能力也很强,不利于减少工件的变形和开裂。因此,水及盐水只适用于形状简单、截面尺寸较大的碳素钢工件。

矿物油的冷却特性则与水相反,它在低温区有较为理想的冷却能力,但在鼻尖附近冷却能力则嫌不足,另外油的价格较贵,且易老化。因此只适于形状复杂、尺寸较小的碳素钢工件,以及合金钢工件。

用作淬火冷却介质的还有盐浴和碱浴(如熔融的 $NaNO_3 + KNO_3$, KOH + NaOH 等),供等温淬火、分级淬火用。为了满足各种钢淬火工艺的要求,国内外还开发了一些新型淬火介质,如聚乙烯醇、聚二醇、水玻璃等。但是,到目前为止,还没有一种完全符合理想冷却曲线的冷却介质,所以实际生产中采用不同的淬火方法,用于弥补这方面的不足。

5.4.4 常用淬火方法

(1)单液淬火法

单液淬火法是将加热好的工件直接放入一种冷却介质冷却,如图 5.38(a)所示。如碳钢用水淬,合金钢用油淬等。这种方法操作简便,易实现机械化和自动化。但在连续冷却到室温的过程中,水淬易使工件产生变形和裂纹,油淬容易产生硬度不足或硬度不均匀等现象。

(2)双液淬火法

双液淬火法是将加热好的工件先在水中淬冷到 M_s温度时从水中取出立即转到油中冷却,如图 5.38(b)所示,也常叫水淬油冷法。该方法利用了两种冷却介质的优点,淬火效果较好。但操作较复杂,在水中停留时间难以掌握,必须有丰富实践经验才可掌握好。

(3)分级淬火法

分级淬火法是将加热好的工件放入稍高(或稍低)于 M_s点的硝盐或碱浴槽中,停留一段时间,待工件表面和心部温度基本一致,在奥氏体分解之前,取出空冷,如图 5.38(c)所示。这种方法的优点是应力小,变形轻微;但由于盐浴或碱浴冷却能力不够大,只适宜形状复杂的小零件。

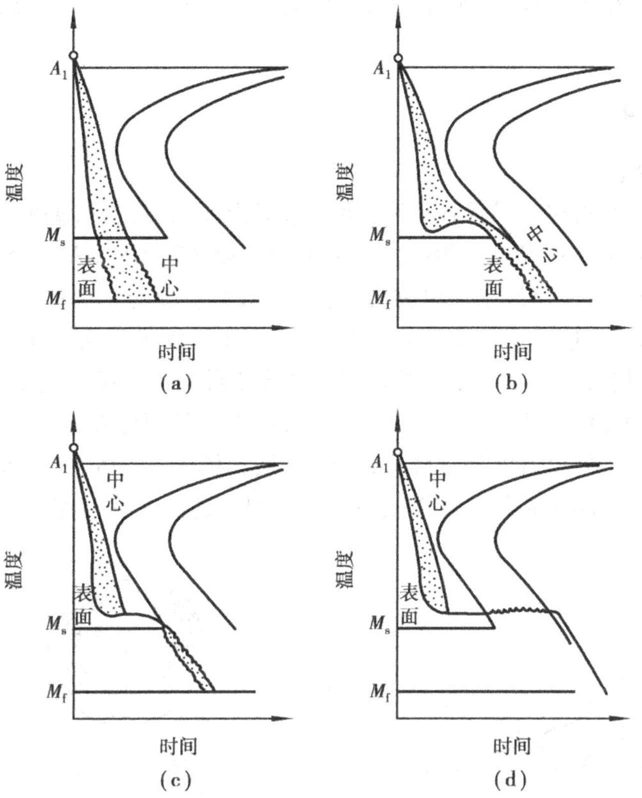

图 5.38　常用淬火方法示意图

(a)普通淬火　(b)双液淬火　(c)分级淬火　(d)等温淬火

(4)等温淬火法

等温淬火法是将加热好的工件放入淬火温度高于 M_s 的盐浴或碱浴槽中，保温使其发生下贝氏体转变后在空气中冷却，如图 5.37(d)所示。对一些形状复杂，而又要求较高硬度或强度与韧性相结合的工模具或机器零件，采用等温淬火以得到下贝氏组织是很适合的。因为它不仅使工件具有良好的综合力学性能，且淬火应力小，变形小。

例如，T7 钢制造的螺丝刀，原工艺为淬火 + 低温回火，硬度高度偏高(大于 55HRC)，但韧性不足，使用时扭到 10°左右就脆断。由于采用贝氏体等温淬火，强韧性和塑性都较好，即使扭到 90°也不断裂。

(5)局部淬火法

有些零件，如果只是在某些部位要求高硬度，可进行局部加热和淬火，以免其他部位产生变形和开裂。图 5.39 所示为卡规的局部淬火法。

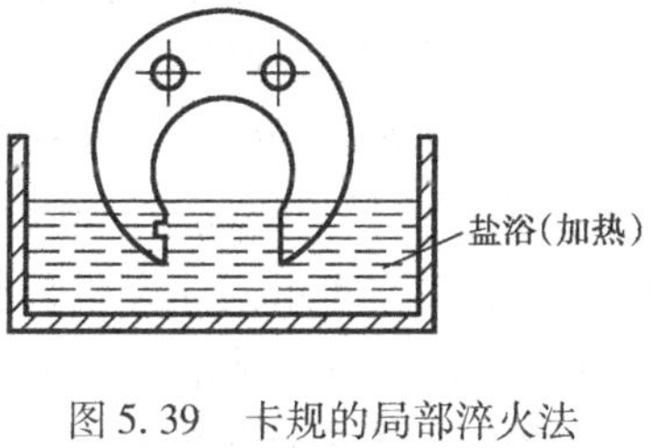

图 5.39　卡规的局部淬火法

(6)冷处理

冷处理是将经淬火冷到室温的工件继续冷却到 -70 ~ -80 ℃或更低的温度(液氮可达到 -196 ℃)，保持一段时间，使残余奥氏体在继续冷却过程中转变为马氏体，进一步提高钢件的硬度和耐磨性，并稳定工件的尺寸。

冷处理用于要求精度很高、必须保证尺寸长期稳定、硬而耐磨的精密零件、工具、模具、量具、滚动轴承等。

5.4.5 钢的淬透性

(1)淬透性的概念

要使钢经淬火后获得单一马氏体(不考虑残余奥氏体),钢的冷却速度必须大于其临界淬火冷却速度 v_k。然而工件在淬火过程中。各部位的冷却速度不同,表面冷速最大,从表面到心部冷速越来越小,中心的冷速最小。以轴类零件为例,其表面与心部冷速如图 5.40(a)所示。由此可见,如果心部的冷速大于该钢的临界冷速 v_k,则工件淬火后从表面到心部整个截面上都得到单一的马氏体组织,称之整个工件淬透了。如果工件截面上的冷速如图 5.40(a)所示,则从工件表层到一定深度的冷速才大于临界冷速 v_k,淬火后就只能在这一定深度内得到单一马氏体组织,而心部将得到马氏体、屈氏体或珠光体、铁素体等混合组织,此时该轴就没有淬透,如图 5.40(b)所示。钢淬火时其截面上获得马氏体组织的深度称为淬硬层深度。

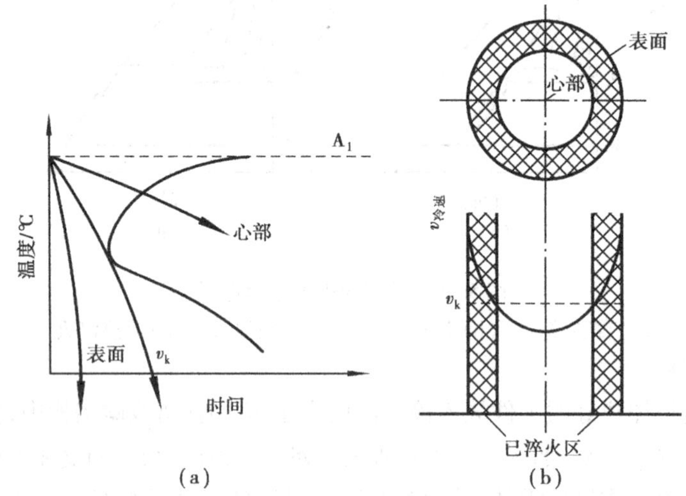

图 5.40 工件淬透层与冷却速度的关系
(a)工件截面上不同冷却速度 (b)淬透层的分布

钢的淬透性就是指淬火条件一定时,钢在淬火后得到的马氏体层深度。所以钢的淬透性表示钢接受淬火的能力。

淬透层的深度,理论上应是完全淬成马氏体的区域,但实际上马氏体中混入少量屈氏体,无论是显微组织观察或硬度测量都难以分辨出来。因此,一般是用自零件表面向里深入到半马氏体层(即组织由 50% M + 50% T(或其他分解产物))的深度作为淬透层深度。

值得注意的是淬透性与淬硬性是两个不同的概念。淬透性是指在一定淬火条件下,得到淬硬层的深度,它表示钢淬火后获得马氏体的能力。而淬硬性是指钢在淬火后能达到的最高硬度,主要取决于马氏体的含碳量。

(2)影响到淬透性的因素

钢的淬透性取决于临界冷速 v_k 的大小,或者说 C 曲线的左右位置。C 曲线越右,v_k 越小的钢,淬透性越好。而影响 v_k 的基本因素是钢的化学成分和奥氏体化条件。

1)化学成分的影响　钢加热时溶入奥氏体中的碳和合金元素(除Co外)越多,C曲线越向右移,淬透性越好。因此,在正常淬火条件下,合金钢的淬透性比碳钢好。在碳钢中,亚共析钢的淬透性随着含碳量增加而增加,对于过共析钢,由于淬火温度为$A_{c_1}+(30\sim50)$℃,尚有未溶渗碳体,它会降低奥氏体稳定性,故其淬透性会随着含碳量增加而降低。

2)奥氏体化条件的影响　奥氏体化温度越高,保温时间越长,则晶粒越粗大,成分越均匀。因而过冷奥氏体越稳定,C曲线越向右移,v_k越小,钢的淬透性越好。

影响淬透性的主要因素是钢的化学成分,特别是奥氏体中合金元素的含量。

5.5　钢的回火

将淬火后的钢加热到A_{c_1}临界温度以下的某个温度进行保温,而后冷却的热处理工艺称为回火。除等温淬火工件外,其他淬火工件都必须及时、充分地进行回火。

5.5.1　回火的目的

(1)降低脆性,消除或减少内应力

钢件淬火后存在很大的内应力和脆性,如果不及时回火,则可能会导致钢件变形,甚至开裂。

(2)获得工件所需的组织和性能

在一般情况下,钢淬火的组织为马氏体和少量的残余奥氏体,它具有高的强度和硬度,但塑性与韧性却明显下降。为了满足各种工件的不同性能的需要,就必须加以适当的回火使淬火组织发生转变,以达到所需的组织和性能。

(3)稳定工件尺寸

马氏体和残余奥氏体都是不稳定的组织,它们具有自发地向稳定组织转变的趋势,因而将引起工件的形状与尺寸的改变。通过回火使淬火组织转变为稳定组织,从而保证工件在使用过程中不再发生形状和尺寸的改变。

(4)降低硬度

对于退火难以软化的某些合金钢,在淬火(或正火)后再高温回火,使钢中碳化适当聚集,以降低硬度,有利于切削加工。

5.5.2　淬火钢的回火转变

淬火钢中马氏体和残余奥氏体都是不稳定组织,它们在回火过程中会向稳定的铁素体和渗碳体(或碳化物)的两相组织进行转变。对于淬火碳钢的回火过程一般分为下列几个阶段:

(1)回火第一阶段(≤200 ℃):马氏体分解

在100 ℃以上回火时,马氏体就开始分解,析出ε碳化物,马氏体中碳的过饱和度降低,马氏体的正方度(C/a)也随之减小。

这一阶段回火组织是由过饱和α固溶体与ε碳化物所组成,称之为回火马氏体(图5.41)。由于回火马氏体中ε碳化物极为细小、弥散度极高,而且α固溶体仍然为过饱和固溶体,所以在回火第一阶段钢的硬度并未降低,但因ε碳化物的析出,晶格畸变降低,使淬火内应力减小。

图 5.41　回火马氏体

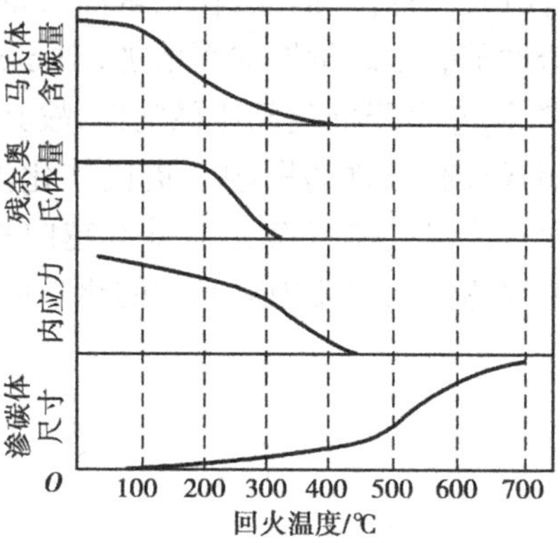

图 5.42　钢在回火时的组织性能变化

(2)**回火第二阶段(200～300 ℃):残余奥氏体的转变**

残余奥氏体在200～300 ℃分解为下贝氏体。在第二阶段除残余奥氏体转变为下贝氏体外,在回火第一阶段未分解的马氏体还将继续分解。虽然马氏体的继续分解会降低钢的硬度,但同时由于较软的残余奥氏体转变为较硬的下贝氏体,故钢的硬度无明显降低。然而淬火应力进一步减小。

(3)**回火第三阶段(300～400 ℃):碳化物的转变**

在这一阶段中碳原子从过饱和 α 固溶体中继续析出,同 ε 碳化物转变为渗碳体(Fe_3C);α 固溶体中含碳量也几乎降到平衡含碳量,正方度 C/a 已接近于 1。所以经第三阶段回火,钢的组织是由铁素体和颗粒状渗碳体所组成的组织。所以钢的硬度降低,而淬火应力基本消除。

(4)**回火第四阶段(400 ℃以上):渗碳体聚集长大与 α 相的再结晶**

随着回火温度的升高,渗碳体颗粒将逐渐聚集长大。回火温度越高,渗碳体的颗粒也越来越大,弥散度越小,钢的强度、硬度则越低。

经回火第三阶段后,钢的组织是由铁素体和颗粒状渗碳体所组成,不过其中 α 相(铁素体)其形状仍保留马氏体的片状或板条状。随回火温度升高到500～600 ℃以上时,α 相逐渐发生再结晶,成长为多边形晶粒。

综合上述回火四个阶段中的转变,其组织、内应力和渗碳体颗粒的大小等随回火温度而变化,示意地用图 5.42 表示。

5.5.3　回火后转变产物的组织与性能

(1)**回火后组织**

按回火后组织特征,可分为 4 种组织。

1)回火马氏体(＜250 ℃回火产物)　它是由过饱和 α 固溶体和 ε 碳化物组成。

2)回火屈氏体(300～500 ℃回火产物)　它是由尚未发生再结晶的铁素体呈弥散分布的细小渗碳体颗粒所组成,如图 5.43 所示。

3)回火索氏体(500～650 ℃回火产物)　它是由已发生再结晶的铁素体和均匀分布的细粒状渗碳体组成的,如图 5.44 所示。

4)回火珠光体(650 ℃～A_1 点回火产物)　它是由多边形的铁素体和较大粒状渗碳体组

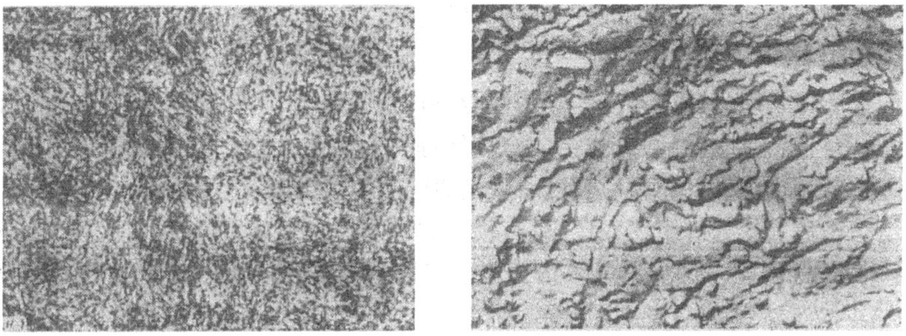

(a)　　　　(b)

图5.43　45钢的回火屈氏体显微组织

(a)光学显微组织(500×)　(b)电子显微组织(7 500×)

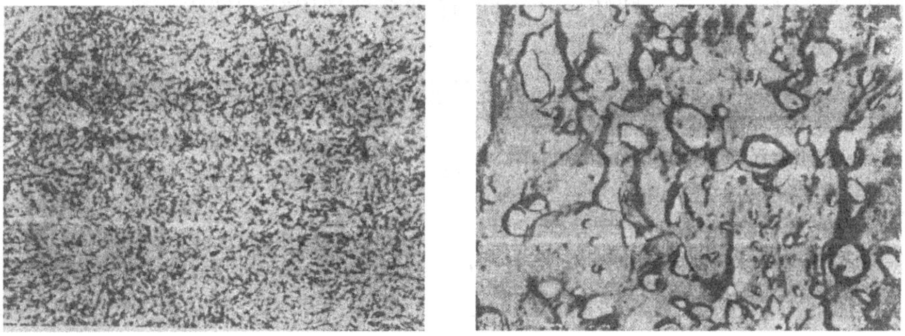

(a)　　　　(b)

图5.44　45钢的回火索氏体显微组织

(a)光学显微组织(500×)　(b)电子显微组织(7 500×)

成。其显微组织与球化退火后组织相似。

(2)**回火时机械性能的变化**

因回火温度不同得到不同的组织,故机械性能也不相同。图5.45所示为40钢的机械性能与回火温度的关系。

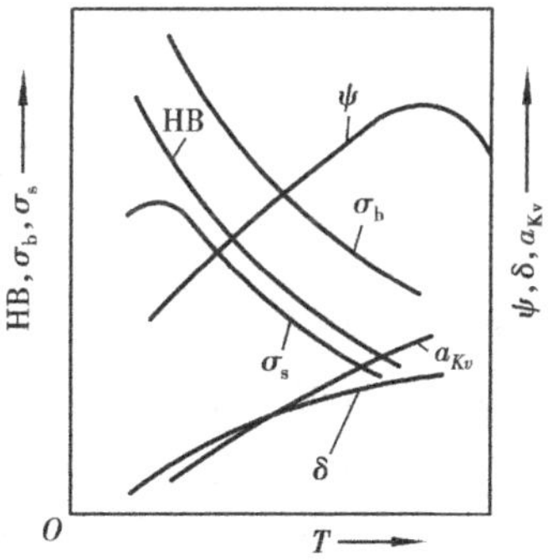

图5.45　40钢的机械性能与回火温度的关系

5.5.4　回火的种类及应用

按回火温度范围、组织和性能特征,可将回火分为下列3类:

(1)**低温回火**(150～250 ℃)

低温回火所得组织是回火马氏体(还有少量的残余奥氏体和下贝氏体)。其性能特点是保持淬火马氏体高硬度和高耐磨性,又降低了淬火内应力和脆性。它主要用于各种高碳钢的切削刃具、量具、冷冲模具、滚动轴承以及渗碳件等,回火后一般硬度为58～64HRC。

(2)**中温回火**(350～500 ℃)

中温回火所得组织为回火屈氏体。其性能特点是高屈服强度、高弹性极限和较高的韧性。

它主要用于各种弹簧和热作模具的处理，回火后硬度一般是 35～50HRC。

(3)高温回火(500～650 ℃)

高温回火所得组织为回火索氏体。其性能特点是强度、硬度和塑性、韧性都较好的综合机械性能，故通常将淬火加高温回火相结合的热处理称为调质处理。它广泛用于连杆、螺栓、齿轮和轴类等重要结构零件。回火后硬度一般是 200～330 HBS。

回火组织与一般热处理组织相比，具有较优的性能。当硬度相同时，回火屈氏体比一般屈氏体(油淬)和索氏体(正火)具有较高的强度、塑性和韧性。这是因为组织中的渗碳体形态不同所致。

5.5.5 回火脆性

淬火钢回火时，随着回火温度的升高，一般是强度、硬度降低，而塑性、韧性提高。但在某些温度范围内回火时，钢的冲击韧性显著降低，这种脆性现象称为回火脆性。

(1)低温回火脆性

淬火钢在 250～350 ℃范围内回火后出现的脆性称为低温回火脆性，也称为第一类回火脆性。几乎所有淬成马氏体的钢在此温度范围内回火，都会不同程度地产生这种脆性，且目前尚无法消除这类回火脆性，所以生产上一般不在 250～350 ℃温度范围内回火。

(2)高温回火脆性

淬火钢在 500～650 ℃范围内回火后出现的脆性称为高温回火脆性，又称为第二类回火脆性。这类回火脆性主要发生在含 Cr，Ni，Si，Mn 等元素的合金钢，在 500～650 ℃长时间保温或缓慢冷却时，则发生明显的脆化现象，但加热保温后采用快速冷却，脆化现象便消失或被抑制，因此该类回火脆性也叫可逆回火脆性。

防止高温回火脆性，除加热保温后快冷外，在钢中加入一定量的 W，Mo 等合金元素也可有效地抑制高温回火脆性的产生。

5.6 钢的表面热处理

在机器中，许多零件(如齿轮、凸轮、曲轴、活塞销等)是在弯曲、扭转等循环载荷、冲击载荷以及摩擦条件下工作的。零件的表层承受着比心部高得多的应力，而且表面不断受到磨损。因此，它们的表层(或轴颈部分)应具有高的强度、硬度、耐磨性和疲劳极限，而心部则应保持足够的塑性和韧性。对于某些在特殊环境下(如腐蚀介质或高温)工作的机器零件。如果单从钢材的选择及采用普通热处理方法就难以满足其性能要求，这时应采用表面热处理方法来解决。

目前表面热处理的种类很多，可概括为两大类，即表面淬火和化学热处理。

5.6.1 表面淬火

表面淬火是利用快速加热的方法将钢表面奥氏体化，然后快冷淬火，而钢的心部组织并不发生变化。根据加热方法的不同，表面淬火方法种类也很多，现主要介绍应用比较普遍的感应加热表面淬火和火焰加热表面淬火。

(1)**感应加热表面淬火**

1)感应加热的基本原理　高频感应加热表面淬火的装置如图 5.46 所示。把工件放在铜制的感应器中,当高频电流通过感应器时,感应器周围便产生高频交变磁场,在高频交变磁场的作用下,工件(导体)中感生出高频感应电流自成一回路,称为涡流。由于涡流主要分布在工件表面上,且频率越高,涡流集中表面层越薄,工件中心几乎没有电流通过。这种现象称为表面效应或集肤效应。由于集肤效应,工件表面薄层被迅速加热到淬火温度,随后喷水或浸入水中冷却进行表面淬火。

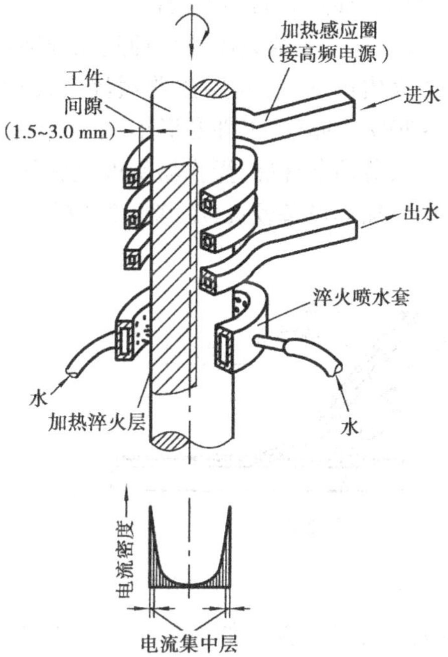

图 5.46　感应加热表面淬火示意图

高频淬火层的厚度取决于高频电流透入工件表面的深度(A),而 A 又取决于高频电流的频率(f)。A 与 f 的关系可用下式表示:

$$A = 5.03 \times 10^4 \sqrt{\frac{\rho}{\mu f}}\ (\text{mm})$$

式中　A——高频感应电流透入深度,mm;

μ——被加热工件的磁导率,H/m;

ρ——被加热工件材料的电阻率,$\Omega \cdot$ m;

f——高频电流频率,Hz。

2)感应加热表面淬火的分类及应用　热处理应用的感应电流,按频率可分为高频(70 ~ 1 000 kHz)、中频(0.5 ~ 10 kHz)和工频(普通工业电流,50 Hz)。应用最多的是高频感应加热表面淬火法。感应加热淬火的淬硬层、适用材料如表 5.5 所示。

表 5.5　不同零件感应加热淬火的淬硬层深度和适用材料

工作条件及零件种类	淬硬层深度/mm	采用材料
工作于摩擦条件下的零件,如较小的齿轮、轴类等	1.5 ~ 2	45,40Cr,42MnVB
承受扭曲、压力负荷的零件、如曲轴、大齿轮等	3 ~ 5	45,40Cr,65Mn,9Mn2V 球墨铸铁
承受扭曲、压力负荷的大型零件、如冷轧辊等	>10 ~ 15	9Cr2W,9Cr2Mo

感应加热表面淬火常用于中碳钢和中碳合金钢结构零件,也用于高碳工具钢、低合金工具钢及铸铁等零件。

高频表面淬火对其原始组织有一定要求。钢件高频淬火前应先进行正火或调质,是索氏体组织;铸铁件高频表面淬火前的原始组织为珠光体基体和均匀细小分布的石墨。

高频淬火后一般要进行 180 ~ 200 ℃的低温回火,以降低应力,保持高的硬度和耐磨性。也可利用工件淬火的余热进行自行回火。

3)感应加热表面淬火的特点

生产率高,一般只需几秒钟到几分钟就可以完成一次表面淬火。适用大批量生产。

淬火质量好,表面层比普通淬火硬度高 2 ~ 3HRC,疲劳强度、韧性也有所提高,可高达 20% ~30%。此外,工件变形小,不易氧化和脱碳,淬火层深度容易控制等。

工人劳动条件好,操作易实现机械化和自动化。

感应加热设备较贵,维修调整较复杂,形状复杂的感应器不易加工制造,也不适宜小量生产。

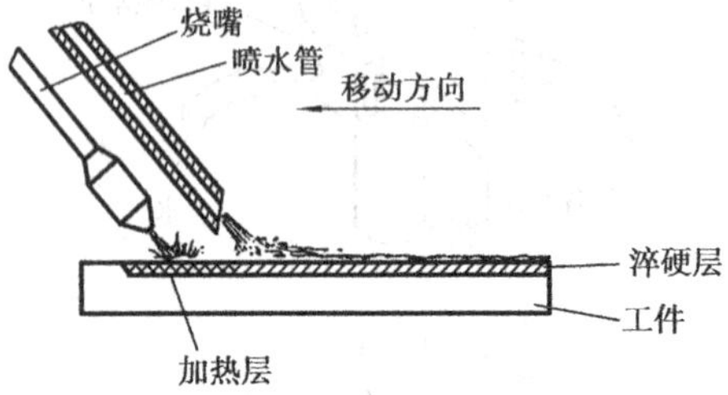

图 5.47　火焰加热表面淬火示意图

(2)火焰加热表面淬火

一般采用乙炔-氧焰,对零件表面进行快速加热,当工件表面层达到淬火温度时立即喷水冷却,如图 5.47 所示。

火焰加热表面淬火的淬透层深度一般为 2 ~6 mm。这种方法一般用于大型工件进行局部表面淬火,如大模数齿轮的轮齿部分、大型轴类的轴颈部分等,也用于少量单件生产时的表面淬火。由于加热时难以控制,易产生过热,且淬火效果不稳定,因而其应用受到了限制。

5.6.2　化学热处理

(1)概述

化学热处理是在一定温度下,将工件置于含有某种(或几种)化学元素的活性介质中,使活性原子向钢件表面渗入,从而改变钢件表面化学成分以获得所需组织和性能的一种热处理方法。

根据渗入的元素不同,化学热处理工艺较多,如渗碳、氮化、碳氮共渗、渗硼、渗硅、渗铝及多元共渗等。

1)化学热处理的目的　提高工件表层硬度、耐磨性与疲劳强度,而心部在一定强度的情况下,具有足够的塑性和韧性,如渗碳、氮化等。提高工件表层的耐蚀性,如氮化、渗铬等。提高工件表层的抗氧化性,如渗铝等。

2)化学热处理的基本过程　无论哪一种化学热处理,元素渗入钢件表面的过程都是由分解、吸收和扩散 3 个基本过程所组成。

分解过程:化学介质在一定温度下分解生成活性原子,只有活性原子才能被钢件表面所吸收。例如渗碳时是由 CO 或 CH_4 分解出活性碳原子:

$$2CO \Leftrightarrow CO_2 + [C]$$

$$CH_4 \Leftrightarrow 2H_2 + [C]$$

氮化时则由 NH_3 分解出氮的活性原子:

$$2NH_3 \Leftrightarrow 3H_2 + 2[N]$$

[C],[N]即为活性原子。

吸收过程:活性原子被吸附在工件表面,并溶入工件表面层形成固溶体,如果活性原子浓度很高时,还可能形成化合物。

扩散过程:渗入工件表层的原子,在一定温度下向内扩散,形成一定的扩散层。

(2)常用化学热处理方法

1)钢的渗碳

渗碳是向钢的表面层渗入碳原子的过程。其目的是使工件在热处理后表面具有高硬度和耐磨性,而心部仍保持一定强度及较高的塑性、韧性。因此渗碳用钢一般为含碳0.10%~0.25%的低碳钢和低碳合金钢,如15,20,20Cr,20CrMnTi钢等。

根据渗碳剂的不同,渗碳方法可分为固体渗碳、液体渗碳和气体渗碳3种,目前生产中应用较多的是固体渗碳和气体渗碳。

①气体渗碳

气体渗碳法是将工件放入密封的渗碳炉内,使工件在900~950 ℃的高温渗碳气氛中进行,如图5.48所示。

炉内渗碳气氛产生的方式有两种,一种是将富碳气体(如煤气、液化石油气等)直接通入炉内,另一种是将易分解的有机物液体(如煤气、苯、丙酮等)滴入炉内,使其在高温下裂解产生渗碳气氛。

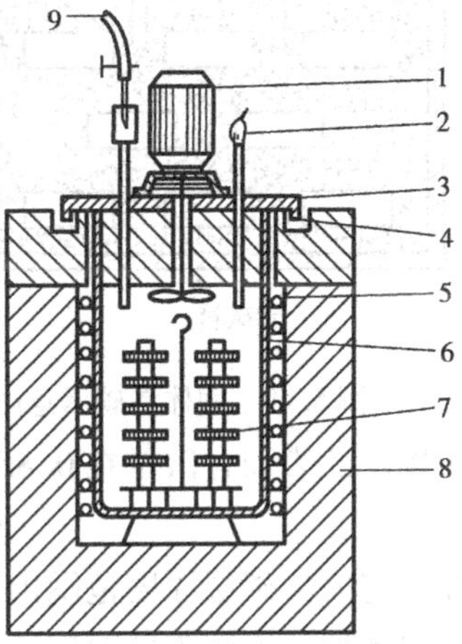

图5.48　气体渗碳法示意图
1—风扇电动机　2—废气火焰
3—炉盖　4—沙封　5—电阻丝
6—耐热罐　7—工件　8—炉体
9—煤油

高温下产生的活性碳原子被钢表层吸收并向心部扩散而形成渗碳层,在一定温度下,渗碳层厚度取决于保温时间,保温时间愈长,渗碳层愈深。如表5.6所示。

表5.6　渗碳层厚度与保温时间的关系

渗碳时间/h	3	4	5	6	7
渗碳层厚度/mm	0.4~0.6	0.6~0.8	0.8~1.2	1.0~1.4	1.2~1.6

注:最近建议以50HRC作为有效渗碳层厚度的判据(渗碳淬火后测定)。

气体渗碳法生产效率高,渗碳层质量好,劳动强度低,便于直接淬火,广泛应用于大批量生产。

②固体渗碳

它是将工件置于渗碳箱内,四周填满固体渗碳剂,加盖并用耐火泥密封,如图5.49所示。然后在炉内加热到渗碳温度(900~950 ℃),保温一定时间后出炉冷却,这是一种古老的渗碳方法。

固体渗碳剂一般由主渗剂(木炭)和催化剂(如碳酸盐 $BaCO_3$)混合组成。

固体渗碳其设备简单,成本较低,大小零件都可适用,但渗碳速度慢,生产效率低,劳动条件差,渗碳后不易直接淬火,渗碳质量也难于控制,故已逐渐被气体渗碳法所代替。

渗碳后钢的组织:低碳钢工件渗碳后缓慢冷却,其组织从表向里依次为过共析钢、共析钢和亚共析钢组织,如图5.50所示。表层组织为珠光体加二次渗碳体,心部为钢的原始组织铁素体加珠光体,中间为过渡层。一般规定,从表面到过渡层一半处的厚度为渗碳体的厚度。

渗碳件的技术要求:渗碳质量主要指标是渗碳层的含碳量、渗碳层的深度与组织。

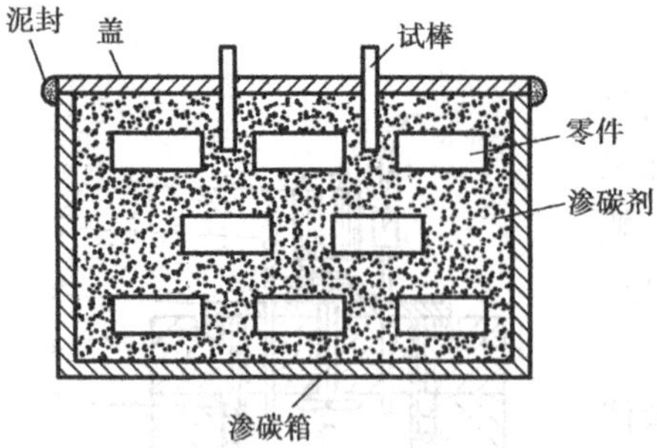

图5.49　固体渗碳示意图

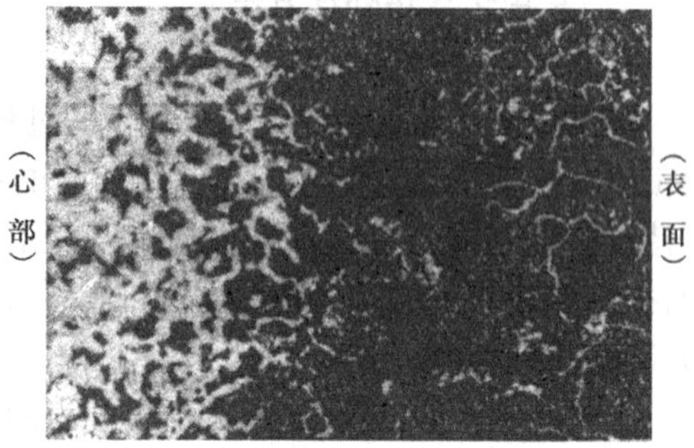

图5.50　低碳钢渗碳后的组织

渗碳层的表面含碳量在0.85%～1.05%范围内最好。过高过低都不利于渗碳件的使用寿命。

在一定的渗碳层深度范围内，随着渗碳层深度的增加，渗碳件的疲劳极限、抗弯强度和耐磨性都将增加。不同零件渗碳所要求的渗碳层深度δ，可根据其尺寸及工作条件来确定，下列经验公式可供参考：

轴类：

$$A = (0.1 \sim 0.2)R$$

式中　R——半径，mm。

齿轮：

$$A = (0.2 \sim 0.3)m$$

式中　m——模数，mm。

薄片工件：

$$A = (0.2 \sim 0.3)t$$

式中　t——厚度，mm。

工件在工作条件下磨损较小时，A值取小些；磨损较大时，A值取大些。

若渗碳工件上有不允许高硬度的部位（如装配孔），应在设计图纸上予以注明。该部位可采用镀铜来防止烟面，或者采用多留加工余量方法，渗碳后，在淬火前切削加工去除该部位的渗碳层。

渗碳后的热处理：零件渗碳必须进行淬火和低温回火，才能有效地发挥渗碳层的作用。渗碳件的淬火方法有下列几种。

①直接淬火法

工件渗碳后，经预冷至约830 ℃时直接放入冷却介质中淬火，然后进行低温回火。预冷的温度略高于A_{r_3}，以免心部析出铁素体（见图5.51（a））。此法操作简单，成本低，适用于本质细晶粒钢。

②一次淬火法

工件渗碳后出炉在空气中冷却，然后再重新加热淬火（见图5.51（b））。淬火温度应兼顾表层和心部，使表层不过热而心部又得到强化。该法也适用本质细晶粒钢。

③二次淬火法

对于性能要求高的渗碳件，一次淬火很难得到表层和心部都满意的强化效果。因而采用

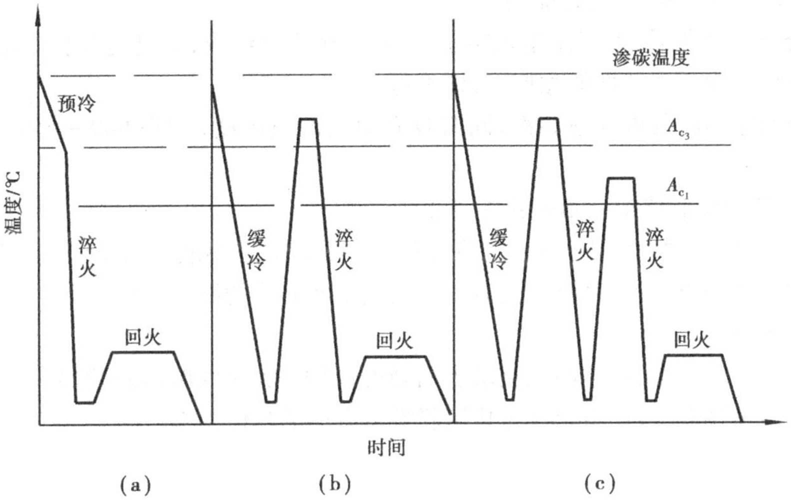

图5.51　渗碳后的热处理

(a)直接淬火　(b)一次淬火　(c)两项淬火

两次淬火,如图5.51(c)所示,分别强化心部和表层。

第一次淬火加热到 A_{c_3} 以上进行完全淬火,使心部组织细化,同时消除表层的网状渗碳体。

第二次淬火加热到 A_{c_1} 以上进行不完全淬火。使表层得到细针状马氏体和细粒状渗碳体组织,但对心部影响不大。

两次淬火工艺复杂,成本高,尽量少用。

2)钢的渗氮(氮化)　氮化是向钢的表面渗入氮原子的过程。其目的是提高表面硬度和耐磨性,并提高疲劳强度和抗腐蚀性。

氮化的方法很多,有气体氮化、抗蚀氮化、离子氮化等,其中应用最广泛的是气体氮化。

①氮化原理及工艺

气体氮化是利用氨气在加热时分解出活性氮原子,被钢表面吸收后形成氮化层,并向心部扩散。

气体氮化通常在专门设备或井式渗碳炉内进行。为了获得较理想的组织和性能,氮化一般采用渗碳钢(如38CrMoAl钢),且氮化前必须将调质后的工件除油净化。入炉后应先用氨气排除炉内空气。

氨的分解在200 ℃以上时开始,同时因铁素体对氮的溶解能力比奥氏体强。所以气体氮化的温度一般不超过钢的 A_1 温度,通常采用500~570 ℃。

氮化结束后,随炉冷却到200 ℃以下,停止供氨,工件出炉冷却。

②氮化层的组织与性能特点

根据Fe-N相图,纯铁氮化后组织中可能形成4种相,即α,γ,γ′和ε。其中:

α相为氮在α-Fe中的铁素体(含氮铁素体),具有体心立方晶格。

γ相为氮在γ-Fe中的固溶体(含氮奥氏体),它只存在于950 ℃以上,具有面心立方晶格。

γ′相为一可变成分的化合物,存在于含氮量5.50%~5.59%的范围内。若含氮量为5.9%时,则γ′相可用分子式 Fe_4N 来表示,呈面心立方。

ε相也是一可变成分的化合物,在室温时其含氮量为8.1%~11.2%范围内,化合物 Fe_2N

其含量为11.2%，即 ε 相，呈六方晶格。

碳钢及合金钢氮化后，其组织也基本上由 α，γ，γ′相所组成，不过这些相中除含氮外尚有碳。所以氮化层与渗碳层的性能相比，有以下特点：

氮化层具有很高的硬度和耐磨性，同时具有很高的热硬度（即在600～650 ℃下加热，其硬度仍保持不变）。

氮化层提高了零件15%～35%的疲劳强度。

氮化层有较高的耐蚀性（在水中、过热的蒸汽中及在碱性溶液中均耐蚀）。其原因是氮化层是由致密的氮化物组成连续薄层，能有效地防止某些介质的腐蚀作用。

③氮化技术条件

氮化零件的技术要求，应注明氮化层表面硬度、厚度、氮化区域、心部硬度等。重要零件还应提出对心部机械性能、金相组织及氮化层脆性等方面的具体要求。

5.7 热处理常见缺陷分析

热处理过程由于种种原因，往往造成各种缺陷，影响产品质量，下面对热处理常见的缺陷作简要分析。

5.7.1 过热与过烧

过热和过烧都是由于加热温度过高或在高温下保温时间过长造成的缺陷。

过热会引起钢的晶粒粗大，使工件的机械性能，特别是塑性和韧性显著降低。淬火冷却时容易产生裂纹。

过烧将会使钢的晶界氧化或熔化。过烧后的钢强度很低，脆性很大，而且无其他方法挽救，使零件报废。

预防过热、过烧的主要措施有：

1）正确制定加热温度和保温时间。

2）经常校正测温仪表，并观察炉膛火色，看其火色是否与所需温度相符。

3）对截面积相差较大的工件，应采用适当工艺措施使工件各部分加热均匀。

5.7.2 氧化与脱碳

钢在高温加热过程中，炉内氧化性气氛会造成钢的氧化与脱碳。

氧化是指工件表面的铁发生氧化铁皮的现象。其主要反应有：

$$2Fe + O_2 \rightarrow 2FeO$$

$$Fe + CO_2 \Leftrightarrow FeO + CO$$

$$Fe + H_2O \Leftrightarrow FeO + H_2$$

氧化的结果不仅损耗了金属，而且使工件表面硬度不均匀，同时增加了清除氧化铁皮的辅助工序。

脱碳是指工件表面层中的碳与氧反应而燃烧，降低其含碳量。其主要反应有：

$$2C + O_2 \rightarrow 2CO$$

$$C + CO_2 \Leftrightarrow 2CO$$
$$C + H_2O \Leftrightarrow CO + H_2$$
$$C + 2H_2 \Leftrightarrow CH_4$$

脱碳使工件淬火后硬度、耐磨性、疲劳强度严重下降,影响工件使用寿命,甚至造成事故。

防止氧化脱碳的主要方法有:

1)采用保护气氛加热。

2)真空加热。

3)将工件放装在有生铁屑或木炭粉的箱内加热。

4)工件表面涂防氧化剂或镀铜。

5)采用盐浴炉加热,并定时用脱氧剂对盐炉进行脱氧。

5.7.3 硬度不足或硬度分布不均匀

产生这类缺陷的原因主要有:

1)对于亚共析钢由于加热温度偏低或保温时间短、加热组织中有铁素体存在,造成淬火后组织中存在铁素体,因而硬度偏低。

2)钢在加热时发生氧化、脱碳。

3)淬火冷却时,冷却速度低或冷却不均匀。

4)原材料混料,本应使用中碳钢却错用了低碳钢。

5)原材料不合格,如原始组织过于粗大、化学成分不均匀(如含碳量偏高或偏低)。

6)回火温度偏高或不均匀。

对于这类缺陷,要针对产生的原因,采取相应措施加以防止。

5.7.4 变形与开裂

变形与开裂是热处理最严重的缺陷。产生这种缺陷的根本原因是淬火应力引起的,淬火应力有热应力和组织应力两类。

这两种应力综合结果,当其超过钢的屈服强度,将使工件变形;若超过强度极限时则引起开裂。减小变形、防止开裂的根本办法是尽量减小内应力的产生。而内应力形成的主要原因是加热或冷却速度过快、加热或冷却不均匀和淬火后组织发生体积膨胀等。

根据变形与开裂的产生原因,可采取下列相应措施,加以防止。

(1)改进工件结构

尽量使工件截面均匀对称,防止出现太薄、太细或太长的结构。

(2)正确选择材料

形状复杂、变形要求小的工件应选用淬透性高的合金钢制造,以便能在较缓和的冷却介质中淬火。

(3)进行预先热处理

对高碳钢和高合金工具钢预先进行球化退火,使组织均匀。机加工应力高的零件,应进行去应力退火,再进行其他热处理。

(4)采用合理的热处理方法

对导热性差的钢材及形状复杂的工件,要进行预热、分级加热等,以减少工件温差。在保证硬度的前提下，尽量降低淬火冷却速度，采用变形较小的淬火方法（如双液、等温、分级淬火等）。

淬火后要及时且充分回火。

5.8 热处理新工艺简介

在20世纪70～80年代，国外热处理技术得到发展，新工艺不断出现。现作简单介绍，以便扩大视野，初步了解，在生产中加工利用。

5.8.1 真空热处理

真空热处理是指在低于一个大气压的环境下进行加热处理工艺，一般选择在（1.33～1.33）$\times 10^{-2}$ Pa（$10^{-2}-10^{-4}$Tovr）的范围。

真空热处理种类很多，如真空淬火、真空回火、真空退火和真空化学处理等。它具有工件表面不氧化不脱碳、脱脂、光洁，工件变形小，不污染环境，生产自动化程度高等优点。真空处理目前发展很快。

5.8.2 可控气氛热处理

可控气氛是指成分可控制在预定范围内的炉中气体混合物。在炉气成分可以控制的炉气内进行热处理称为可控气氛热处理。

热处理加热时介质中的氧、二氧化碳和水等与金属反应生成氧化物的过程，称为氧化；而由于气体介质与钢铁表层碳的作用，使表层含碳量降低的现象，称为脱碳。采用可控气氛热处理，可以减少或防止加热时氧化和脱碳，从而提高工件的热处理质量。

可控气氛必须有专用设备来产生，所以可控气氛热处理一般用于大批量生产。若小批量生产，可采用涂料来防止工件表面的氧化、脱碳。

5.8.3 形变热处理

形变热处理是指将金属塑性变形和热处理有机结合在一起，以提高钢的力学性能的复合工艺，它可同时收到形变强化和相变强化的综合效果，从而有效提高钢的强韧性。这种工艺在生产中获得了广泛应用。

钢的形变热处理通常把钢加热奥氏体化，先进行塑性变形，然后立即进行冷却使其发生相变。典型的形变热处理工艺，可分为高温和低温两种，如图5.52所示。

高温形变热处理是在奥氏体稳定区进行塑性变形，然后立即淬火；低温形变热处理则在500～600 ℃进行大量塑性变形，然后淬火。

5.8.4 激光热处理

激光热处理是利用激光器发出能量密度极高的激光，以扫描方式快速加热工件表面以达到淬火目的。由于加热体积范围很小，可以靠工件本身传热自冷淬火，不用冷却介质。

激光热处理时加热和冷却的速度都极高。加热速度可达10^5～10^9℃/s，冷却速度也可高

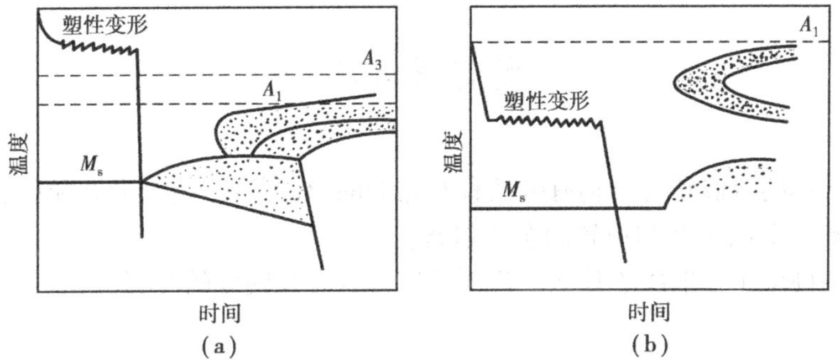

图 5.52　形变热处理工艺示意图

(a)高温形变热处理　(b)低温形变热处理

达 $10^5 \sim 10^9$ ℃/s,且扫描速度越快冷却速度也越快。激光淬火层硬度比常规淬火层高,组织极细;速度快,变形小。主要用于需增加表面耐磨性的工件。

5.8.5　外场环境下的热处理

外场环境下的热处理是指将材料放置在具有磁场、电场或者是超高温高压环境下进行热处理相变的加工工艺。外场的附加能量可起到细化晶粒、改变相变组织和提高机械性能的目的。

除上述热处理工艺外,生产中还有许多新的热处理技术,如模具的强韧化处理、气相沉积等,详情请参看第 7 章有关内容。

拓展阅读

我们都知道中国古代的四大发明名扬四海,殊不知我国古代热处理也举世瞩目。战国时期,铸铁工匠为解决工件因脆性易折断的问题,发明了“铸铁柔化”技术。所谓“铸铁柔化”就是将铸铁长时间置于高温火炉中熔化,内部的化合碳就会发生结构性的变化,进一步地改变韧性强度来解决易折断等问题。不仅如此,我国古代热处理还不断地涌现出众多先进的技术创造,像炼铁中的淬火技术,常用于铜器装饰处理的鎏金、鎏银和鎏锡。炼铁炒钢技术的普及、钢铁退火的娴熟运用等这些都将中国古代热处理技术推进到鼎盛时期,使古代的中国技艺盛极一时。

不难发现,热处理的发明无论是对过去还是现代生产生活都影响深远,这项工艺演变作为中华文化在我国的历史发展中源远流长。党的二十大报告强调,“必须坚定历史自信、文化自信”“不断提升国家文化软实力和中华文化影响力”,中华文化扎实之根脉、醇厚之积淀,滋养着中华民族在新的历史条件下的新创造、新发展,给我们的文化自信打下了最深厚的历史根基。作为新时代的大学生,我们要准确把握中华文明的历史脉络,传承弘扬中华优秀传统文化的丰富内涵,充分展示中华优秀传统文化的永恒魅力,做到与时俱进、卓越创新,利用自身智慧发挥当代价值。

复习思考题

1. 过冷奥氏体的等温转变产物有哪几种？它们的形成条件、组织形态和性能特点如何？
2. 试述影响 C 曲线形状和位置的主要因素。
3. 马氏体的硬度主要取决于什么？说明马氏体具有高硬度的原因。

第3篇 常用机械工程材料

第6章 合金钢

6.1 概述

6.1.1 合金钢的概念

为了提高钢的机械性能,改善钢的工艺性能和得到某些特殊的物理化学性能,有意在冶炼过程中加入到钢中的元素,叫做合金元素。除了基本元素铁碳以外,尚含有这些“有意”加入的合金元素的钢,叫做合金钢。

6.1.2 合金元素与杂质元素

不管加入的元素是具有非金属性质的Si,B,还是具有金属性质的Cr,Ni等;不论在常温常压下是固态的Mn,W,还是气态的N;也不管加入量是多达20% ~30%的Cr,Ni,还是只有1% ~2%的Mn,Si,甚至只有0.005%的B,只要是"有意"加入的,能起到改变钢的组织和获得所需性能这种作用,都属于合金元素。在以后的叙述中,以符号"Me"来表示。

一般加入钢中的合金元素有:Cr,Mn,Si,Ni,W,Mo,Nb,Zr,Co,Al,Cu,N,B等。近年来,稀土元素也在合金钢中得到了应用。

凡是"无意"混入钢中,使钢的组织和性能有不良影响的元素,称之为杂质元素。如一般钢中的S,P等。

不过区别合金元素与杂质元素的根本区别在于"有意加入",还是"无意混入"。例如在大多数情况下S,P是有害的杂质元素,对它们的含量需严格控制。但是在易切削钢中,为了提高切削加工性,又特意增加硫的含量,所以硫在易切削钢中,则是合金元素了。同样的,在耐大气腐蚀特种钢中,增加磷的含量,此时磷元素也属于合金元素。

6.1.3 合金钢的分类及编号

合金钢种类繁多,为了便于管理、研究和选用,必须对合金钢进行分类和编号。

(1)合金钢的分类

1)按化学成分来分类

低合金钢——合金元素总含量在3%以下;

中合金钢——合金元素总含量在3% ~5%之间;

高合金钢——合金元素总含量在5.5%以上。

合金钢还常以所含的合金元素来命名,如含锰的叫锰钢,含硅锰的叫硅锰钢等等。

2)按用途分类

按钢材的用途可分为结构钢、工具钢、特殊性能钢三大类。

结构钢用作工程结构和各种机器零件。其中机器结构钢包括渗碳钢、调质钢、弹簧钢及滚动轴承钢。

工具钢用于制造各种工具,按工具用途不同,可分为刃具钢、模具钢与量具钢。

特殊性能钢是具有特殊物理、化学性能的钢,可分为不锈钢、耐热钢、耐磨钢、磁钢等。

(2)钢的编号

钢的编号应能反映钢的主要特点,如化学成分、质量、关键性能指标等。此外钢号要求简明、通俗易懂。

我国钢的编号方法,是根据1963年12月批准的国家标准"GB 221—63"。以后随生产发展和科技进步,对标准进行了修正和改变,但与原标准有差别和联系。

现根据国家标准,简要地介绍我国合金钢的编号原则。

随着我国加入WTO,国际交流增多,为了便于查找,并将国内常用钢号近似对照举例,作为附录Ⅱ刊于书末。

1)用汉字相应汉语拼音的第一个字母表示钢的种类、用途、冶炼方法及质量。如第一个字母发生重复则采用第二个字母。常用的字母参看表6.1。

表6.1 钢号中汉语拼音字母应用举例

字母	汉字	汉语拼音	代表的钢种	应用举例	备 注
T	碳	TAN	碳素工具钢	T10	
G	滚	GUN	滚动轴承钢	GSiMnV	我国新钢种
A	高	GAO	高级优质钢	T12A	用GAO的第二个字母
F	沸	FEI	沸腾钢	10F	
Y	易	Yi	易切削钢	Y12	含碳平均为0.12%

2)用数字表示钢的平均含碳量。不同类型的钢,含碳量表示方法不同。

结构钢是用含碳量的万分之几来表示,如45钢,其含碳量为0.45%;

合金工具钢和特殊钢用含碳量的千分之几来表示,如9Mn2V,其含碳量为0.9%。当平均含碳量等于或大于1.0%时,则钢号中表示含碳量的数字可以省略。

3)用汉字或国际化学符号表示。化学元素常用合金元素,如表6.2所示。合金元素平均含量用数字表示,取其整数写在合金元素后面,单位为百分之一,如Cr12表示含铬量为12%。

表6.2 常用合金元素的化学符号

元素名称	化学符号	元素名称	化学符号	元素名称	化学符号
碳	G	钨	W	铅	Pb
磷	P	钒	V	铝	Al
硫	S	钛	Ti	硼	B
硅	Si	铌	Nb	氮	N
锰	Mn	镍	Ni	稀土	Re
铬	Cr	钴	Co		
钼	Mo	铜	Cu		

除上述基本原则外,编号也有特殊情况,如滚动轴承钢中的含铬量,单位是千分之一(0.1%)而不是百分之一(1%),GCr15,表示含铬量为1.5%。又如Cr12MoV中含碳量高达1.45%~1.70%等等。

为了正确选材并进行热处理,以便为国家节约资金和钢材,我们必须掌握钢的分类和编号。对于钢的编号要向"五会"方面努力,即:会读;会对它进行分类;会分析钢的平均含碳量;会估计合金元素的大致含量;会分析这种钢的大致用途和热处理。

合金钢是在碳素钢的基础上加入合金元素发展起来的,要研究合金元素对钢中基本相(如铁素体、奥氏体、碳化物等)、相图以及对钢热处理相变过程的影响。

6.2 合金元素在钢中的作用

6.2.1 合金元素对钢中基本相的影响

(1)形成合金铁素体

几乎所有合金元素都可或多或少地溶入铁素体中,形成合金铁素体。其中原子直径很小的合金元素(如N,B等),与铁形成间隙固溶体;原子直径较大的合金元素(如Mn,Ni,Co等)与铁形成置换固溶体。

合金元素溶入铁素体后,使铁素体晶格畸变,产生固溶强化,即使铁素体的强度、硬度增加而塑性、韧性有所下降,如图6.1所示。

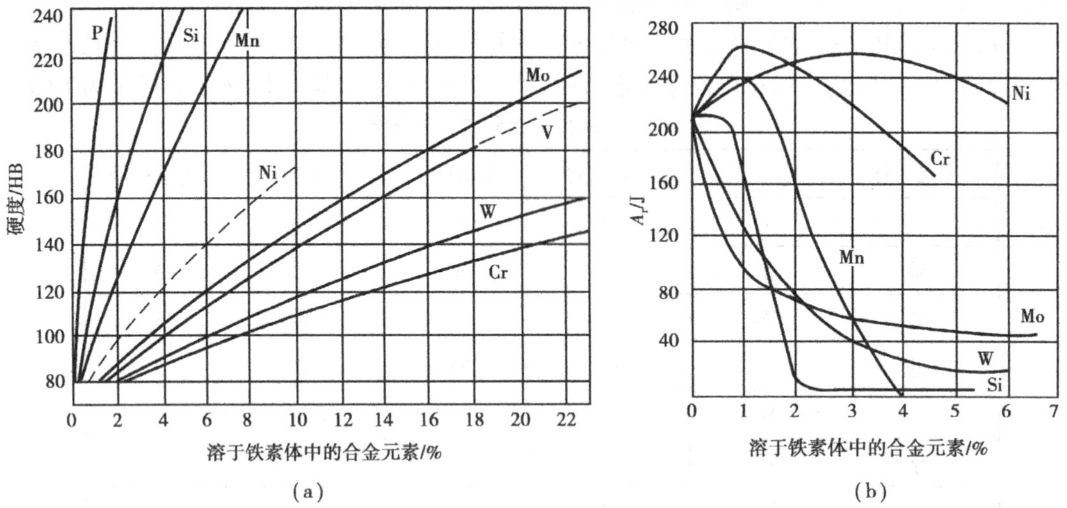

图6.1 合金元素对铁素体性能的影响(退火状态)
(a)对硬度的影响 (b)对韧性的影响

由图可知,w(Si)<1%,w(Cr)<1.5%时,强度、硬度升高,且韧性不降低。Cr,Ni含量在一定范围内(w(Cr)<2%,w(Ni)<5%),在强度、硬度增加的同时,铁素体的韧性也提高。因此,Cr和Ni是合金钢中的优良元素。

对于大多数结构钢,在退火、正火、调质状态下,铁素体是钢中的主要基本相,所以,当合金元素在铁素体中含量适当时,一般即可使钢得到强化,且不降低韧性。

(2)形成合金碳化物

1)合金渗碳体

它是合金元素溶入渗碳体(置换其中铁原子)所形成的化合物。它仍具有渗碳体的复杂晶体结构,但铁与合金元素的比例可变,两者的总和与碳之比则固定不变。

合金元素溶入渗碳体,增加了Fe与C的亲和力,从而提高了其稳定性。稳定性较高的合金渗碳体较难溶于奥氏体,从而阻碍了加热时奥氏体晶粒长大。

2）特殊碳化物

它的晶体结构与渗碳体完全不同。

特殊碳化物，特别是间隙相碳化物比合金渗碳体具有更高的熔点、硬度与耐磨性，并且更为稳定，不易分解。随着这些碳化物数量增加，钢的强度、硬度增加，耐磨性提高，但塑性和韧性则下降。

6.2.2　合金元素对 $Fe\text{-}Fe_3C$ 相图的影响

合金元素加入钢中会使 $Fe\text{-}Fe_3C$ 相图发生变化（合金钢相图实际上为空间立体图形），比较复杂。为了使问题简化，仅讨论合金元素对 $Fe\text{-}Fe_3C$ 相图中 γ 相区（奥氏体区）的范围及 *E*，*S* 点位置的影响。因为它影响合金钢的平衡组织及热处理时的相变。

（1）对 *S*，*E* 点位置的影响

加入合金元素后，如果 *S*，*E* 点左移，则含碳量相同的碳钢与合金钢的组织不同。例如含碳量为 0.4% 以下的碳钢应具有亚共析钢的组织，但在加入 14% 铬的合金钢中，因 *S* 点左移，含碳量 <0.4% 的合金钢已是过共析钢组织了。

E 点左移，则使钢中可能出现莱氏体，称之为莱氏体钢。例如，高速钢中因含有大量的 W，Cr 等合金元素，即使含碳量仅为 0.8%，组织中也出现莱氏体。

一般合金钢中，合金元素虽然不多，但 *S*，*E* 点均会不同程度地左移。因此，在退火状态下，其组织中珠光体数量比相同含碳量的碳钢多，所以强度也较碳钢高。

（2）对相区的影响

在钢中加入 Mn，Ni，N 等元素后，使 γ 相区扩大，当其含量达一定量时，则 γ 相区可以扩大到室温以下，因此它在室温下的平衡组织是单相奥氏体，称这类钢为奥氏体钢，如图 6.2 所示。

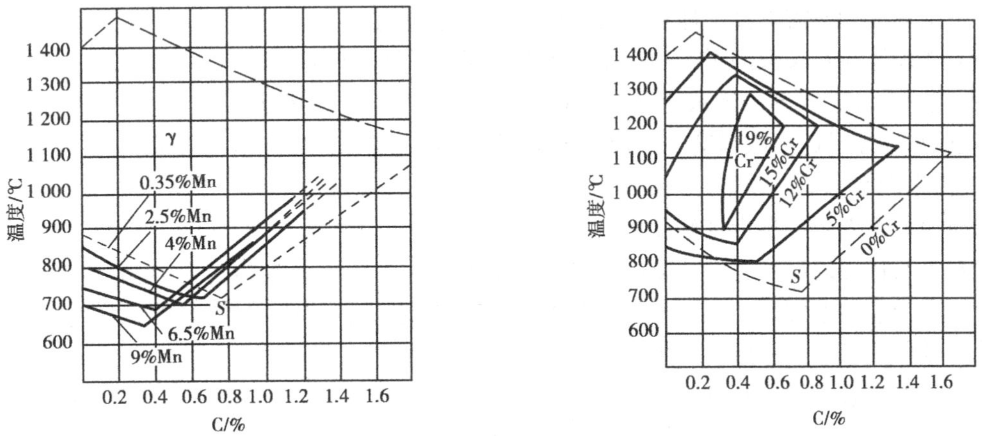

（a）　（b）

图 6.2　合金元素对 γ 相区的影响

（a）Mn 对 $Fe\text{-}Fe_3C$ 相图的影响　（b）Cr 对 $Fe\text{-}Fe_3C$ 相图的影响

若在钢中加入 Cr，V，W，Mo，Ti，Si 等元素，则使 γ 相区缩小，当达到一定含量，γ 相可能消失，此时钢在室温下的平衡组织是单相铁素体，称这类钢为铁素体钢。这些单相组织的合金，一般都是不锈钢或耐热钢，如图 6.2（b）所示。

由图6.2可知，γ相区的扩大或缩小，使临界点A_3和A_1发生变化。缩小γ区的元素使A_3点升高；扩大γ区的元素使A_3点下降。因而合金钢的热处理温度与碳钢有所不同，不能直接用$Fe\text{-}Fe_3C$相图来确定。除Ni和Mn以外，大多数合金元素都使A_1，A_3升高，因此热处理温度高于同一含碳量的碳钢。

6.2.3 合金元素对钢热处理的影响

(1)合金元素对钢中扩散过程的影响

钢在热处理时的相变过程，除奥氏体向马氏体转变外，大多数是扩散型转变，即有铁、碳原子的扩散，其过程与原子扩散速度有关。合金元素对扩散过程的影响如下。

①与碳亲和力较大形成碳化物的合金元素，提高了碳在固溶体（铁素体、奥氏体、马氏体）中的结合力，使碳的扩散速度减慢，碳化物不易析出，析出后也难于聚集长大。但非碳化物形成元素（除硅外）则有增加碳扩散速度的作用。

②合金元素均能增加铁原子间结合力，使铁的自扩散速度下降。

③合金元素自身在固溶体中的扩散速度也比碳的扩散速度低得多。

因此，在其他条件相同时，合金钢扩散相变过程比碳钢缓慢，因而合金钢热处理时具有一些特点。

(2)合金元素对钢热处理的影响

1)合金元素对钢加热转变的影响

①对奥氏体化过程的影响　合金钢的奥氏体化过程与碳钢相同，既包括奥氏体的形核与长大、碳化物的溶解以及奥氏体均匀化3个阶段，也是扩散型相变。由于绝大多数合金元素都降低了扩散速度，所以合金元素减缓了奥氏体化的过程。

为了得到比较均匀的，含有足够数量合金元素的奥氏体，充分发挥合金元素的有益作用，所以合金钢热处理时需更高的加热温度与较长的保温时间。

②对奥氏体晶粒长大的影响　合金元素除锰外，绝大多数阻碍奥氏体晶粒长大。这是合金元素分别与C，N，O，S等形成化物（如VC，AlN，MnS等），以弥散相的质点分布在奥氏体晶界上，阻碍晶界原子的扩散移动。因此合金钢不易产生过热，对于合金钢渗碳后，有可能直接淬火，提高生产率。

2)合金元素对过冷奥氏体转变的影响

①对等温转变的影响　过冷奥氏体等温转变包括珠光体和贝氏体转变，它们均属于扩散型转变。因合金元素（除Co外）溶入奥氏体后，可降低原子扩散速度，使奥氏体稳定性增加，从而使C曲线右移，增加钢的淬透性。

有的合金元素不仅使C曲线右移，而且使C曲线的形状也发生改变，使得珠光体转变与贝氏体转变之间又出现一个奥氏体稳定区域，如图6.3所示。

这里必须指出的是，合金元素必须溶入奥氏体后才使C曲线右移，使淬透性增加。否则反而使奥氏体加速分解，促进等温转变进行。

合金钢淬透性好，对生产是有利的，因为可以用冷却能力较弱的介质进行淬火，以减少工件变形与开裂倾向；其次可增大淬透层深度，以获得较高的沿截面均匀的机械性能；还有某些淬透性特别高的合金钢，在空气中可形成马氏体（空冷淬火），这类钢称为马氏体钢。不过应注意马氏体钢退火处理较困难。

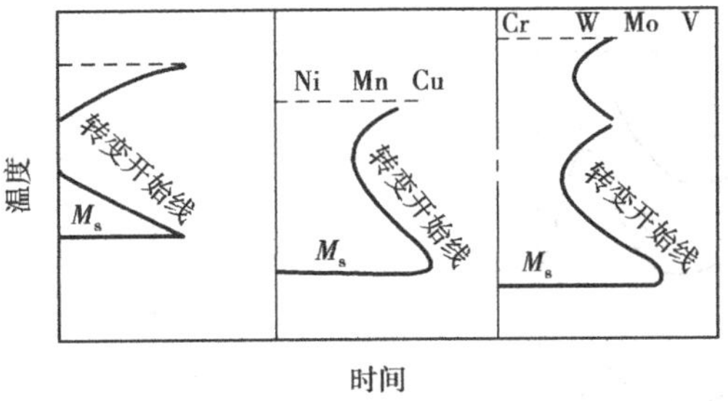

图6.3　合金元素对C曲线的影响

(a)碳钢的C曲线　(b)加入不形成碳化物元素后的C曲线

(c)加入形成碳化物元素后的C曲线(图中省略了转变终了曲线)

②对马氏体转变的影响　合金元素(除Co,Al外)溶入奥氏体后,使马氏体转变温度M_s,M_f降低,其中Mn,Cr,Ni作用较强,如图6.4所示。

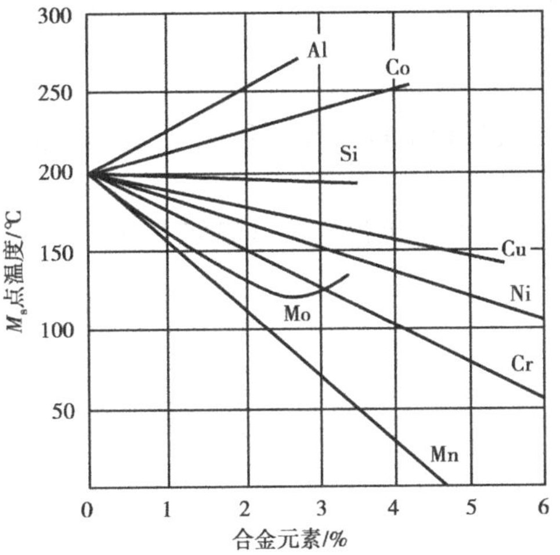

图6.4　合金元素对M_f点影响

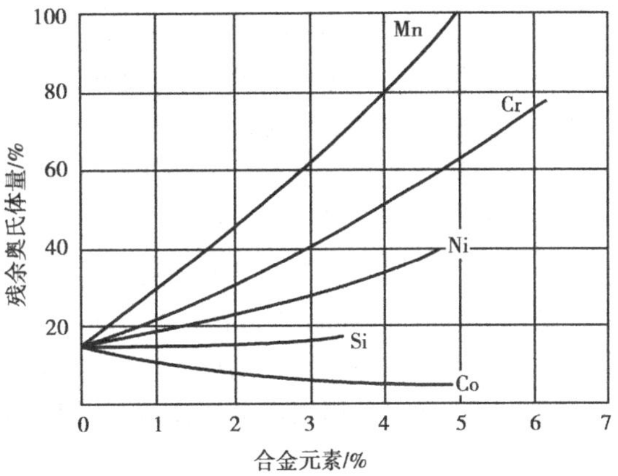

图6.5　合金元素对残余奥氏体的影响数量

由于M_s降低,淬火后钢中残余奥氏体较多,如图6.5所示。淬火钢中残余奥氏体量的多少,会影响钢的硬度、变形和尺寸稳定性,因此要采取措施适当控制残余奥氏体的数量。

③合金元素对淬火钢回火转变的影响　合金元素对淬火钢回火转变与碳钢相同,包括马氏体的分解,残余奥氏体的转变,碳化物的形成、转变与聚集长大以及铁素体的再结晶,都是扩散型转变,因而合金元素都起阻碍作用。

A. 提高淬火钢的回火稳定性(耐回火性)　淬火钢在回火时,抵抗软化(强度、硬度下降)的能力称为回火稳定性。

由于合金元素提高了淬火钢的回火稳定性,使得合金钢在相同的回火温度时,其强度和硬度比同样含碳量碳钢更高;或者获得相同强度和硬度时,合金钢的回火温度要比相同含碳量碳钢高,而使钢的韧性更好,如图6.6所示。

B. 某些合金钢在回火时产生二次硬化现象　一些含Mo,W,V等较高的合金钢在回火时,随着回火度升高,硬度不单纯降低,反而到某一温度范围时硬度增高,硬度比淬火后还高,称之二次硬化现象。

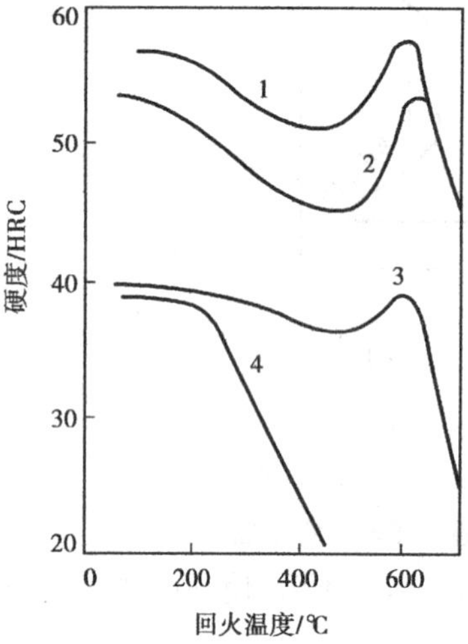

图 6.6　合金元素对钢回火硬度的影响

1— 0.43% C,5.6% Mo　2— 0.32% C,1.36% V

3— 0.11% C,2.14% Mo　4— 0.10% C

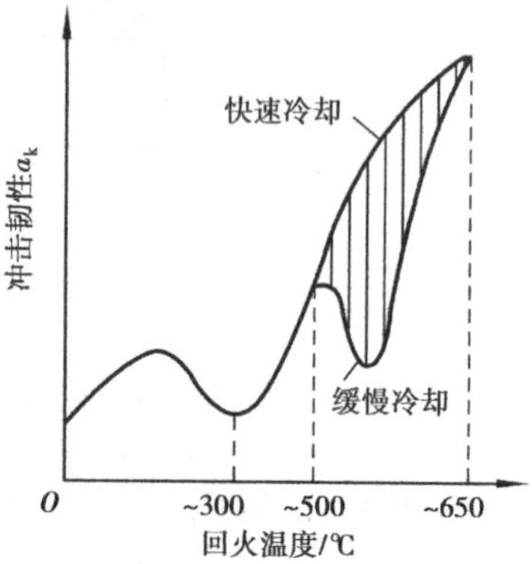

图 6.7　回火对合金钢冲击韧性的影响(示意图)

二次硬化的原因主要有两个,一是残余奥氏体在回火过程中转变为马氏体,二是马氏体在回火时析出高弥散度的特殊碳化物。

C. 产生第二类回火脆性　在含 Cr,Ni,Mn,Si 等元素的合金钢淬火后高温回火时,若缓慢冷却会产生高温回火脆性,如图 6.7 所示。

防止第二类回火脆性的主要措施有:

提高钢的纯度,降低钢中杂质元素的含量。

加入适量对脆性具有抑制作用的元素,如 Mo 和 W。

回火加热保温后用水或油快速冷却,抑制杂质元素偏聚。

6.3　合金结构钢

在工业生产中,凡用于制造机器零件及各种工程结构(如屋架、桥梁、电视塔、钻井架、起重机械构架等)的钢都称为结构钢。合金结构钢是在碳素结构钢的基础上,适当加入一种或几种合金元素而制成。

根据其用途,合金结构可分为工程结构钢和机械结构钢。通常用于制造工程构件的是低合金结构,机械结构钢则包括渗碳钢、调质钢、弹簧钢、易切削钢和滚动轴承钢等。

6.3.1　工程结构钢

在工程结构钢中最常用的是低合金结构钢。普通低合金钢,是在普通低碳钢(一般 $w(C) \leqslant 0.2\%$)的基础上加入少量合金元素(总量不超过 3%)而制成。不过其强度却比相同含碳量的碳素钢要高得多,它属低合金钢的一种。

普通低合金钢一般以热轧制成各种型材、板材、管材等供应，使用时一般不进行热处理而直接使用。

(1)普通低合金钢的性能特点

1)具有较高的强度　由于少量合金元素的加入，既强化了铁素体，又使组织细化，使钢的强度提高，可达到300～400 MPa。

2)具有良好的耐蚀性　因钢中含有Cu，P，Ti等，故合金钢具有良好的耐大气、海水、潮湿气体的腐蚀，使船舶、化工容器及工程结构有较长的使用寿命。

3)具有良好的低温韧性　低合金钢的脆性转变温度约在零下40 ℃左右，因而适宜制作在寒冷地区使用的构件。

4)焊接性和冷冲压性　低合金钢有良好的焊接性，因该类钢不仅含碳量低，且合金元素含量少，故塑性好，不易在焊缝区产生淬火组织及裂纹。另外由于钢中含有Ti，Nb，V等合金元素，可抑制焊缝区的晶粒长大，使其有良好的焊接性。

低合金钢的冷冲压性比普通碳素钢稍差，主要表现为：回弹力较大；对模具磨损也较大；还有些钢种性能有明显的方向性。

(2)普通低合金钢中合金元素的作用

1)强化铁素体　合金元素Mn，P，Cu，Si等溶入铁素体，产生固溶强化，使其强度提高。

2)细化晶粒　钢中加入Ti，V，Nb，Al等合金元素，可细化晶粒，提高钢的强度和韧性，降低脆性转变温度。

3)第二相质点的弥散强化　合金元素Nb，Ti，Mo，W，V，N等，在钢中形成弥散分布的碳化物、氮化物或金属间化合物，产生弥散强化作用，提高钢的强度。

4)提高耐蚀性　加入含量<0.5%的Cu或含量为0.06%～0.12%的P可提高钢的抗大气、海水的腐蚀能力。

(3)常用低合金钢

常用低合金高强度钢的化学成分和用途见表6.3。低合金高强度钢新、旧标准牌号对照见表6.4。

表6.3　低合金高强度结构钢的化学成分
(GB/T 1591—2018)和用途

牌号	质量等级	化学成分 w/%								用途
		C ≤	Mn	Si ≤	P ≤	S ≤	V	Nb	Ti	
Q295	A	0.16	0.80～1.50	0.55	0.045	0.045	0.02～0.15	0.015～0.060	0.02～0.20	油罐、车辆、桥梁梁柱、容器
	B	0.16	0.80～1.50	0.55	0.040	0.040	0.02～0.15	0.015～0.060	0.02～0.20	
Q345	A	0.20	1.00～1.60	0.55	0.045	0.045	0.02～0.15	0.015～0.060	0.02～0.20	桥梁、船舶、车辆压力容器、大型钢结构、起重机械
	B	0.20	1.00～1.60	0.55	0.040	0.040	0.02～0.15	0.015～0.060	0.02～0.20	
	C	0.20	1.00～1.60	0.55	0.035	0.035	0.02～0.15	0.015～0.060	0.02～0.20	
	D	0.18	1.00～1.60	0.55	0.030	0.030	0.02～0.15	0.015～0.060	0.02～0.20	
	E	0.18	1.00～1.60	0.55	0.025	0.025	0.02～0.15	0.015～0.060	0.02～0.20	

续表

牌号	质量等级	化学成分 w/%								用　途
		C ≤	Mn	Si ≤	P ≤	S ≤	V	Nb	Ti	
Q390	A	0.20	1.00～1.60	0.55	0.045	0.045	0.02～0.20	0.015～0.060	0.02～0.20	桥梁、船舶、车辆压力容器、大型钢结构、电站设备
	B	0.20	1.00～1.60	0.55	0.040	0.040	0.02～0.20	0.015～0.060	0.02～0.20	
	C	0.20	1.00～1.60	0.55	0.035	0.035	0.02～0.20	0.015～0.060	0.02～0.20	
	D	0.20	1.00～1.60	0.55	0.030	0.030	0.02～0.20	0.015～0.060	0.02～0.20	
	E	0.20	1.00～1.60	0.55	0.025	0.025	0.02～0.20	0.015～0.060	0.02～0.20	
Q420	A	0.20	1.00～1.70	0.55	0.045	0.045	0.02～0.20	0.015～0.060	0.02～0.20	大型船舶、大桥、高压容器、大型焊接结构
	B	0.20	1.00～1.70	0.55	0.040	0.040	0.02～0.20	0.015～0.060	0.02～0.20	
	C	0.20	1.00～1.70	0.55	0.035	0.035	0.02～0.20	0.015～0.060	0.02～0.20	
	D	0.20	1.00～1.70	0.55	0.030	0.030	0.02～0.20	0.015～0.060	0.02～0.20	
	E	0.20	1.00～1.70	0.55	0.025	0.025	0.02～0.20	0.015～0.060	0.02～0.20	
Q460	C	0.20	1.00～1.70	0.55	0.035	0.035	0.02～0.20	0.015～0.060	0.02～0.20	高压容器、大型焊接结构、厚壁容器
	D	0.20	1.00～1.70	0.55	0.030	0.030	0.02～0.20	0.015～0.060	0.02～0.20	
	E	0.20	1.00～1.70	0.55	0.025	0.025	0.02～0.20	0.015～0.060	0.02～0.20	

表 6.4　低合金高强度钢新、旧标准牌号对照表

GB/T 1591—2018	GB/T 1591—2018
Q295	09MnV,09MnNb,09Mn2,12Mn
Q345	12MnV,14MnNb,16Mn,16MnRE,18Nb
Q390	15MnV,15MnTi,16MnNb
Q420	15MnVN,14MnVTiRE
Q460	14MnMoV,18MnMoNb

6.3.2　机械结构用合金钢

(1)合金渗碳钢

用于制造渗碳零件的钢称为渗碳钢,主要用于制造表面受强烈磨损,并承受动载荷的零件(如变速齿轮、齿轮轴、活塞销等)。这类零件要求表面具有高硬度,中心具有较高的韧性和足够的强度。

1)渗碳钢的化学成分　一般来说,若钢的含碳量低,则其韧性高,故渗碳钢的含碳量为0.10%～0.25%。为提高渗碳钢的强度,合金渗碳钢中通常加入的合金元素有Cr(<2%),Ni(<4%),Mn(<2%),B(<0.004%),以强化铁素体和增加淬透性,使大尺寸零件的心部具

有较高的力学性能。有的为了细化晶粒，还加入合金元素 W，Mo，V，Ti 等。

2）合金渗碳钢的热处理及组织　渗碳钢的预先热处理一般宜用正火，以消除锻造过程的内应力，调正硬度，改善切削加工性。

为了保证渗碳钢表层具有高硬度、耐磨性，工件渗碳后都要进行淬火和低温回火，其后表层的最终组织为高碳回火马氏体+碳化物，心部的最终组织为低碳回火马氏体。

3）常用渗碳钢的牌号、化学成分、热处理性能及用途见表6.5。

（2）**合金调质钢**

合金调质钢用于制造在重载作用下同时又受冲击载荷的一些零件（如轴类、齿轮、连杆等），要求零件具有高强度、高韧性相结合的良好综合力学性能。通过调质处理来达到所需力学性能的要求，因此称为调质钢。

1）调质钢的化学成分　调质钢的含碳量一般在0.25%～0.5%。含碳量过低，不易淬硬，回火后硬度不足；含碳量过高，则韧性不足。通常若零件对塑性、韧性要求较高，则用含碳量<0.4%的调质钢；若零件对强度、硬度要求较高，则采用含碳量>0.4%的调质钢。为了提高合金调质钢的淬透性，主加合金元素是 Mn，Si，Cr，Ni，B 等，这些合金元素除 B 外，均显著强化铁素体，提高钢的屈强比，并在一定含量范围内还能提高钢的韧性。

为了细化晶粒，提高回火抗力，合金调质钢中还加入 W，Mo，Ti，V 等，其中 W 和 Mo 能起防止第二类回火脆性的作用。

合金调质钢中，由于合金元素的加入，提高了钢的淬透性，使奥氏体稳定性增强，因此合金调质钢可在油中淬火，减少了零件的变形和开裂。

2）合金调质钢的热处理及组织　调质钢制作的零件在热加工（铸造或锻造）成型后，为消除应力及不正常组织，提高钢的切削加工性，一般应进行预先热处理。对含碳量及合金元素含量均较少的低淬透性调质钢，其预热处理采用正火；对含碳量及合金元素含量较高的中、高淬透性调质钢，预先热处理通常采用退火。

调质件经粗加工后，通常进行调质处理，即淬火后高温回火。某些调质零件，其局部（如轴类件的轴颈，齿轮的轮齿等）表层要求具有高硬度和耐磨性，则调质处理后，进行局部淬火及低温回火。

合金调质钢经调质处理后得到的组织是回火索氏体。有时根据需要，调质钢在淬火以后进行中、低温回火，则其金相组织为回火屈氏体、回火马氏体，它们比回火索氏体组织具有较高的强度，但冲击韧性较低。

表 6.5　常用渗碳钢的牌号、成分、热处理性能及用途举例

类别	钢　号	主要化学成分 w/%							热处理/℃				力学性能(不小于)					毛坯尺寸/mm	用　途
		C	Mn	Si	Cr	Ni	V	其他	渗碳	设备处理	淬火	回火	σ_b/MPa	σ_s/MPa	δ/%	ψ/%	α_k/(kJ·m^{-2})		
低淬透性	15	0.12~0.19	0.35~0.65	0.17~0.37					930	890±10 空	770~800 水	200	≥500	≥300	15	≥55		<30	活塞销等
	20Mn2	0.17~0.24	1.40~1.80	0.20~0.40					930	850~870	770~800 油	200	820	600	10	47	600	25	小齿轮、小轴、活塞销等
	20Cr	0.17~0.24	0.50~0.80	0.20~0.40	0.70~1.00				930	880 水,油	800 水,油	200	850	550	10	40	600	15	齿轮、小轴、活塞销等
	20MnV	0.17~0.24	1.30~1.60	0.20~0.40			0.07~0.12		930		880 水,油	200	800	600	10	40	700	15	同上,也用作锅炉、高压容器管道等
	20CrV	0.17~0.24	0.50~0.80	0.20~0.40	0.80~1.10		0.10~0.20		930	880	800 水,油	200	850	600	12	45	700	15	齿轮、小轴、顶杆、活塞销、耐热垫圈
中淬透性	20CrMn	0.17~0.24	0.90~1.20	0.20~0.40	0.90~1.20				930		850 油	200	950	750	10	45	600	15	齿轮、轴、蜗杆、活塞销、摩擦轮
	20CrMnTi	0.17~0.24	0.80~1.10	0.20~0.40	1.00~1.30			Ti0.06~0.12	930	830 油	860 油	200	1 100	850	10	45	700	15	汽车、拖拉机上的变速箱齿轮
	20Mn2TiB	0.17~0.24	0.50~1.80	0.20~0.40				Ti0.06~0.12 B0.001~0.004	930		860 油	200	1 150	950	10	45	700	15	代 20CrMnTi
	20SiMnVB	0.17~0.24	1.30~1.60	1.50~0.80			0.07~0.12	B0.001~0.004	930	850~880 油	780~800 油	200	≥1 200	≥1 000	≥10	≥45	≥700	15	代 20CrMnTi
高淬透性	18Cr2Ni4WA	0.13~0.19	0.30~0.60	0.20~0.40	1.35~1.65	4.00~4.50		W0.80~1.20	930	950 空	850 空	200	1 200	850	10	45	1 000	15	大型渗碳齿轮和轴类件
	20Cr2Ni4A	0.17~0.24	0.30~0.60	0.20~0.40	1.25~1.75	3.25~3.75			930	880 油	780 油	200	1 200	1 100	10	45	800	15	同上
	15CrMn2SiMo	0.13~0.19	2.0~2.40	0.4~0.7	0.4~0.7			Mo0.4~0.5	930	880~920 空	860 油	200	1 200	900	10	45	800	15	大型渗碳齿轮

3)常用合金调质钢　常用合金调质钢的牌号、性能特点及用途举例见表6.6。

合金调质钢按淬透性可分为3类。

①低淬透性调质钢　油淬临界淬透直径为20～40 mm，如40Cr，40MnB，35SiMn等。

②中淬透性调质钢　油淬临界淬透直径为20～60 mm，如30CrMnSi，35CrMo，38CrMoAl等。

③高淬透性调质钢　油淬临界淬透直径为60～100 mm，如40CrNiMoA，37CrNi3，25CrNi4WA等。

表6.6　调质钢的性能特点及用途

钢　号	淬透性		性能特点	用途举例
	淬透性值	油淬临界直径/mm		
45	$J\frac{43}{1.5\sim3.5}$	<5～20（水淬）	小截面零件调质后具有较高的综合力学性能。水淬有时开裂，形状复杂零件可水冷淬	制造齿轮、轴，压缩机、泵的运动零件等
42M$_n$2V	$J\frac{46}{9}$	约25	强度比40Mn2高，接近40CrNi	制造小截面的高负荷重要零件，如螺栓、轴、进气阀等。可用作表面淬火零件代40Cr或45Cr，表面淬火后硬度和耐磨性较好
40M$_n$VB	$J\frac{44}{9\sim22}$	25～67	综合力学性能较40Cr好	可代40Cr或部分代42CrMo与40CrNi制重要的调质零件，如柴油机汽缸头螺柱、组合曲轴连接螺钉、机床齿轮花键轴等
40Cr	$J\frac{44}{7\sim17}$	18～48	强度比碳钢高约20%，疲劳强度较高	制造重要的调质零件，如齿轮、轴、套筒、连杆螺钉、螺栓、进气阀等，可进行表面淬火及碳氮共渗
40CrMn	$J\frac{44}{8\sim16}$	20～47	淬透性比40Cr好，强度高，在某些用途中可以和42CrMo，40CrNi互换，制较大调质件回火脆性倾向较大	制造在高速与高弯曲负荷下工作的轴，连杆，以及在高速高负荷（无强力冲击负荷）下的齿轮轴、齿轮、水泵转子，离合器、小轴等
40CrNi	$J\frac{44}{10\sim32}$	28～90	具有高强度，高韧性，淬透性好，有回火脆性倾向	制造截面较大，受载荷较重的零件，如曲轴、连杆、齿轮轴、螺栓等
42CrMo	$J\frac{46}{13\sim42}$	39～120	强度、淬透性比35CrMo更高	制造较35CrMo强度更高或截面更大的调质零件，如机车牵引用的大齿轮，增压器传动齿轮、后轴、受负荷很大的连杆

续表

钢　号	淬透性		性能特点	用途举例
	淬透性值	油淬临界直径/mm		
35CrMo	$J\frac{42}{11\sim32}$	31 ~ 90	强度高，韧性高，淬透性好，在 500 ℃ 以下具有高的高温强度	制造在高负荷下工作的重要结构零件，特别是受冲击、震动、弯曲、扭转负荷的零件，如车轴、发动机、传动机件、汽轮发电机主轴、叶轮紧固零件、连杆、在 480 ℃以下工作的螺栓
30CrMnSi	$J\frac{40}{16}$	约 45	断面小于或等于 25 mm 的零件最好采用等温淬火，得到下贝氏体组织，使强度与塑性得到良好配合，使韧性大大提高，而且变形最小。一般在调质或低温回火后使用	制造重要用途零件，在震动负荷下工作的焊接件和铆接件，如高压鼓风机叶片、阀板、高速负荷砂轮轴、齿轮、链轮、紧固件、轴套等，还用于制造温度不高而要求耐磨的零件
37CrNi3		约 200	具有高的强度、冲击韧性及淬透性	制造重要零件，如轴、齿轮等
40CrNiMo	$J\frac{44}{7.5\sim29}$	21 ~ 85	一般情况回火脆性不敏感，大截面零件回火后应油冷，冲击韧性不致降低；具有良好的室温及低温冲击韧性（-70 ℃时，$A_k=48$ J）	制造要求塑性好，强度高，重要的和较大截面的零件，如中间轴半轴、曲轴、联轴器等
40CrMnMo	$J\frac{44}{15\sim45}$	43 ~ 150	40CrNiMo 的代用钢材	制造重要负荷的轴、偏心轴、齿轮轴、齿轮、连杆及汽轮机零件等

注：1. 表中淬透性值用 $J\frac{HRC}{d}$ 表示，d 为端淬时半马氏体至末端距离。

2. 油淬临界直径指油淬后心部能获得 50% M 的最大直径。

（3）合金弹簧钢

弹簧钢就是指用于制作各种弹簧的钢。

弹簧依靠其工作时产生的弹性变形，在各种机械中起缓和冲击、吸收振动的作用，也可利用其储存能量，使机件完成规定的动作。因此要求制作弹簧的材料具有高的弹性极限，以保证弹簧具有所需的弹性变形能力，在承受大载荷时不产生过大塑性变形。为了适合弹簧的工况条件，弹簧钢还必须具有高的抗拉强度、高的屈强比及高的疲劳强度。由于工艺的需要，弹簧钢还要有较好淬透性和低的脱碳敏感性。

1）弹簧钢的化学成分　碳素弹簧钢一般含碳量为 0.6% ~ 0.9%，以保证得到高的弹性极限与疲劳极限。由于合金元素使 S 点左移，故合金弹簧钢的含碳量可减至 0.45% ~ 0.7%。

在合金弹簧钢中，主要加入淬透性的合金元素 Mn（<1.3%），Si（<3%），Cr（<1.0%）

等，以使弹簧零件淬火时整个截面都淬透，使回火后获得均匀的回火屈氏体，整个截面性能也均匀一致。为了细化晶粒，减少脱碳和过热倾向，提高回火稳定性，合金弹簧钢中还加入少量的 Mo，W，V 等合金元素。

2）弹簧钢的热处理　由于弹簧尺寸的不同，其成型工艺与热处理方法也有所不同。

①热成型弹簧的热处理　当所用弹簧钢丝直径或弹簧钢板厚度大于 10 mm 时，一般采用热成型。通常可在淬火加热时进行成型。不过淬火加热温度比平常淬火高 50 ~ 80 ℃，成型后立即淬火。但必须注意防止弹簧在高温下加热时脱碳和晶粒粗大。淬火后弹簧的回火温度可根据工件性能要求及材料的化学成分选择在 350 ~ 520 ℃进行中温回火。回火后获得回火屈氏体，具有高的弹性极限与疲劳极限，硬度为 38 ~ 50HRC。

弹簧在生产过程中，其表面往往产生划痕、裂纹、氧化、脱碳等缺陷，这些缺陷会产生应力集中而成为疲劳源，显著降低疲劳极限。为了提高表面质量，减少或消除表面缺陷，对于要求高的弹簧，在热处理后进行喷气处理。

②冷成型弹簧的热处理　当弹簧尺寸较小时（弹簧直径小于 10 mm），常用冷拉弹簧丝冷绕而成。

根据冷拉弹簧钢丝的制造工艺不同，其成型前后的热处理也不一样。

A. 铅浴等温淬火冷拉钢丝　其生产工艺的主要特点是钢丝在冷拉过程中，经过一道 500 ~ 550 ℃快速等温淬火的工序，得到索氏体组织，然后多次冷拔至所需直径。这类钢丝具有很高的强度，还有较高的塑性。用这种钢丝冷卷成的弹簧，只需进行一次 200 ~ 300 ℃的去应力定型处理（又称回火），以消除内应力，稳定弹簧形态、尺寸，不须再经淬火、回火处理。

B. 油淬回火钢丝　它是冷拔到所需尺寸后进行油淬回火处理的钢丝。这类钢丝与前一类钢丝相比，虽抗拉强度较低，但性能较均匀一致，抗拉强度波动范围小。这类钢丝冷卷成弹簧后，也只须进行去应力回火，不须再经淬火、回火处理。

C. 退火状态供应的弹簧钢丝　它是冷拔后经软化退火过的钢丝。这类钢丝冷卷成弹簧后，和热成型弹簧一样，需进行淬火、回火处理。

③常用弹簧钢　常用弹簧钢的牌号、成分、热处理、力学性能及用途见表 6.7。

表 6.7　常用弹簧钢的牌号、成分、热处理、力学性能及用途

种类	牌号	化学成分 w/%						热处理		力学性能（不小于）				用途举例
		C	Si	Mn	Cr	V	其他	淬火/℃	回火/℃	σ_s/MPa	σ_b/MPa	δ_{10}/%	ψ/%	
碳钢	65	0.62 ~ 0.70	0.17 ~ 0.37	0.50 ~ 0.80	—	—	—	840 油	500	800	1 000	9	35	小于 ϕ12 mm 的一般机器上的弹簧，或拉成钢丝作小型机械弹簧
	85	0.82 ~ 0.90	0.17 ~ 0.37	0.50 ~ 0.80	—	—	—	820 油	480	1 000	1 150	6	30	同上

续表

种类	牌号	化学成分 w/%						热处理		力学性能(不小于)				用途举例
		C	Si	Mn	Cr	V	其他	淬火/℃	回火/℃	σ_s/MPa	σ_b/MPa	δ_{10}/%	ψ/%	
合金弹簧钢	65 Mn	0.62 ~ 0.70	0.17 ~ 0.37	0.90 ~ 1.20	—	—	—	830 油	540	800	1 000	8	30	同上
	55Si2Mn	0.52 ~ 0.60	1.50 ~ 2.00	0.60 ~ 0.90	—	—	—	870 水、油	480	1 200	1 300	6	30	ϕ20 ~ 25 mm 弹簧,工作温度低于 230 ℃
	60Si2Mn	0.56 ~ 0.64	1.50 ~ 2.00	0.60 ~ 0.90	—	—	—	870 油	480	1 200	1 300	5	25	ϕ20 ~ 30 mm 弹簧,工作温度低于 230 ℃
	50CrVA	0.46 ~ 0.54	0.17 ~ 0.37	0.50 ~ 0.80	0.80 ~ 1.10	0.10 ~ 0.20	—	850 油	500	150	1 300	10(δ_5)	40	ϕ30 ~ 50 mm 弹簧,工作温度低于 210 ℃的气阀弹簧
	60 Si2CrVA	0.56 ~ 0.64	1.40 ~ 1.80	0.40 ~ 0.70	0.90 ~ 1.20	0.10 ~ 0.20	—	850 油	410	1 700	1 900	6(δ_5)	20	ϕ < 50 mm 弹簧,工作温度低于 250 ℃
	55 SiMnMoV	0.52 ~ 0.60	0.90 ~ 1.20	1.00 ~ 1.30	—	0.08 ~ 0.15	Mo 0.20 ~ 0.30	880 油	550	1 300	1 400	6	30	ϕ < 75 mm 弹簧,重型汽车、越野汽车大截面板簧

(4)**滚动轴承钢**

滚动轴承钢,是指制造各类滚动轴承内、外圈以及滚动体(滚珠、滚柱、滚针等)的专用钢。

滚动轴承工作时,内套和滚珠发生转动和滚动,内套的任何一部分及每个滚珠会周期性地进入载荷带,如图 6.8 所示。所受载荷的大小由零升到最大值,再由最大值降为零。因此,滚动体及内外套都在交变接触应力下工作,且它们间接触面积很小,接触处应力很高,易使轴承中的工作表面产生磨损和疲劳破坏。所以,用于制造滚动轴承的钢材必须具有高的抗压强度与疲劳极限,高的硬度,耐磨性以及一定的韧性。

1)滚动轴承钢的化学成分　目前最常用的是铬轴承钢(占 90% 左右),其含碳量为 0.95% ~1.15%,属过共析钢,能保证轴承具有高的强度、硬度和耐磨性。

主要合金元素为 Cr(<1.65%),以提高淬透性,又使钢材热处理后组织中的细小均匀分布的合金渗碳体$(Fe,Cr)_3C$,提高钢的强度、接触疲劳极限和耐磨性。铬含量也不宜过高(> 1.65%),否则会增加淬火后残余奥氏体量,使碳化物分布不均匀。用于制造大型轴承的钢,还会加 Si,Mn 等元素,以进一步提高其淬透性。

铬轴承钢对杂质元素 S,P 的含量限制极严($W(S) < 0.020\%$,$W(P) < 0.007\%$),因为它

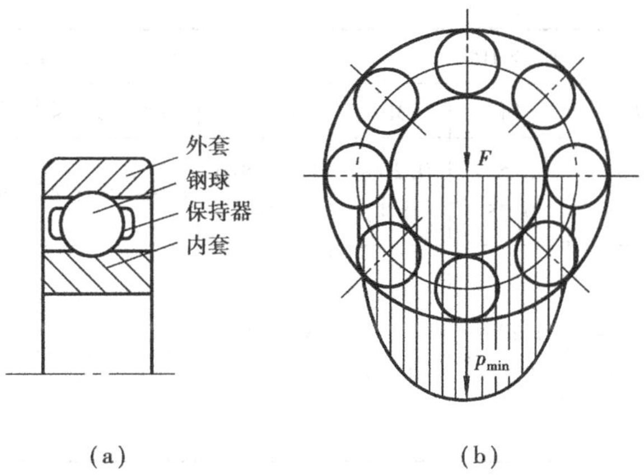

图6.8　滚动轴承及受力情况分析
(a)滚动轴承　(b)受力情况示意图

们形成的非金属夹杂物，会显著降低接触疲劳极限。

2)滚动轴承钢的热处理　轴承钢的热处理包括预先热处理(球化退火)及最终热处理(淬火与低温回火)。

①球化退火　球化退火的目的是降低锻造后的硬度以便于切削加工，并为淬火作好组织准备。

球化退火常采用等温球化退火，其工艺一般是：在780～810 ℃加热保温后，较快地降至710～720 ℃等温2～4 h，然后缓慢冷却至650 ℃左右，出炉空冷。

球化退火后组织为球状珠光体，硬度低于210HBS。

②淬火、回火　GCr15钢淬火温度一般用830 ℃ ±10 ℃，淬火后的组织为马氏体+未熔碳化物+残余奥氏体，其硬度可高达63～66HRC。

通常采用低温回火，回火温度为150～170 ℃，得到的组织为极细的回火马氏体+分布均匀的碳化物+少量的残余奥氏体，其硬度为61～65HRC。

对于精密轴承零件，磨削加工后还进行低温时效处理。

3)常用滚动轴承钢　常用滚动轴承钢的牌号、化学成分、热处理及用途见表6.8。

表6.8　常用滚动轴承钢的牌号、化学成分、热处理及用途

牌　号	化学成分 $w_{Me}\times100$				热处理		回火后硬度 HRC	用途举例
	C	Cr	Si	Mn	淬火/℃	回火/℃		
GCr6	1.05～1.15	0.40～0.70	0.15～0.35	0.20～0.40	800～820 水、油	150～170	62～64	直径<10 mm的滚珠、滚柱及滚针
GCr9	1.00～1.10	0.90～1.20	0.15～0.35	0.20～0.40	810～830 水、油	150～170	62～64	直径<20 mm的滚珠、滚柱及滚针
GCr9SiMn	1.00～1.10	0.90～1.20	0.40～0.70	0.90～1.20	810～830 水、油	150～160	62～64	壁厚<12 mm、外径<250 mm的套圈；直径为25～50 mm的钢球；直径<22 mm的滚子

续表

牌　号	化学成分 $w_{Me} \times 100$				热处理		回火后硬度 HRC	用途举例
	C	Cr	Si	Mn	淬火/℃	回火/℃		
GCr15	0.95 ~ 1.05	1.30 ~ 1.65	0.15 ~ 0.35	0.20 ~ 0.40	820 ~ 846 油	150 ~ 160	62 ~ 64	与 GCr9SiMn 同
GCr15SiMn	0.95 ~ 1.05	1.30 ~ 1.65	0.40 ~ 0.65	0.90 ~ 1.20	820 ~ 840 油	150 ~ 170	62 ~ 64	壁厚≥12 mm、外径 > 250 mm 的套圈;直径 >50 mm 的钢球;直径 > 22 mm 的滚子

(5)**易切削钢**

钢的切削加工性的高低代表材料被切削的难易程度。因材料的切削过程比较复杂,且切削方法很多,故难以用单一参数来评定,一般按刀具寿命、切削抗力大小、加工表面粗糙度和切削排除难易程度来衡量,且以上各项参数的重要程度需根据不同切削加工方法而不同。如对粗车来说,因切削量较大,刀具寿命是主要的;而对精车而言,表面粗糙度最为关键。又如数控车床加工,从工作效率及安全生产考虑,则切削形态就十分重要。

在钢中加入某一种或几种合金元素,使其切削加工性能优良,这种钢称为易切削钢。这类钢主要用于自动切削机床的切削加工。

1)易切削钢的化学成分　一般加入易切削钢的合金元素有 S(0.08% ~0.35%),Pb(0.10% ~0.25%),P(0.05% ~0.15%)和微量的 Ca 等。

硫　易切削钢中的含硫量为0.26% ~0.35%。硫主要以 MnS 夹杂物微粒的形式分布于钢中,并沿轧制方向排列成纤维组织,它能中断钢基体的连续性,使钢被切削时形成易断的切屑,既降低切削抗力,又容易排屑。MnS 的硬度及摩擦系数低,可减少刀具磨损,并使切屑不粘在刀刃上,这都有利于降低零件的表面粗糙度。但硫过多则降低钢的机械性能,故硫应控制在一定的范围内,并应相应地增加钢中含锰量。

磷　磷能固溶于铁素体,提高强度、硬度,降低塑性、韧性,使切屑易断与排除,并降低被加工工件表面粗糙度。不过其作用较弱,很少单独作用,磷含量不宜过多。

铅　铅在常温下不固溶于铁素体,而呈孤立细小的铅颗粒(约 3 μm),均匀分布于钢中,同样,铅能中断钢基体的连续性,并有减磨作用,对改善切削性极为有利。但铅易产生比重偏析,并在 327 ℃就熔化,使钢的机械性能变坏。

钙　钙(0.001% ~0.005%)在高速切削时能形成钙铝硅酸盐,附在刀具上,防止刀具磨损,并生成具有润滑作用的保护膜,使刀具寿命显著延长。

2)常用易切削钢　常用易切削钢的牌号、成分、力学性能及用途见表 6.9。

表6.9　常用易切削钢的牌号、成分、性能及用途

牌　号	化学成分/%						力学性能(热轧)				用途举例
	C	Mn	Si	S	P	其他	σ_b/MPa	δ_5/% ≥	ψ/% ≥	HBS ≤	
Y12	0.08～0.16	0.60～1.00	≤0.35	0.10～0.20	0.05～0.15		390～540	22	36	170	在自动机床上加工的一般标准紧固件,如螺栓、螺母销。Y15碳的质量分数高,切削性更好
Y15	0.10～0.18	0.70～1.10	≤0.20	0.23～0.33	0.05～0.10		390～540	22	36	170	
Y20	0.15～0.25	0.60～0.90	0.15～0.35	0.08～0.15	≤0.06		450～600	20	30	175	强度要求稍高、形状复杂、不易加工零件,如纺织机、计算机上的零件及各种标准紧固件
Y30	0.25～0.35	0.60～0.90	0.15～0.35	0.08～0.15	≤0.06		510～655	15	25	187	
Y40Mn	0.35～0.45	1.02～1.55	0.15～0.35	0.20～0.30	≤0.05		590～735	14	20	207	受较高应力、要求表面粗糙度小的机床丝杠、光杠、螺栓及自行车、缝纫机零件
T10Pb	0.95～1.05	0.40～0.60	0.15～0.30	0.035～0.045	≤0.30	Pb 0.15～0.25	—	—	—	—	精密仪器小零件,要求一定硬度、耐磨的零件,如手表、照相机、齿轮轴
Y45Ca	0.42～0.50	0.60～0.90	0.20～0.40	0.04～0.08	≤0.04	Ca 0.002～0.006	600～745	12	26	241	经热处理的齿轮轴

6.4　合金工具钢

工具钢是指制造各种刃具、模具、量具的钢,相应地称为刃具钢、模具钢和量具钢。工具钢按成分分碳素工具钢和合金工具钢,碳素工具钢在前面已讲述,本节主要介绍合金工具钢。

大多数工具都要求具有高硬度与高耐磨性。因此工具钢与结构钢的最大区别是:工具钢(除热作模具钢外)含碳量较高,大多属于过共析钢;合金元素的作用除提高淬透性外,主要作用是提高钢的硬度与耐磨性,故常采用能形成特殊碳化物(或合金渗碳体)的元素,如Cr,W,

Mo,V 等,以保证淬火与低温回火后有较高的硬度。此外,为了改善其塑性变形能力与减少淬火产生裂纹的倾向,工具钢对杂质元素含量要严格控制。

6.4.1 刃具钢

(1)刃具钢的工况条件及性能要求

刃具钢的工作条件较差,在切削时刃具实际工作部分只是刃部的一个局部区域。刃部区域在切削时受到很大的压力,并承受强烈的摩擦和磨损,因切削发热刃部区域的温度可达800 ℃以上。图6.9 所示为车刀刃在没有冷却条件下的温度分布情况。刃具在切削时还承受相当大的冲击载荷,因此刃具钢应具有以下基本性能。

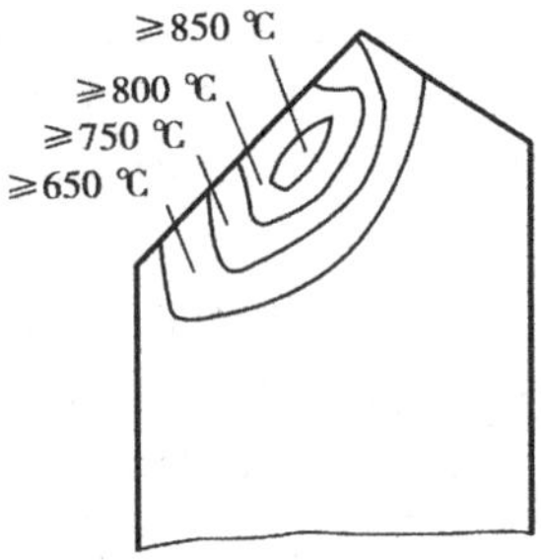

图6.9　车刀刃在没有冷却条件下的温度分布情况

1)高的硬度与耐磨性　刃具要能够进行切削,要求刃具刃部的硬度比被加工材料硬度高得多。而淬火钢的硬度主要取决于含碳量。因此,刃具钢含碳量高达0.65% ~1.5%。考虑到耐磨性不仅与钢的硬度有关,而且与钢中碳化物性质、数量、大小及分布有关。一般硬度愈高,耐磨性愈好,如硬度由62 ~63HRC 降至60HRC 时,耐磨性降低25% ~30%。但如果硬度基本相同,若在马氏体基体上分布有适量的、均匀细小的碳化物(尤其是特殊碳化物),则比单一马氏体具有更高的耐磨性。

2)高的红硬性　红硬性是指刃刃在高温下保持高硬度(大于60HRC)的能力。这也是刃具能够进行切削所必需的。红硬性主要与钢的回火稳定有关。

3)足够的强度与韧性　这种特性可避免刃具在复杂切削力的作用下及冲击震动时发生脆断或崩刃。

(2)常用刃具钢

制造刃具的刃具钢有碳素工具钢、低合金钢及高速钢。

1)低合金刃具钢　低合金刃具钢是在碳素工具钢基础上加入少量合金元素发展起来的,它属于低合金钢,主要用于作切削用量不大的、形状复杂的刃具,其工作温度一般低于300 ℃,如搓丝板、丝锥、板牙等。低合金刃具钢也可以作冷作模具和量具。

①化学成分　低合金刃具钢的含碳量为0.75% ~1.5%,以保证让钢淬火后具有高硬度(>62HRC),并可形成一定数量的合金碳化物,增加耐磨性。

加入的合金元素有Cr,Mn,Si,W,V 等,其总含量小于5%。其作用主要有提高淬透性及回火稳定性,强化基体,细化晶粒等。

②常用的低合金刃具钢　常用的低合金刃具钢的牌号、成分、热处理及用途见表6.10。

表6.10 常用的低合金刃具钢的牌号、成分、热处理及用途

牌 号	$w_{Me}\times 100$					热处理及硬度				用途举例
	C	Mn	Si	Cr	其他	淬火/℃	淬火后HRC	回火/℃	回火后HRC	
Gr06	1.30~1.45	≤0.40	≤0.40	0.50~0.70	—	800~810水	63~65	160~180	62~64	锉刀、刮刀、刻刀、刀片
Gr2	0.95~1.10	≤0.40	≤0.40	1.30~1.65	—	830~860油	≥62	150~170	61~63	锉刀、刮刀、刻刀、刀片
9SiCr	0.85~0.95	0.30~0.60	1.20~1.60	0.95~1.25	—	860~880油	≥62	180~200	60~62	丝锥、板牙、钻头、铰刀
CrWMn	0.90~1.05	0.80~1.10	0.15~0.35	0.90~1.20	W1.20~1.60	800~830油	≥62	140~160	62~65	拉刀、长丝锥、长铰刀
9Mn2V	0.85~0.95	1.70~2.00	≤0.40	—	V0.10~0.25	780~810油	>62	150~200	60~62	丝锥、板牙、锉刀
GrW5	1.25~150	≤0.40	≤0.40	0.40~0.70	W4.50~5.50	800~850水	65~66	160~180	64~65	低速切削硬金属刃具，如铣刀、车刀

③低合金刃具钢的热处理与碳素工具钢基本相同。刃具的毛坯锻压后的预先热处理采用球化退火，机械加工后的最终热处理采用淬火、低温回火。

由于合金元素的加入，低合金刃具钢的导热性较差，因此对形状复杂或截面较大的刃具，淬火加热是为了减少高温停留时间，应在600~650 ℃进行预热。选择淬火加热温度时，应使碳化物不完全溶解，以阻止奥氏体晶粒的长大，使钢具有较高的耐磨性。但也不宜过低，否则会使碳化物溶入奥氏体太少，从而降低淬透性，因此，淬火温度应根据工具形状、尺寸及性能要求选定，并严格控制，以达到质量要求。淬火冷却时，由于过冷奥氏体较稳定，一般可采用油淬、分级淬火或等温淬火。低合金刃具经球化退火及淬火、低温回火后，组织应为细马氏体、粒状碳化物及少量的残余奥氏体，一般硬度为60~65HRC。

2）高速钢　高速钢是一种高合金工具钢，钢中含量有W，Mo，Cr，V等合金元素，其总量大于10%。高速钢经过适热处理，它的红硬性可达600 ℃，切削时能长期保持刃口锋利，因此又称锋钢。它能经比低合金工具钢更高的切削速度进行切削，所谓高速钢，即由此而得名。

常用高速钢的牌号、成分、热处理和用途见表6.11。

①高速钢的成分特点

A. 含碳量高　高速钢的含碳量一般为0.7%~1.65%。高的含碳量一方面是保证钢淬得马氏体后有高的硬度；另一方面与强碳化物形成元素生成极硬的合金碳化物，使钢的耐磨性和热硬性大为增加。含碳量也不宜过高，否则易产生严重的碳化物偏析，会降低钢的塑性和韧性。因此，高速钢的含碳量应与合金元素的含量相适应。

B. 主要合金元素及其作用

a. 钨(或钼)　钨(或钼)能使钢回火时产生二次硬化,以保证高的红硬性,钨在高速钢中形成很稳定的碳化物。淬火加热时,碳化物一部分溶于奥氏体,淬火后即形成含有大量钨(及其他合金元素)的马氏体。这种合金马氏体具有很高的回火稳定性,并在 560 ℃左右析出弥散的特殊碳化物,造成二次硬化,使高速钢具有高的红硬性。还可提高高速钢的耐磨性。

表 6.11　常用高速钢的牌号、成分、热处理和用途

种类		牌　号	$w_{Me}\times 100$						热处理温度/℃			硬度		用　途
			C	W	Mo	Cr	V	其他	退火	淬火	回火	退火后(HBS)	回火后(HRC)	
通用型高速钢	钨高速钢	W18Cr4V	0.70 ~ 0.80	17.50 ~ 19.00	≤0.03	3.80 ~ 4.40	1.00 ~ 1.40		860 ~ 880	1 260 ~ 1 300	550 ~ 570	207 ~ 255	63 ~ 66	车刀、刨刀、钻头、铣刀等,用于一般高速切削
		9W18Cr4V	0.90 ~ 1.00	17.50 ~ 19.00	≤0.03	3.80 ~ 4.40	1.00 ~ 1.40		860 ~ 880	1 260 ~ 1 280	570 ~ 580	241 ~ 269	67.5	
		W14Cr-4VMnRE	0.80 ~ 0.90	13.50 ~ 15.00	≤0.03	3.50 ~ 4.00	1.10 ~ 1.70	Mn 0.35 ~ 0.55		1 230 ~ 1 250	550 ~ 570		63	
		W12Cr-4V4Mo	1.20 ~ 1.40	11.50 ~ 13.00	0.90 ~ 1.20	3.80 ~ 4.40	3.80 ~ 4.40		840 ~ 860	1 240 ~ 1 270	550 ~ 570	≤262	≤65	只宜制造形状简单刀具或仅需很少磨削的刀具
	钼高速钢	W6Mo5-Cr4V3	1.10 ~ 1.25	5.75 ~ 6.75	4.75 ~ 5.75	3.80 ~ 4.40	2.80 ~ 3.30		840 ~ 885	1 200 ~ 1 240	550 ~ 570	≤255	≤65	制造要求耐磨性和红硬性较高,并有一定韧性形状复杂的刀具,如拉刀、铣刀
		W6Mo5Cr-4V2	0.80 ~ 0.90	5.75 ~ 6.75	4.75 ~ 5.75	3.80 ~ 4.40	1.80 ~ 2.20		840 ~ 860	1 220 ~ 1 240	550 ~ 570	≤241	63 ~ 66	制造要求耐磨和韧性很好配合的高速切削刀具,如丝锥、扭制钻头

续表

种类		牌号	$w_{Me}\times100$						热处理温度/℃			硬度		用途
			C	W	Mo	Cr	V	其他	退火	淬火	回火	退火后(HBS)	回火后(HRC)	
高性能	高速钢	W6Mo5Cr-4V2Co8	0.80~0.90	0.50~6.70	4.80~6.20	3.80~4.40	1.80~2.20	Co 7.00~9.00	870~900	1 200~1 260	540~590	≤269	64~66	用于难加工切削材料,如高温合金、难熔金属、超高温度钢、钛合金和奥氏体不锈钢的刀具,直径在15 mm以上的钻头
高性能	高速钢	W6Mo5Cr-4V2Al	1.10~1.20	5.75~6.75	4.75~5.75	3.80~4.40	1.80~2.20	Al 1.00~1.30	850~870	1 220~1 250	550~570	255~267	67~69	
高性能	高速钢	W10Mo4Cr-4V3Al	1.30~1.40	9.00~10.50	3.50~4.50	3.50~4.50	2.70~3.20	Al 0.70~1.20	845~855	1 230~1 260	540~560	≤260	67~69	

随着钨的增加,钢的红硬性增加,但超过18%时,红硬性增加不明显,但却会造成加工困难。所以高速钢的含钨量不超过18%。

b.铬　铬在高速钢中含量均为4%,它在加热时几乎全部溶于奥氏体,从而明显地提高了钢的淬透性,使高速钢空冷也能形成马氏体。但也不宜过高,否则会使马氏体开始转变点下降,残余奥氏体量增多,从而降低钢的硬度和增加回火次数。

c.钒　钒可提高钢的耐磨性和红硬性,在高速钢中形成硬度极高的碳化物,且颗粒细小,分布均匀,对提高钢的耐磨性起很大作用。溶入奥氏体的钒在回火时以VC析出,产生二次硬化,提高钢的红硬性。钒在高速钢中加入量为1.00%~1.40%。

d.钴　钴能显著提高钢的红硬性和二次硬化加工性。钴在高速钢中含量为7.00%~9.00%。

②高速钢的组织与碳化物偏析　因高速钢中含大量的合金元素,使碳在γ-铁中最大溶解度E点显著左移,虽然其含碳量为0.7%~1.65%,但在高速钢铸态组织中出现了莱氏体,属于莱氏体钢。铸造高速钢的莱氏体中的共晶碳化物呈鱼骨状,如图6.10所示。

鱼骨状的共晶碳化物经过轧钢或锻造,可被破碎而重新分布,但分布仍不均匀,碳化物往往聚集成带状、网状或大块状。图6.11为碳化物呈带状偏析的显微组织。

如果碳化物分布不均匀,会使刀具的强度、硬度、耐磨性、韧性和红硬性均降低,从而使刀具在使用过程中容易崩刃和磨损,使用寿命降低。因此高速钢出厂时,碳化物分布不均匀性要严格控制。粗大而分布不均匀的碳化物不能用热处理来消除的,只能用锻造的方法来改善。应采用较大的锻造比(锻造前后截面积之比),对工件毛坯交替地镦粗与拔长,使碳化物细化并分布均匀。

③高速钢的热处理　高速钢热处理包括锻造后退火及加工后淬火与回火。

A.退火　高速钢的奥氏体稳定性很好,锻造后虽然缓冷,但硬度仍较高,并产生残余应力。为了改善切削加工性,消除残余应力并为最后淬火作组织准备,应进行退火。退火温度为

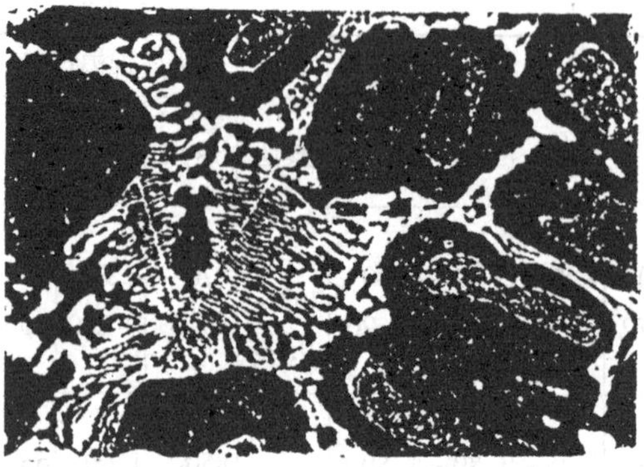

图6.10　高速钢的铸态显微组织(300×)

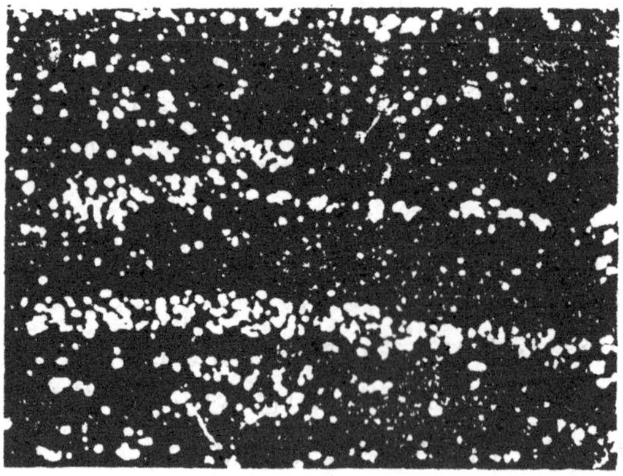

图6.11　高速钢中碳化物呈带状偏析的显微组织(300×)

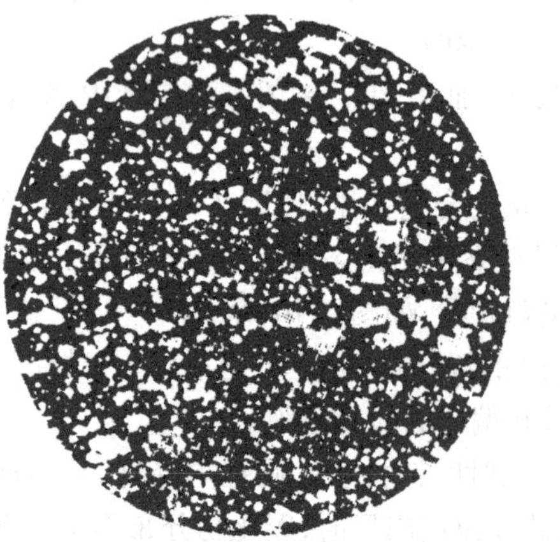

图6.12　W18Cr 4V 退火后的组织(500×)

A_1以上 30～50 ℃(约 860～880 ℃),在此温度下,奥氏体中溶入的合金元素不多,稳定性较小,退火时易转变为较软的组织。为了缩短退火时间,可采用等温退火(在 720～750 ℃等温度),退火后,组织为索氏体及粒状碳化物,如图 6.12 所示,硬度 207～235HBS。

B. 淬火与回火　高速钢刃具所具有的良好性能只有通过正确的淬火与回火后才能获得。高速钢淬火、回火的特点是:淬火温度非常高(1 200～1 300 ℃),淬火后要在 560 ℃多次回火。如 W18Cr4V 其工艺曲线如图 6.13 所示。

高速钢因合金元素 W 的加入,钢的导热性也较差,淬火加热,为减少热应力,防止变形和开裂,不仅加热速度不宜过快,且必须在 800～850 ℃进行预热,待工件表里温度均匀后再升温加热。对截面大、形状复杂的刃具,可在 600～650 ℃与 800～850 ℃二次预热。

淬火加热温度,应使 W,Mo,V 等合金元素尽可能多地溶入奥氏体,以提高钢的红硬性,通

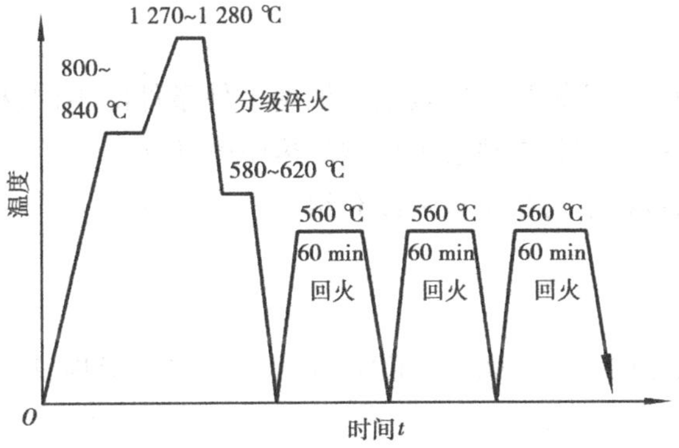

图6.13　W18Cr4V淬火与回火工艺曲线

常加热至1 280 ℃左右。但也不宜过高，否则会使钢过热，奥氏体晶粒粗大，碳化物聚集，使热处理后工具性能变坏，甚至产生过烧而报废。所以高速钢淬火温度一般不超过1 300 ℃。

淬火冷却一般采用盐浴中分级淬火或油冷，空冷虽可形成马氏体，但可能析出碳化物，影响红硬性，并使刃具严重氧化，所以只有小刃具才会采用。

高速钢淬火后组织为隐晶马氏体、粒状碳化物及较多的残余奥氏体。如图6.14所示。因其M_s较低，W18Cr4V淬火后残余量可达20%~25%。

为了消除内应力，减少残余奥氏体含量，稳定组织，达到所需性能。高速钢淬火后必须及时在550~570 ℃进行三次回火。有时，为了减少回火次数，也可以在淬火后，立即进行冷处理(-60~-80 ℃)，然后再进行一次560 ℃回火。

高速钢经正常淬火、回火后，组织应为极细的加火马氏体，较多的粒状碳化物及少量的残余奥氏体(占1%~2%)，如图6.15所示。硬度应为63~66HRC。

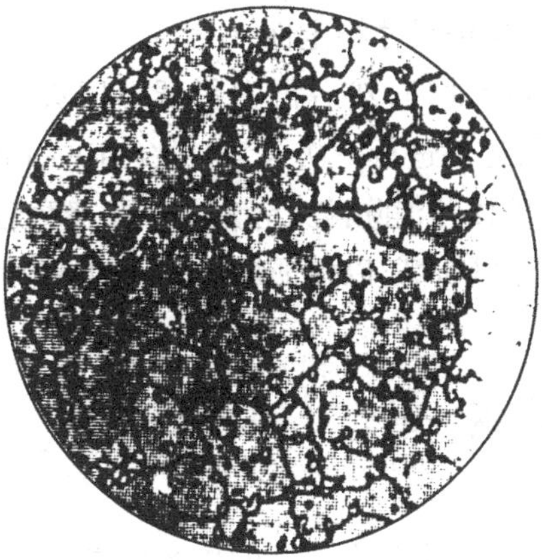

图6.14　W18Cr4V淬火的组织(500×)

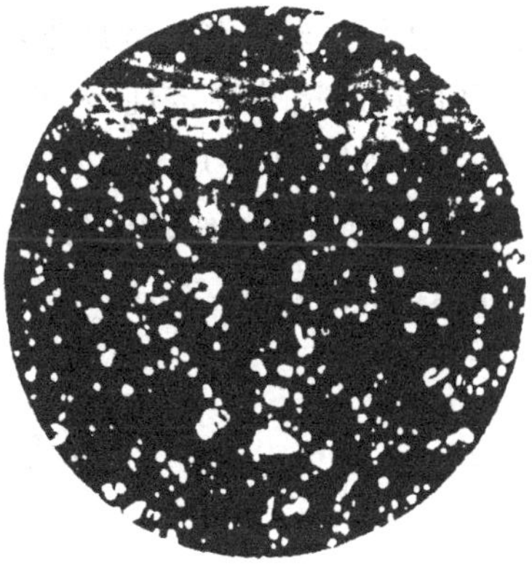

图6.15　W18Cr4V淬火与回火的组织(500×)

为了进一步提高高速钢刃具的切削性能和使用寿命，还可以在淬火、回火后进行某些化学热处理，如软氮化、硫氮共渗、蒸汽处理等，使刃具表层形成高硬度、耐磨性及良好抗咬合性能的化合物层，提高其使用寿命。

6.4.2 模具钢

主要用来制造各种模具的钢称为模具钢。根据工件条件的不同,模具钢又可以分为使金属在冷态下成型的冷作模具钢和在热态下成型的热作模具钢。

有关模具钢的知识将在本书第7章加以介绍。

6.4.3 量具钢

量具是测量工件尺寸的工具(如游标卡尺、千分尺、塞规、卡规、块规、样板等)。主要用于制造量具的钢称为量具钢。

(1)对量具钢的要求

①量具的工作部分应有的硬度(≥62HRC)和耐磨性;

②高的尺寸稳定性;

③有良好的磨削加工性,使量具能达到很低的粗糙度;

④形状复杂的量具还要求淬火变形小。

(2)常用量具钢及其热处理

高精度的精密量具如塞规、块规、样板等常用热处理变形小的合金工具钢(如CrWMn,CrMn,GCr15等)来制造。

精度较低、形状简单的量具如量规、样板等可采用T10A,T12A,9SiCr等钢制造。也常用10,15钢经渗碳热处理,或50,55,60,60Mn,65Mn等钢经高频淬火,制造精度要求不高,但使用频繁,碰撞后不致折断的卡尺、样板、直尺等量具。

量具钢的热处理方法与刃具钢相似,进行球化退火,淬火+低温回火。为了获得较高的硬度和耐磨性,回火温度较低些。量具热处理主要问题是保证尺寸稳定性。

为了提高量具的尺寸稳定性,淬火后应立即进行冷处理,然后再进行低温回火(150~160 ℃)。高精度量具(如块规等)在淬火、低温回火后,还要进行一次人工时效(110~150 ℃,24~36 h),以尽量使淬火组织转变为较稳定的回火马氏体并消除淬火应力。并在精磨后再进行一次人工时效(120 ℃,2~3 h)以消除磨应力,最后才可研磨,以保证量具尺寸的稳定性。

6.5 特殊性能钢

特殊性能钢具有特殊的物理或化学性能,用来制造除要求具有一定的机械性能外,还要求具有特殊性能的零件。其种类很多,机械制造中主要使用不锈耐酸钢、耐热钢、耐磨钢。

6.5.1 不锈耐酸钢

不锈耐酸钢包括不锈钢与耐酸钢。能抵抗大气腐蚀的钢称为不锈钢。而在一些化学介质(如酸类等)中能抵抗腐蚀的钢称为耐酸钢。通常也将这两类钢统称为不锈钢。一般不锈钢不一定耐酸,而耐酸钢则一般都具有良好的耐蚀性能。

(1)**金属腐蚀的概念**

金属表面受到外部介质作用而逐渐破坏的现象称为腐蚀或锈蚀。腐蚀分化学腐蚀与电化学腐蚀两类。金属在干燥气体和非电解质溶液中的腐蚀为化学腐蚀(如金属在高温下产生的氧化)。电化学腐蚀是金属与电解质溶液(酸、碱、盐液)接触时发生的腐蚀,腐蚀过程中有电流产生。

大部分金属的腐蚀是属于电化学腐蚀。当两种电极电位不同的金属互相接触,又有电解质溶液存在时,将形成微电池,使电极电位较高的金属为阴极而不被腐蚀。在同一合金中,也有可能产生电化学腐蚀。例如,钢组织中珠光体是由铁素体和渗碳体两相组成的,铁素体的电极电位比渗碳体低,当有电解质溶液存在时,铁素体成为阳极而被腐蚀。如图6.16所示。

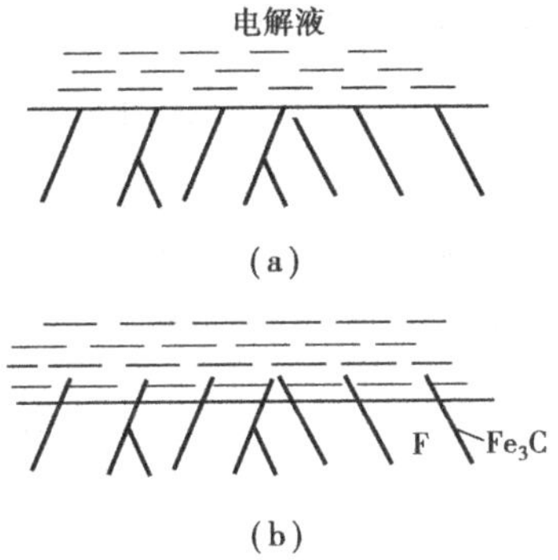

图6.16 片状珠光体电化学腐蚀示意图
(a)腐蚀前 (b)腐蚀后

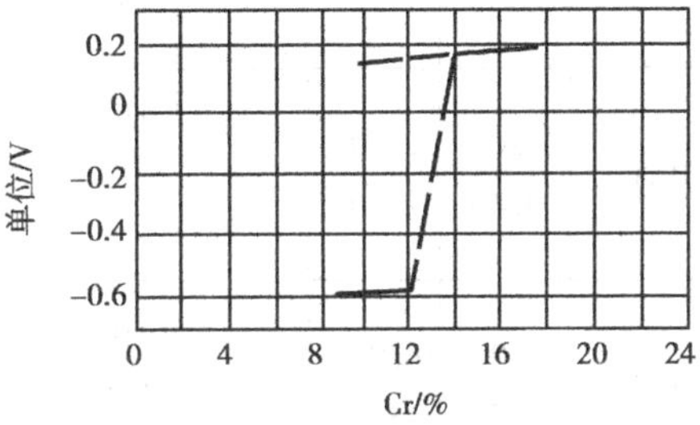

图6.17 铁铬合金电极电位与含铬量的关系

为了提高钢的耐蚀性,主要采取以下措施:

①在钢中加入大量的合金元素(常用铬),使金属表面形成一层致密的氧化膜(又称为钝化膜,如Cr_2O_3等),使钢与外界隔绝而不进一步氧化。

②在钢中加入大量合金元素(如Cr等),使钢基体(铁素体、奥氏体、马氏体)的电极电位提高,从而提高其抵抗电化学腐蚀的能力。如铁素体中溶解11.7%的铬时,其电极电位由-0.56 V提高到+0.2 V,如图6.17所示。

③加入大量铬或铬镍合金元素,使钢能形成单相的铁素体或奥氏体组织。以免形成两相电极电位不同的组织,从而显著提高耐蚀性。加入Mn及N也有类似作用,形成单相组织。

(2)**常用不锈钢**

按化学成分可分为铬不锈钢、镍铬不锈钢、铬锰不锈钢等。按金相组织特点则可分为马氏体不锈钢、铁素体不锈钢及奥氏体-铁素体不锈钢4种类型。

常用不锈钢的牌号、成分、热处理、性能及用途如表6.12所示。

表 6.12　常用不锈钢的牌号、成分、热处理、性能及用途

类别	牌号	化学成分			热处理		力学性能			硬度	用途举例
		$w_C \times 100$	$w_{Cr} \times 100$	$w_{其他} \times 100$	淬火温度/℃	回火温度/℃	$\sigma_{0.2}$/MPa	σ_b/MPa	$\delta \times 100$	HBS/HRC	
马氏体型	1Cr13	≤0.15	11.50～13.50	—	950～1 000 油	700～750 快冷	≥343	≥539	≥25	≥159	汽轮机叶片、水压机阀、螺栓、螺母等抗弱腐蚀介质并承受冲击的零件
马氏体型	2Cr13	0.16～0.25	12.00～14.00	—	920～980 油	600～750 快冷	≥441	≥637	≥20	≥192	汽轮机叶片、水压机阀、螺栓、螺母等抗弱腐蚀介质并承受冲击的零件
马氏体型	3Cr13	0.26～0.40	12.00～14.00	—	920～980 油	600～750 快冷	≥539	≥735	≥12	≥217	作耐磨的零件，如热油泵轴、阀门、刃具
马氏体型	7Cr17	0.60～0.75	16.00～18.00	—	1 010～1 070 油	100～180 快冷	—	—	—	≥54HRC	作轴承、刃具、阀门、量具等
铁素体型	0Cr13Al	≤0.08	11.50～14.50	Al 0.10～0.30	780～830 空冷或缓冷	—	≥177	≥412	≥20	≥183	汽轮机材料，复合钢材，淬火用部件
铁素体型	1Cr17	≤0.12	16.00～18.00	—	780～850 空冷或缓冷	—	≥206	≥451	≥22	≥183	通用钢种，建筑内装饰用，家庭用具等
铁素体型	00Cr30Mo2	≤0.010	28.50～32.00	Mo 1.50～2.50	900～1 050 快冷	—	≥294	≥451	≥20	≥228	C,N 含量极低，耐蚀性很好。制造苛性碱设备及有机酸设备

续表

类别	牌号	化学成分 $w_C \times 100$	$w_{Cr} \times 100$	$w_{其他} \times 100$	热处理 淬火温度 ℃	回火温度 ℃	力学性能 $\sigma_{0.2}$/MPa	σ_b/MPa	$\delta \times 100$	硬度 HBS / HRC	用途举例
奥氏体型	Y1Cr18Ni9	≤0.15	17.00~19.00	P≤0.20 S≤0.15 Ni8.00~10.00	固溶处理 1 010~1 150 快冷	—	≥206	≥520	≥40	≥187	提高切削性、最适用于自动车床，作螺栓、螺母等
	0Cr19Ni9	≤0.08	18.00~20.00	Ni8.00~10.50	固溶处理 1 010~1 150 快冷	—	≥206	≥520	≥40	≥187	作为不锈耐热钢使用最广泛。食用品设备，化工设备，原子能工业用
	0Cr19Ni9N	≤0.08	18.00~20.00	Ni7.00~10.50 N0.10~0.25	固溶处理 1 010~1 150 快冷	—	≥275	≥549	≥35	≥217	在 0Cr19Ni9 中加 N，强度提高，塑性不降低。作结构用强度部件
	0Cr18Ni11-Ti	≤0.08	17.00~19.00	Ni9.00~13.00 Ti≥5×w_C	固溶处理 920~1 150 快冷	—	≥206	≥520	≥40	≥187	作焊芯、抗磁仪表、医疗器械、耐酸容器、输送管道
铁素体、奥氏体型	0Cr26Ni5-Mo2	≤0.08	23.00~28.00	Ni3.00~6.00 Mo1.00~3.00	固溶处理 950~1 100 快冷	—	≥392	≥588	≥18	≥277	耐点蚀性好，高强度，作耐海水腐蚀用件等
	00Cr18Ni5-Mo3Si2	≤0.03	18.00~19.50	Ni4.50~5.50 Mo2.50~3.00 Si1.30~2.00	固溶处理 950~1 050 快冷	—	≥392	≥588	≥20	≤30	作石油化工等工业热交换器或冷凝器等

1)铁素体不锈钢　铁素体不锈钢的成分特点是含碳量较低(<0.15%)，而含铬量较高(12% ~30%)。这类钢为单相铁素体组织，加热时从室温到高温(960 ~1 100 ℃)，其组织均为单相铁素体，所以无法用淬火方法强化。铁素体不锈钢的耐蚀性、塑性、焊接性均优于马氏体不锈钢，但其强度较低，主要用于对力学性能要求不高，而对耐蚀性要求很高的零件及构件，如硝酸的吸收塔、酸槽管路等，也用于高温下抗氧化的材料。常用的有 3 种类型：Cr13 型、Cr17 型及 Cr27-30 型。

2)马氏体不锈钢　马氏体不锈钢中含碳量比铁素体不锈钢高,淬火后能得到马氏体,故称马氏体不锈钢。随着钢中的含碳量的增加,耐蚀性则降低。马氏体不锈钢的耐蚀性、塑性、焊接性均比奥氏体、铁素体不锈钢低,不过它具有较好的力学性能,所以应用广泛。典型马氏体不锈钢有 Cr13 型和 7Cr18 型两种。

3)奥氏体不锈钢　奥氏体不锈钢的成分特点是含碳量很低(<0.1%),含 Cr,Ni 合金元素较多,典型的 18-8 型中含 Cr 为 17% ~19%、含 Ni 为 8% ~11%。由于合金元素含量高,扩大了 γ 区而获得单相奥氏体组织,故具有良好的耐蚀性和耐热性。

为了提高奥氏体不锈钢的性能,可采用固溶处理、稳定化处理及除应力处理等热处理方法。

6.5.2　耐热钢

在航空、航天、火力电站、化工等部门中,许多零件在高温下使用,要求具有耐热性。所谓耐热性,是指材料在高温下兼有抗氧化与高温强度的综合性能。具有良好耐热性的钢称为耐热钢,它包括抗氧化钢与热强钢两类:抗氧化钢是指在高温下有较好抗氧能力,并有一定强度的钢(又称为不起皮钢);热强钢是在高温下有良好抗氧化能力并具有较高的高温强度的钢。

(1)抗氧化钢

这类钢主要用于制造炉用零件和热交换器,如燃气轮机的燃烧室、加热炉炉内结构件等。它们一般都在高温氧化性气氛下服役,所以必须有良好的抗氧化性能。常用抗氧化钢的牌号、成分、热处理、性能及用途见表 6.13。

表 6.13　常用抗氧化钢的牌号、成分、热处理、性能及用途

类别	牌　号	化学成分						热处理	用途举例
		w_C ×100	w_{Mn} ×100	w_{Si} ×100	w_{Ni} ×100	w_{Cr} ×100	$w_{其他}$ ×100		
铁素体钢	2Cr25N	≤0.20	≤1.50	≤1.00	≤0.60	23.00 ~ 27.00	N≤0.25	退火 780 ~ 880 ℃(快冷)	耐高温腐蚀性强,1 082 ℃以下不产生易剥落的氧化皮,用作 1 050 ℃以下炉用构件
	0Cr13Al	≤0.08	≤1.00	≤1.00	≤0.60	11.50 ~ 14.50	Al 0.10 ~ 0.30	退火 780 ~ 830 ℃(空冷)	最高使用温度 900 ℃,制作各种承受应力不大的炉用构件,如喷嘴、退火炉罩、吊挂等

续表

类别	牌号	化学成分						热处理	用途举例
		w_C ×100	w_{Mn} ×100	w_{Si} ×100	w_{Ni} ×100	w_{Cr} ×100	$w_{其他}$ ×100		
奥氏体钢	0Cr25Ni20	≤0.08	≤2.00	≤1.50	19.00 ~ 22.00	24.00 ~ 26.00	—	固溶处理 1 030 ~ 1 180 ℃（快冷）	可作1 035 ℃以下的炉用材料
	1Cr16Ni35	≤0.15	≤2.00	≤1.50	33.00 ~ 37.00	14.00 ~ 17.00	—	固溶处理 1 030 ~ 1 180 ℃（快冷）	抗渗碳、抗渗氮性好，在1 035 ℃以下可反复加热
	3Cr18Mn-12Si2N	0.22 ~ 0.30	10.50 ~ 12.50	1.40 ~ 2.20	—	17.00 ~ 19.00	N0.22 ~ 0.33	固溶处理 1 100 ~ 1 150 ℃（快冷）	最高使用温度1 000 ℃，制作渗碳炉构件、加热炉传送带，料盘等
	2Cr20Mn-9Ni2Si2N	0.17 ~ 0.20	8.50 ~ 11.00	1.80 ~ 2.70	2.00 ~ 3.00	18.00 ~ 21.00	N0.20 ~ 0.30	固溶处理 1 100 ~ 1 150 ℃（快冷）	最高使用温度1 050 ℃，用途同上。还可制造盐浴坩埚，加热炉管道，可代0Cr25Ni20

（2）**热强钢**

热强钢是在应力和高温下工作，所以热强钢不仅要具有良好的抗氧化性，而且应有高温下抵抗塑性变形和断裂的能力，即热强性。

为了提高耐热钢的热强性，一般在钢中加入适量的合金元素Cr，Mo，W，V，Nb等。这些元素溶入固溶体中一方面可产生固溶强化，另一方面又可提高再结晶温度。合金元素W，Mo，V等还会形成特殊碳化物Mo_2C和V_4C_3等，起到沉淀强化的作用。

常用热强钢的牌号、成分、热处理及使用温度见表6.14。

表 6.14　常用热强钢的牌号、成分、热处理及使用温度(摘自 GB 1221—84)

类别	牌　号	化学成分						热处理		最高使用温度/℃	
		w(C)×100	w(Cr)×100	w(Mo)×100	w(Si)×100	w(W)×100	w(其他)×100	淬火温度 ℃	回火温度 ℃	抗氧化	热强性
珠光体钢[①]	15CrMo	0.12 ~ 0.18	0.80 ~ 1.10	0.40 ~ 0.55	—	—		930 ~ 960 (正火)	680 ~ 730	<560	—
	35CrMoV	0.30 ~ 0.38	1.00 ~ 1.30	0.20 ~ 0.30	—	—	V0.10 ~ 0.20	980 ~ 1 020 (正火)	720 ~ 760	<580	—
马氏体钢	1Cr13	0.08 ~ 0.15	12.00 ~ 14.00	—	—	—	—	950 ~ 1 000 油	700 ~ 750 快冷	800	480
	1Cr13Mo	0.16 ~ 0.24	12.00 ~ 14.00	—	—	—	—	970 ~ 1 000 油	650 ~ 750 快冷	800	500
	1Cr11MoV	0.11 ~ 0.18	10.00 ~ 11.50	0.50 ~ 0.70	—	—	V0.25 ~ 0.40	1 050 ~ 1 100 空冷	720 ~ 740 空冷	750	540
	1Cr12WMoV	0.12 ~ 0.18	11.00 ~ 13.00	0.50 ~ 0.70	—	0.70 ~ 1.10	V0.18 ~ 0.30	1 000 ~ 1 050 油	680 ~ 700 空冷	750	580
	4Cr9Si2	0.35 ~ 0.50	8.00 ~ 10.00	—	2.00 ~ 3.00	—	—	1 020 ~ 1 040 油	700 ~ 780 油冷	800	650
	4Cr10Si2Mo	0.35 ~ 0.45	9.00 ~ 10.50	0.70 ~ 0.90	1.90 ~ 2.60	—	—	1 020 ~ 1 040 油、空	720 ~ 760 空冷	850	650
奥氏体钢	0Cr18Ni11Ti[②]	≤0.08	17.00 ~ 19.00	—	≤1.00	—	Ni9.00 ~ 13.00	920 ~ 1 150 快冷	—	850	650
	4Cr14Ni14W2Mo (14-14-2)	0.40 ~ 0.50	13.00 ~ 15.00	0.25 ~ 0.40	≤0.80	2.00 ~ 2.75	Ni 13 ~ 15	1 170 ~ 1 200 固溶处理	—	850	750

①15CrMo,35CrMoV 为 GB 3077—88 牌号(按合金结构钢牌号表示)。

②0Cr18Ni11Ti 中,$w(Ti) \geqslant 5 \times w(C)$,$w(Mn) \leqslant 2\%$。

6.5.3 耐磨钢

耐磨钢是指耐磨损性能强的钢铁材料的总称,耐磨钢是当今耐磨材料中用量最大的一种。在强烈冲击载荷作用下才能发生硬化的高锰钢就属于耐磨钢。

耐磨钢的典型牌号是ZGMn13,它的主要成分为铁、碳和锰,含碳量为1.0% ~1.3%,含锰量为11% ~13%,其余为铁及少量杂质。较高的含碳量是为了提高其耐磨性;锰含量很高,是为了保证热处理后得到单相奥氏体组织。这种钢铸态组织中存在较多的碳化物,故性能较硬而脆。若将钢加热到1 100 ℃时,碳化物全部溶入奥氏体中,水淬后可获得单相奥氏体组织(见图6.18),这种处理称为水韧处理。

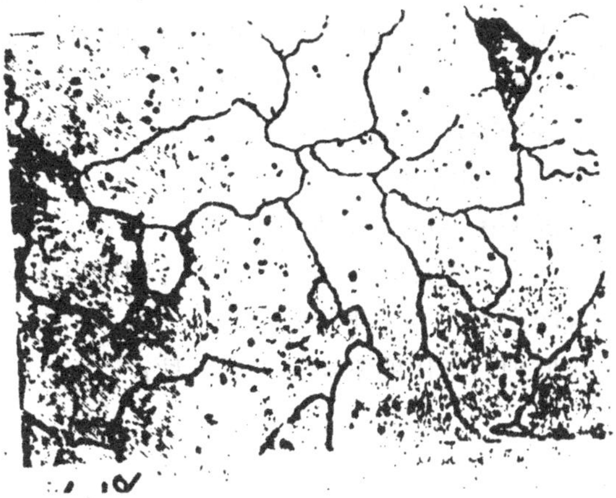

图6.18 ZGMn13水韧处理后的组织(100×)

高锰钢经水韧处理后强度、硬度不高,而塑性、韧性良好,其性能指标为:$\delta_b=637\sim735$ MPa,硬度≤229HBS,$\alpha_k\geq150$ J/cm^2。然而在工作时,如受到强烈的冲击、压力和摩擦,则表面因塑性变形产生强烈的加工硬化,而使表面硬度升高到500 ~550HBS,因而获得很高的耐磨性,而心部仍保持原来奥氏体所具有的高塑性与韧性。当旧表面磨损后,新露出的表面又可在冲击与摩擦作用下,获得新的耐磨层。故这种钢具有很高的抗冲击能力与耐磨性,但在一般受力条件下,它不一定很耐磨。

高锰钢主要用于制造坦克、拖拉机的履带、碎石机颚板、铁轨道岔、挖掘机铲头的斗齿以及防弹钢板、保险箱钢板等。

另外,高锰钢属于非铁磁性材料,也常用于既需耐磨又需抗磁化的零件,如吸料器的电磁铁罩等。

拓展阅读

"百炼成钢"出自汉·陈琳《武军赋》:"铠则东胡阙巩,百炼精刚"。这句话的意思是指铁经过反复锤炼才成为坚韧的钢,比喻人与事物经过长期艰苦的锻炼,变得非常坚强。在职业院校的课堂中,我们常常能够感受到"百炼成钢"的力量。课堂学习当中,每一堂课都是对学生思想的锤炼,每一次思考都是对学生意志的砥砺。

在这个充满知识和智慧的世界里，学生不仅仅要学习专业知识，更要塑造自我意识和道德观念，深刻认识到提升职业技能的重要性，增强探索求知的能力，落实需要学习的内容和具备的职业素养，立志成为一个具有坚定信念和正确价值观的新时代学子。总之，无论是面对挑战还是追求职业理想，我们都要坚定不移地前行，成为“百炼成钢”的强者。

复习思考题

1. 什么是合金元素？合金元素在钢中的作用如何？常用的合金元素有哪些？

2. 哪些元素属碳化物形成元素？碳化物形成元素在钢中的作用如何？

3. 低合金钢的成分、组织特点如何？其主要用途有哪些？

4. 渗碳钢主要用于制造哪些零件？为什么渗碳钢的碳的质量分数均属于低碳钢之范围？20CrMnTi 钢中各合金元素的作用如何？

5. 简述热成型弹簧及冷成型弹簧的热处理特点。

6. 铬轴承钢应采用哪种预先热处理和最终热处理？分别获得什么组织？

7. 什么叫二次硬化？说明产生二次硬化的原因。

8. 简述不锈钢的合金化原理。常用的不锈钢有哪几种？

第7章 模具用钢及其强化处理

7.1 概 述

7.1.1 模具选材与模具强化的重要性

“工欲善其事,必先利其器。”作为各工业部门中重要的成形装备之一的模具,其选材和强化处理是十分重要的。它直接影响模具的工作性能、使用寿命,进而影响产品的质量、生产效率和生产成本。

要提高模具的工作性能和使用寿命,必然涉及到模具的设计、加工制造、使用和维修等方面的诸多因素。其中在模具的加工制造过程中模具的合理选材和模具的强化处理是提高模具性能与寿命的关键。

模具的选材与模具的强化处理是相互关联的,模具强化处理包含着选择合适的模具材料并配合适当的整体或表面强化处理两个方面。本章就这两方面的内容加以分析介绍。

7.1.2 模具材料的分类

可用于制造模具的材料品种繁多,包括各种碳素钢、合金钢、硬质合金、铸铁、有色金属及合金、非金属材料等。

模具材料从不同的角度有不同的分类方法。由于模具钢是制造模具的主要材料,所以以模具钢为基础可将模具材料作如下分类:

- 模具材料
  - 钢铁类模具材料
    - 模具钢
      - 冷作模具钢
      - 热作模具钢
      - 塑料模具钢
    - 铸铁
    - 硬质合金、钢结硬质合金
  - 其他模具材料
    - 有色金属及其合金
    - 非金属材料

7.1.3 模具的强化处理方法

模具的强化方法包括整体强化和表面强化，不同的模具选用不同的整体强化和表面强化工艺。

模具的整体强化包括常规的大家相对熟悉的一般热处理强化工艺和模具的强韧化新工艺等。

模具的表面强化方法种类繁多，可归纳为以下 3 种：

第一种是改变表面化学成分的强化方法；

第二种是各种涂层的被覆法；

第三种是不改变表面化学成分的强化方法。

7.2 各类模具用钢

模具材料中绝大多数为模具钢，而模具钢又可分为冷作模具钢、热作模具钢和塑料模具钢 3 类，下面分别介绍。

7.2.1 冷作模具钢

常见的冷作模具有冲裁模、拉伸模、弯曲模、剪切模、冷挤压模、冷镦模等。

(1)冷作模具的工作条件及性能要求

1)工作条件　冷作模具承受强大的压力、剪切力、冲击力、摩擦力。

在冷态下对材料进行变形加工的模具，其工作条件与刃具钢类似，由于在冷态下工作，对材料的红硬性要求不高，但磨损面大、摩擦力更大，工作时受到的冲击力也大，且模具形状复杂，尺寸常常较大。

2)性能要求　由上述的工作条件决定冷作模具应有很高的表面硬度、耐磨性、高的疲劳强度、足够的 α_k 值，且性能均匀、变形小等。

(2)冷作模具材料

按冷作模具钢使用条件，大部分刃具用钢都可以用来制造某些冷作模具，如 T8A，T12A，Cr2，9CrSi，9Mn2V，Cr6WV 等碳素钢和低合金工具钢可用作尺寸较小、形状简单且工作负荷不太大的模具。这类钢的主要缺点是淬透性较差，热处理变形较大，且耐磨性不足，使用寿命短。

由于上述原因，又发展了专为冷作模具设计的高碳高铬钢。这主要是指 Cr12 型冷作模具钢，如 Cr12，Cr12MoV 等。其成分中含碳 1.4% ~2.3%、含铬 11% ~12%。另外有些钢还加入

1% 的 Mo, V 等合金元素。由于含碳高并含大量铬，因而冷作模具钢中有足够的铬碳化物，能细化晶粒并提高耐磨性，且可大大提高钢的淬透性；同时 Mo, V 能进一步细化晶粒，使碳化物分布均匀，从而进一步提高耐磨性和韧性。因此这类钢可用于制作截面大，负荷大的冷冲、挤压、滚丝和剪裁模等。

后来发展的冷作模具钢还有中铬钢，如：Cr6WV, Cr4W2MoV, Cr5Mo1V 等，以及新型冷作模具钢如基体钢与低碳高速钢、粉末冶金钢等。

除此之外，高速钢由于其优异的工艺和使用性能，也是很好的高档冷作模具用钢。

冷作模具钢中 Cr12 型钢是最基本的钢种，下面对其详细介绍：

Cr12 型钢成分特点：

- 含碳：高 C(1.45% ~1.7%)——以保证高硬度、高耐磨性；
- 合金元素：
  - Cr——提高淬透性；
  - Mo, V——提高回火稳定性、细化晶粒等。

Cr12 型钢为莱氏体钢，其铸态的网状共晶碳化物和铸造组织缺陷(碳化物不均)必须在模具成型前经反复锻造来加以改善。

Cr12 型钢的热处理特点是最终热处理进行淬火、低温回火，淬火时具有空冷会出现马氏体的特点，其最终组织为：$M_{回}$ + 弥散粒状碳化物 + 少量残余奥氏体 A_r。

其他冷冲模用钢还有：

①代 Cr12 型的冷作模具钢 Cr2Mn2SiWMoV。其特点是：淬透性高(860 ~920 ℃空冷淬硬)；耐磨性好；淬火变形小；热处理工艺简单等。

②高碳中铬钢 Cr6WV 与高碳低铬钢 Cr4W2MoV。

7.2.2　热作模具钢

热作模具是用于金属热加工和热成型的模具，如热锻模、热挤压模和压铸模等。

(1)热作模具的工作条件及性能要求

1)工作条件　热作模具工作时承受高温、高压、摩擦冲击，且反复受热与冷却。

2)性能要求

①高的强度和韧性。这是因为工作时要承受较大载荷，且会受冲击，所以对强韧性都有较高要求；

②高的导热性、回火稳定性。高的导热性可减少热应力并避免型腔表面温度过高；模具在高温下工作又要求材料要保持高温下的高强韧性抗热疲劳(龟裂)的能力。模具工作时反复冷热循环的应力等会引起材料产生热疲劳失效。

此外，还要求有优良的工艺性能，如高的淬透性等，以保证模具整体优异的机械性能。

(2)热作模具材料

根据性能要求，热作模具钢一般使用中碳合金调质钢，含碳量为 0.3% ~0.6%(压铸模钢材含碳量为下限)，保证了淬火回火后钢材的硬度和韧性；同时在模具材料中还常加入 Cr, Ni, Mn, Mo, Si 等合金元素以提高淬透性及材料的整体性能均匀性，提高回火稳定性并有固溶强化作用，Cr, W, Mo 还形成碳化物，提高了材料的耐磨性；合金元素还可提高材料的共析温度，保证材料高温组织和性能稳定性，提高了其抗热疲劳能力。

常用的热作模具钢有 5CrMnMo 及 5CrNiMo(5CrNiMo 在截面尺寸较大时使用)，对压铸模钢常用3Cr2W8V,4Cr5MoSiV1和4CrW2Si。

热作模具钢中5CrMnMo及5CrNiMo是最基本的钢种,下面是其成分组成特点:

含C:0.5%～0.6%——为保持良好的导热性,含碳不能过高;但为保证强度、硬度、耐磨性又需要保持一定的含碳量。

合金元素:Cr,Ni,Mn,W,V——提高淬透性;

Mo——提高回火稳定性。

4Cr5MoSiV,4Cr5MoSiV1(相当于美国钢号AISI-H13、日本钢号JIS-SKD61、瑞典钢号ASSAB-8407)是新发展的铬系热作模具钢,其成分中铬质量分数都为5%左右,并含一定量的钼和钒。

铬系钢的特点是淬透性高、强韧性高。其断裂韧度值高于3Cr2W8V这样的钨系钢。在较低温度回火时,室温强度高于钨系钢,而当回火温度超过650 ℃后,铬系钢的强度值低于钨系钢。铬系钢冷热疲劳抗力优于钨系钢,经同样冷热循环后,热疲劳裂纹总长度明显小于钨系钢。铬系钢适于制作急冷急热条件下工作的模具。但该类钢热强性较低,通常使用温度超过600 ℃时软化迅速,因而铬系钢工作温度比钨系钢低,但可采用强制冷却,控制模具温升而扩大其应用范围。

热作模具钢必须经过反复锻造使碳化物均匀分布;锻后应退火以消除应力,降低硬度(197～241HB),以便于切削加工。其最终热处理为淬火+高温回火(即调质处理),得到回火索氏体组织,具有良好的综合机械性能和热疲劳抗力。

热作模具钢的最终热处理特点为:淬火后进行高温回火(常进行两次),其最终组织为$T_{回}$或$S_{回}$。

7.2.3 塑料模具钢

塑料模具是指用来加工制造塑料制品的模具。目前塑料制品在日常生活用品、电子仪表、电器等行业中应用十分广泛,在航空航天航海及机械工业中的应用也越来越多,塑料制品大多采用模压成型,因而需要模具。其模具的结构形式和质量对塑料制品的质量和生产效率有直接影响。

(1)塑料模具的工作条件与性能要求

压制塑料包括热固性塑料和热塑性塑料两种。热固性塑料如胶木粉等,都是在加热加压下进行压制并永久成型的,胶木模具要周期性地承受压力,并在150～200 ℃下持续受热;热塑性塑料如聚氯乙烯(PVC)等,通常采用注射模塑法,塑料原料在单独的加热器中加热软化并以软化状态注射到较冷的塑料模具中加压,使之冷硬成型。注射模的工作温度为120～260 ℃,工作时通水冷却型腔,故受热受力及受磨损程度较轻,但值得注意的是含有氯、氟的塑料,在压制时常析出有害的气体,对模腔有较大的腐蚀作用。

由上述塑料模具的工作条件,对塑料模具有如下性能要求及工艺要求。

使用性能:耐磨;有一定塑性;有一定耐蚀性。

工艺性能:优良的切削加工性和抛光性;良好的表面腐蚀加工性;较好的淬火性能、电火花加工性、焊接性。

优良的切削加工性和抛光性是为了获得高的表面光洁度、使用的脱模性好,这常常还需进行表面处理才能达到这一要求;另外还需热处理变形小,以保证互换性和配合精度。

(2)常用塑料模具材料

塑料模具一般较复杂,制造成本高,而原材料费用只占模具成本的极小部分,因此一般优先选用工艺性能好、性能稳定的钢种。

已有的碳素钢与合金钢中可用于做塑料模具的钢种有以下几种:

适于冷挤压成型的塑料模用钢有工业纯铁和低碳钢,如10,15,20,20Cr钢。

中小尺寸且不很复杂的塑料模具,可选用T7A,T10A,9Mn2V,CrWMn,Cr2钢等。对于大尺寸且形状复杂的塑料模具可采用4Cr5MoSiV钢,在要求高耐磨性时也可采用Cr12MoV钢。

复杂精密塑料模具一般选用18CrMnTi,12CrNi3A和12Cr2Ni4A等优质渗碳钢。

当塑料成型模压时析出有害气体与钢起强烈反应,其模具应采用马氏体不锈钢2Cr13或3Cr13钢。模具在950~1 000 ℃加热并在油中淬火,然后在200~220 ℃回火,热处理后其硬度为45~50HRC,可直接抛光并装配使用。这类模具不需要表面镀铬处理。

塑料模具在热处理时(尤其是淬火加热时)应注意保护,防止表面氧化脱碳。热处理后最好先镀铬或进行表面涂镀层处理使其表面具有优异耐磨耐蚀性且脱模性好,以防止使用时的腐蚀和粘附,这样既易于脱模,又可提高耐磨性和模具使用寿命。

(3)新型塑料模具材料

随着塑料工业的发展,世界许多国家的塑料模具钢已形成系列,以满足各种不同的需要。国外除采用中碳钢作为大量使用的塑料模具钢外,对型腔复杂、要求精密的则选用预硬型塑料模具钢。如美国的P20、日本的SKD61易切削钢等。这类钢的特点是在硬度为30~40HRC的状态下可以直接进行成型车削、钻孔、铣削、雕刻、精锉等项加工,精加工后可直接交付使用。也有采用时效型塑料模具钢,模具加工好后,先经时效处理或在使用中经时效而获得所需硬度及性能,这就完全避免了热处理变形。

我国为制造型腔复杂、尺寸较大、精度较高及有特殊性能要求的塑料模具,先后研制了预硬型、时效型、易切削及特殊性能的塑料模具钢,现将它们分列如下:

预硬型塑料模具钢3Cr2Mo(P20)及3Cr2NiMo(P4410);

时效硬化型塑料模具钢25CrNi3MoAl;

易切削塑料模具钢8Cr2S(8Cr2MnWMoVS)及5NiSCa(5CrNiMnMoVSCa);

马氏体时效钢06Ni6CrMoVTiAl(06钢);

镜面塑料模具钢PMS(低碳铁镍铜铝合金钢):10Ni3CuAlVS;

调质时效型塑料模具钢Y55CrNiMnMoV(SMl)及Y20CrNi3AlMnMo(SM2);

耐蚀塑料模具钢PCR(0Cr16Ni4Cu3Nb)。

7.2.4 模具材料的选用方法及新型模具钢简介

(1)模具材料的选用方法

模具的选材,是模具设计过程中极其重要的一步,也是保证模具质量、提高模具寿命的关键。一副好的模具必须具有高的机械强度、高温硬度、足够的韧性、良好的耐磨性和抗粘着能力,这样才能保证模具的高精度和高寿命。

选用模具材料要综合考虑模具的工作条件、性能要求、尺寸形状和结构特点。

根据材料的性能特点进行选择,有时会遇到对材料性能要求存在矛盾的情况。例如既要求有较高的硬度以提高耐磨性,又要求较高的韧性以保证较大的抗冲击能力,这时要从具体情况出发反复对比,适当取舍,协调平衡,寻找好的解决办法。

1)模具材料的一般性能要求　模具材料的性能要求包括力学性能、高温性能、表面性能、工艺性能及经济性等,参见表7.1。各种模具的工作条件不同,对材料性能的要求也各有差异。

冷作模具要求具有高的硬度、高的耐磨性和高的强度。而其中冷挤模根据工作状况,还要求具有高的抗压强度、断裂强度、疲劳强度和韧性。

热锻模具除要求具有常温性能所对应的强度、硬度指标外,还要求良好的耐蚀性、高的回火稳定性、抗高温氧化性和耐热疲劳性,同时还要求较小的热膨胀系数和较高的导热性。

与一般热作模具相比,压铸模工作条件更为恶劣,因此一般要求较高的耐磨、耐热、耐蚀、抗压缩、抗氧化能力。

塑料模、橡胶模、粉末冶金模、玻璃模等型腔模具用于常温、微热或较高温度状态下,一般要求具有耐热性、一定的机械强度、耐磨性、耐蚀性、镜面加工性(可抛光性)等。

塑料模对强韧性方面的要求不高,但要求较高的耐蚀性;陶瓷模承受强烈磨损,所以特别要求高的硬度和耐磨性;橡胶模型腔受气体腐蚀作用,要求一定的耐蚀性;玻璃模在工作过程中一直处于高温、摩擦、氧化、腐蚀等条件作用下,因此,要求较高的耐热性、耐蚀性、耐磨性和导热性。

模具材料要求的一般性能如下:

- 模具材料性能
  - 力学性能
    - 硬度
    - 强度
      - 抗拉强度
      - 抗压强度
      - 抗剪强度
      - 疲劳强度
    - 韧性
  - 高温性
    - 高温强度
    - 抗氧化性
    - 耐热疲劳性
    - 回火稳定性
  - 表面性能
    - 耐磨性
    - 耐蚀性
  - 工艺性
    - 可锻性
    - 切削加工性
    - 淬透性
    - 热处理变形倾向
  - 经济性
    - 资源条件
    - 市场供应情况
    - 价格

2)模具材料选用的一般原则

A.应满足模具的使用性能要求　主要从工作条件、模具结构、产品形状、尺寸、生产批量等方面加以综合考虑,确定材料应具有的性能。凡形状复杂、尺寸精度要求高的模具,应选用低变形材料;承受负荷大的模具,应选用高强度材料;承受强烈摩擦和磨损的模具,应选用硬度高、耐磨性好的材料;承受冲击负荷大的模具,应选用韧性高的材料。

B.应具有良好的工艺性能　一般应具有良好的锻造性、切削加工性与热处理特性。对尺寸较大、精度较高的重要模具，还要求有较大的淬透性、较小的过热敏感性以及氧化脱碳和淬火变形倾向。碳素工具钢由于热处理淬火后内应力大，变形开裂倾向大，因此一般不适于用电火花线切割方法加工的模具。

C. 适当考虑经济性　在满足前两项要求的情况下，选用材料应尽可能要求价格低廉、资源丰富、供应方便等。下面分类说明。

冷冲模材料选用的一般原则：

模具承受冲击负荷大时，应以韧性为主。

模具迫使金属沿型腔塑性流动的作用力大（即坯料变形抗力大）时，应以硬度和耐磨性为主。

模具迫使金属沿型腔塑性流动的作用力较小时，应以强度为主，并适当考虑韧性和耐磨性。

模具型腔复杂时，应以韧性和尺寸精度为主。

模具尺寸大时，应以整体强度、刚度和尺寸精度为主。

模具加工生产批量大时，应以硬度和耐磨性为主。

冷冲模经常选用 T8，T10，9Mn2V，9SiCr，CrWMn，Cr12，Cr12MoV 钢及硬质合金等。

热锻模材料选用的一般原则：

热锻模具材料选用的一般原则与冷冲模具材料大体相同。

随锻造设备能力的加大、加工件形状的复杂化和尺寸精度的提高以及材料加工难度的增大（如加工钛合金、合金钢、高合金钢、不锈钢和耐热钢等），模具趋向大型化、高精度、高性能，模具材料趋向多元合金化且合金总含量增大，大量采用铬、钨、钼、镍、钒、硅等合金元素，以提高钢的淬透性、热稳定性、抗氧化性和耐热疲劳性。

为满足高韧性和导热性的要求和合金含量的增大，这类模具钢的含碳量皆偏低，一般在 0.3% ~0.6% 范围内。

热锻模经常选用 5CrMnMo，5CrNiMo，3Cr2W8V，4Cr5MoSiV1 钢等。

压铸模材料选用的一般原则：

压铸模具用钢的碳含量常控制在 0.3% ~0.5%，以保证其淬硬性，并使钢中的合金元素能形成碳化物，充分发挥其提高性能的作用。

压铸模具材料一般以钨、铬、钼及其他碳化物形成元素进行合金化，以提高其高温性能。但是，这类元素的碳化物以游离状态存在时，还不足以阻止钢在加热时的软化倾向，必须在热处理加热过程中使碳化物能充分溶入固溶体，并且淬火后仍保留在其中，才可提高钢的热稳定性。

压铸模经常选用 45，40Cr（用于锌合金压铸模）和 3Cr2W8V，4Cr5MoV1Si 钢（用于铝、铜合金压铸模）。

常用型腔模具的材料选用：

对于不同的型腔模，如塑料模、陶瓷模、粉末冶金模和玻璃模等，应根据不同的工况分别选用合适的模具钢。

塑料模：我国塑料模具用钢目前还缺乏专用钢种，生产部门通常采用一般工具钢，如 T10A，CrWMn，Cr12MoV 钢等。这些钢由于切削加工性一般较差，难以制造成复杂型腔的模具，而且一旦热处理变形超差即难以修复使用。因此，近年来模具制造业常采用退火或正火状态的 45 钢及预硬钢作塑料模具用钢。但是此钢远不能满足塑料模具日益发展的需要，因此常参考国外塑料模具用钢并结合我国的具体条件进行选用。总之,形状简单的塑料模可选用 45,40Cr,T10A 钢和低熔点合金、锌基合金等;形状复杂的塑料模可选用 9Mn2V,GCr15,CrWMn,Cr12MoV,4Cr5MoVSi,锌基合金、铜铍合金等;对于尺寸精度、表面粗糙度、模具寿命有特殊要求的高精度模具,可选用进口塑料模具钢,如美国的 P6,P20,PPT,日本的 HPM1,YAG,瑞典的 S136,S136H 等。

陶瓷模:形状简单的小型陶瓷可选用 T10A,T12A 钢等,形状复杂的小型陶瓷模宜选用 CrWMn,Cr12,Cr12MoV 钢等;形状简单的大中型陶瓷模可选用 CrWMn,9Mn2V,GCr15 钢等。

橡胶模:形状简单的中、小型橡胶模可选用 45 钢;形状复杂的可选用铝合金、40Cr 钢。

粉末冶金模:形状简单的小型粉末冶金模可选用 T10A,T12A 钢或钢结硬质合金,形状简单的大中型粉末冶金模可选用 CrWMn,9Mn2V 钢等;形状复杂的粉末冶金模宜选用 CrWMn,Cr12,Cr12MoV 钢等。

玻璃模:玻璃模常选用灰铸铁、球墨铸铁、稀土蠕墨铸铁及合金耐热铸铁等制造。

下面将常用模具钢的钢号、性能特点及用途总结于表 7.1 中。

表 7.1　常用模具的钢号、性能特点及用途

钢　号	性能特点	用　途
10,20	易挤压成形、渗碳及淬火后耐磨性稍高、热处理变形大、淬透性低	工作载荷不大、形状简单的冷挤模、陶瓷模
45	耐磨性差、韧性高、热处理过热倾向小、淬透性低、耐高温性能差	工作载荷不大、形状简单的型腔模、冲孔模、橡胶模及锌合金压铸模等
T10A,T12A	耐磨性差、热处理变形大、淬透性低	工作载荷不大、形状简单的冷冲模、成形模
T7A,T8A	耐磨性稍好、热处理变形大、淬透性低	
40Cr	耐磨性差、韧性高、热处理变形稍小、淬透性稍高、耐高温性能差	用于锌合金压铸模
9Mn2V,GCr15	耐磨性较好、热处理变形小、淬透性稍高	工作载荷稍大、形状简单的冷冲模、胶大模
CrWMn	耐磨性好、热处理变形小、淬透性较高	工作载荷较大、形状较复杂的冷冲模、成形模
9SiCr		用于冲头、滚丝模
60Si2A	韧性好、热处理变形较小、淬透性高	用于标准件上的冷镦模
Cr12	耐磨性好、韧性差、热处理变形小、淬透性高、碳化物偏析严重	工作载荷大、形状复杂的高精度冷冲模
Cr12MoV	耐磨性好、热处理变形小、淬透性高、碳化物偏析比 Cr12 小	工作载荷大、形状复杂的高精度冷冲模、冷挤模以及冷镦模
5CrMnMo,5CrNiMo	韧性较高、热处理变形较小、淬透性较好、回火稳定性较高	热态下工作的热锻模、热切边模
3Cr2W8V	红硬性高、热处理变形小、淬透性好	热态下工作的热挤模、热冲模、压铸模
W18Cr4V,W6Mo5Cr4 V2		工作载荷大的冲头、冷挤模及热态下工作的热冲模

(2)新型模具钢简介

模具钢的发展特点是:冶炼技术不断改进,钢材质量不断提高,并紧密跟踪市场上制造新型模具对模具钢的需要,设计开发新的模具钢钢种。

在国内,我国为适应模具工业发展的需要,进行了改善冶金质量和发展模具材料品种两个方面的工作,研制了一批新型模具材料,有的已接近国外水平。

在国际上,较著名的有瑞典、德国、奥地利和日本等国的模具钢,它们已在中国香港和内地的许多地区设立销售点,销售其模具钢材。

我国在提高模具钢的冶金质量方面,扩大应用了电渣重熔、真空脱氧和六面锻造等工艺。在发展模具材料的品种方面,先后研制了各类模具钢、低熔点合金、钢结硬质合金、高温合金等新型模具材料,与此同时,经过对各有关标准的多次修订,制定了从“GB 1299—85”到“GB/T 1299—2000”的合金工具钢国家标准。基本上形成了具有我国特色的模具用材体系。

标准中 Cr12,Cr12MoV,CrWMn,9CrSi,5CrMnMo,5CrNiMo,3Cr2W8V,60Si2Mn 是在我国模具生产中应用较多的材料,约占 80%。20,45,38CrMoAlA,T7A,T8A,T10A,T12A 等材料在工作负荷低,要求不高的模具和模架中有较多的应用。W18Cr4V1,W6Mo5Cr4V2 用于工作负荷高,要求较高的一些模具。

在先后研制的新型模具钢中,工艺性能好、成本低、寿命长,并经鉴定和转产的一批新型热作模具钢,已在不同的热挤压模、热锻模、热冲模、热镦模、压铸模高强度及不锈耐热难变形精锻成型模上推广应用,寿命可比 5CrMnMo,5CrNiMo 提高 1 ~ 3 倍;研制的冷模钢、基体钢、钢结硬质合金、粗颗粒硬质合金已分别用于冷挤、冷镦、冷冲切边模等模具上,寿命可比 W18Cr4V1,Cr12MoV 等提高 1 ~ 3 倍以上。

我国研制的各种新型模具材料见下:

- 热模钢
  - HM1(3Cr3Mo3W2V)
  - HM3(3Cr3Mo3VNb)
  - GR(4Cr3Mo3W4VTiNb)
  - RM2(5Cr4W5Mo2V)
- 基体钢
  - 65Nb(6Cr4W3Mo2VNb)
  - 012Al(5Cr4Mo3SiMnVAl)
  - CG2(6Cr4Mo3Ni2WV)
- 冷模钢
  - LM1(6W8Cr4VTi)
  - LM2(6Cr5Mo3W2VSiTi)
  - Cr4W2MoV
  - LD(7Cr7Mo3V2Si)
  - 8Cr2MnWMoVS　精密易切削钢
  - 7CrSiMnWMoV　火焰淬火钢

镜面和耐蚀塑料模具钢　PMS,PCR

玻壳模具钢　4Cr13NiMo

磁模具钢　7Mn15Cr2Al3V2WMo

细颗粒硬质合金　YG20C

碳化钨钢结硬质合金　DT

锌基合金　ZAS

7.3　模具强化处理技术

7.3.1　模具热处理及强化处理的地位

在模具的加工制造过程中,当选用了合适的模具材料后,贯穿在模具加工成型过程中都涉及模具的热处理。模具的热处理包括机加工前后的预备热处理、中间热处理和最终强化处理。

热处理在模具制造中起着重要作用,尽管不同类型及不同结构的模具,使用各种不同的钢材或采用不同的加工方法成型,但它们都需用热处理使其获得较高的硬度和耐磨性以及其他所要求的力学性能。一般来说,模具的使用寿命及其制品质量,在很大程度上取决于热处理的质量。因此,在模具制造中,选用合理的热处理工艺和不断提高热处理的技术水平尤为重要。

7.3.2　模具强化处理工艺方法总述

下面就模具的最终强化处理加以归纳整理分析。模具的强化处理分为整体强化处理和表面强化处理。具体来说有:

模具的整体强化包括常规的热处理强化工艺和强韧化新工艺:

- 常规的热处理强化工艺主要包括:淬火和回火以及真空热处理强化等。
- 强韧化新工艺包括:
  - 1. 模具预处理工艺
    - 改善模具钢组织的双重热处理法
    - 消除链状碳化物的正火处理
    - 快速球化退火预处理
    - 轴承钢的双细化处理
  - 2. 高温淬火及低温淬火处理工艺

模具的表面强化包括以下 3 方面的工艺:

(1)改变表面化学成分的强化方法

1)渗碳:气体、固体、液体渗碳。

2)渗氮:渗氮、液体氮碳共渗、气体氮碳共渗。

3)渗硼:固体、液体渗硼。

4)多元共渗:碳、氮、硫、硼等元素共渗。

5)离子注入:用离子注入机将铬等离子注入模具表面。

(2)在表面形成各种覆层的被覆法

1)电镀:镀镍、镀硬铬等。

2)化学气相沉积 CVD:模具表面被覆 TiN,TiC 等涂层。

3)物理气相沉积 PVD:模具表面被覆 TiN,TiC 等镀膜。

4)等离子体气相沉积 PCVD:模具表面被覆 TiN,TiC 等镀膜。

5)碳化物被覆TD:模具表面被覆VC,TiC,Cr7C3等。

(3)不改变表面化学成分的强化方法

1)火焰淬火。

2)激光强化处理。

3)加工强化(喷丸硬化法)。

7.3.3　模具的常用热处理工艺方法

(1)模具常用热处理工艺方法

常用的模具热处理工艺方法有退火、正火、淬火、回火以及真空热处理等。

1)退火　在模具制造过程中,模具零件一般都要锻造成一定几何形状的毛坯,为了进一步对毛坯进行机械加工,必须要经过退火处理,以消除其锻造应力和加工硬化现象,并为最终热处理做好组织准备。

模具的退火工艺主要包括完全退火、去应力退火和球化退火。

2)正火　正火的目的是消除冷作、锻造或急冷时产生的内应力,细化高温过热时生成的粗大组织,改善力学性能。正火对模具制造来讲,主要用于球化退火前的预先热处理。其工艺为将钢加热至A_{c3}或A_{cm}以上30~50 ℃,在空气中冷却。

3)淬火　淬火的目的是提高工件的硬度、耐磨性和其他力学性能。淬火是模具制造中一项必不可少的热处理工序。如凸模与凹模都要经过淬火处理,使其硬度提高,以增加模具的使用寿命和耐用度。

4)回火　模具淬火后,应马上进行回火,以提高钢的韧性和增加耐用度。冷、热作模具重要零件根据工况的需要常进行低温或中温回火。

中碳钢或中碳合金结构钢淬火后再进行高温回火的工艺称为调质处理,调质主要用于结构零件的最终热处理和重要零件、模具的预备热处理。

5)真空热处理　真空热处理是指金属工件在真空度为$1\sim10^{-6}$ mmHg的物质空间进行的热处理工艺。工件经优质的真空热处理后,表面光亮、不增碳脱碳、形状尺寸变化小、机械性能高而且质量稳定。目前,工模具已是应用真空淬火最广泛、最普及的产品。采用真空热处理的处理质量对要求高精度、细的表面粗糙度的模具尤其适用。

金属在真空中加热时,引起了金属表面的物理状态以及化学成分的显著变化,随着真空度的提高,加热室内气体分子浓度急剧降低。与此同时,氧气的分压降到极低,因此不仅使金属不会在加热过程中发生氧化、脱碳以及其他化学腐蚀,而且还具有表面净化、脱脂、除气等作用,利于得到洁净光亮的表面。

我国某工厂在$5\times10^{-2}\sim5\times10^{-3}$ mmHg的真空度下,对于高速钢、合金工具钢、合金结构钢以及不锈钢进行真空热处理的试验结果表明:在一般条件下保持$10^{-2}\sim10^{-4}$ mmHg的真空度完全可获得光亮的表面。

模具真空热处理的工艺有:

①真空退火　如前所述,模具在真空中加热时,既可以避免氧化,又能够有脱气、脱脂等作用,最终得到洁净光亮的表面。现在应用于真空退火的模具材料有钢、铜及其合金等。

②真空淬火　真空淬火已经广泛应用于各种渗碳结构钢、合金工具钢、高速钢、不锈钢以及各种时效合金。模具经真空淬火后表面光亮度好、变形小、硬度高而且均匀、使用寿命长。

真空淬火的冷却方法,按照处理工件的淬透性和截面尺寸,可以选择气冷或者油冷。

③真空化学热处理　如真空渗碳等。

(2)几种典型模具钢的热处理工艺

在实际的模具的强化处理中,最常涉及的是几种典型模具钢的热处理工艺,重点掌握它们的基本工艺参数很有实用价值,也是掌握其他模具材料热处理的基础。这里选择了以下几种典型模具钢加以分析:冷作模具钢中的 Cr12 型钢;热作模具钢 5CrMnMo,3Cr2V8V,4Cr5MoSiV;高速钢 W18Cr4V。

1)冷作模具钢的热处理　以 Cr12 型钢的热处理为代表。

Cr12 型钢的热处理包括:预备热处理的球化退火和最终热处理的(淬火+低温回火)。

球化退火的目的是消除应力,降低硬度以便于切削加工,退火硬度为 207~255HB,组织为球状珠光体+均匀分布碳化物;最终热处理的目的是强化金属,最终组织为回火马氏体 $M_{回}$+弥散粒状碳化物 K+少量残余奥氏体。

①退火　一般采用等温球化退火,在 850~870 ℃加热 3~4 h,然后在 720~750 ℃等温 6~8 h,退火后硬度为 207~255HB。其工艺曲线如图 7.1 所示。

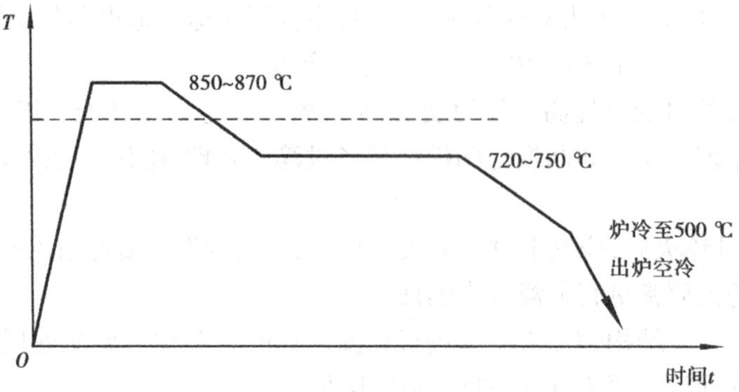

图 7.1　Cr12 型钢的等温球化退火工艺示意图

②淬火、回火　Cr12 型钢淬火特点为空冷会出现马氏体。

淬火工艺曲线如图 7.2 所示。

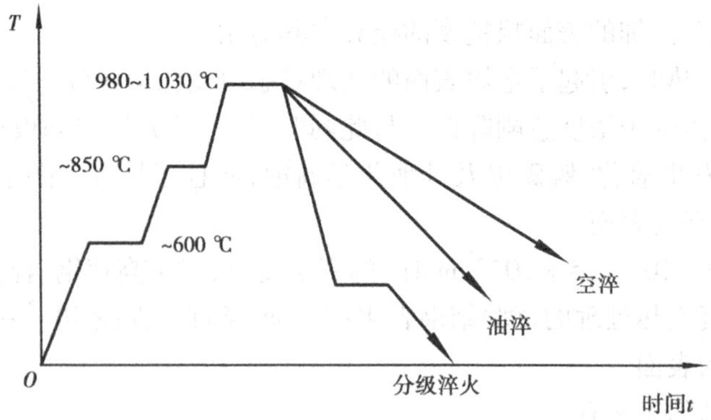

图 7.2　Cr12 型钢的淬火工艺示意图

分级加热,分一级(800 ℃)或二级(600 ℃,850 ℃)。

冷却方法有如下 3 种:

空淬
油淬:氧化脱碳
分级淬火(不同温度的热油或盐浴)

淬火组织:细针 M + K(一次、二次)+ $A_{残}$,硬度:63~66HRC。

回火 有两种工艺方法:

高硬度 61~63HRC
 980~1 030 ℃油淬,150~180 ℃回火2~3 h
较低硬度 57~59HRC
 1 030 ℃油淬,400 ℃回火

回火脆性区:275~375 ℃,要注意避免。

最终组织为: 细针 $M_{回}$ + 碳化物 K + $A_{残}$。

2)热作模具钢的热处理 热模钢在前面的加工中必须经过反复锻造使碳化物均匀分布;锻后应退火以消除应力,降低硬度(197~241HB),以便于切削加工。其最终热处理为淬火+高温回火(即调质处理),得到回火索氏体组织,具有良好的综合机械性能和热疲劳抗力。

①3Cr2W8V 钢的热处理

淬火 为防止模具的变形开裂,须采用分级加热、分级冷却。

分级加热:第一级400~500 ℃,第二级800~850 ℃,最终加热至1 050~1 100 ℃。
分级冷却:
 复杂工件:预冷830~850 ℃→560~620 ℃,低温浴3~5 min→空冷(油冷)至100~200 ℃
 大型简单件:预冷至830~850 ℃→油冷(2~3#锭子油)(60~100 ℃/h)至100~200 ℃

淬火后的组织为:细针 M + K + $A_{残}$,硬度为:46~52HRC。

回火 进行两次以上高温回火(>560 ℃)。

560~580 ℃ 2 h 2~3 次 油冷 44~48HRC
600~620 ℃ 2 h 2~3 次 油冷 40~44HRC

应注意第二次回火的温度:第一次按上述温度回火;第二次比第一次低20~30 ℃。

若采用三次回火工艺,则各次回火温度按下述方法选取:第一次比所需硬度的温度低20~30 ℃;第二次用所需硬度的温度;第三次比第二次低30~50 ℃,以增加 α_k 值。

回火组织为:$M_{回}$(或 $T_{回}$)+K+A_r

②4Cr5MoSiV1 钢的最终热处理

淬火 见图7.3所示。

淬火后组织为:细针 M + K + $A_{残}$,硬度为:53~57HRC。

回火 550~650 ℃两次,见图7.4所示。

回火后硬度为:42~48HRC; 组织为:$M_{回}$ + $T_{回}$。

③5CrMnMo,5CrNiMo 的最终热处理工艺

它们的最终热处理工艺为800~850 ℃淬火、450~500 ℃回火两次。要注意防止回火脆性(应油冷)和冷却开裂(淬、回火都不能冷到室温)两个问题。

④高速钢 W18Cr4V 的热处理

如前面所述,高速钢也用作冷、热模具。其热处理工艺为:

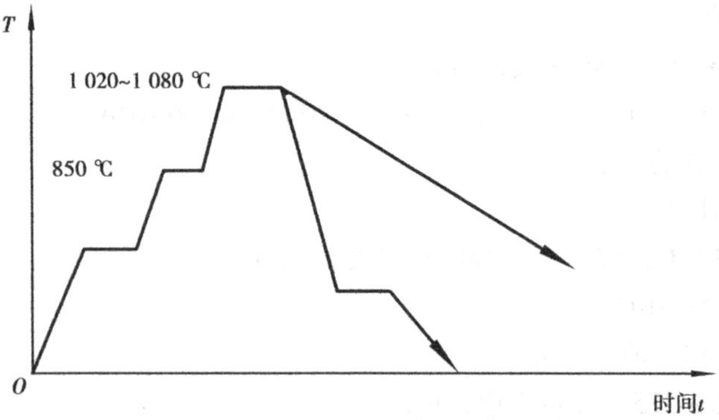

图 7.3　4Cr5MoSiV1 钢的淬火工艺示意图

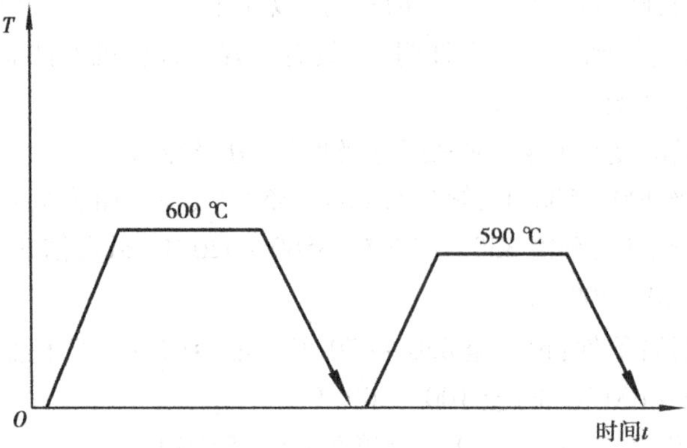

图 7.4　4Cr5MoSiV1 钢回火工艺示意图

退火

因为高速钢的 A_{c1} = 820 ~ 840 ℃,所以其退火温度取 850 ~ 880 ℃,退火工艺有普通球化退火及等温球化退火。退火后的组织为:索氏体 S ＋ 粒状 K,硬度以 207 ~ 255HB 为宜。

淬火

淬火加热温度高,为:1 260 ~ 1 290 ℃。

注意以下几点:

分级加热,600 ~ 650 ℃、800 ~ 860 ℃(材料导热差);加热速度小(材料导热差);控制加热温度,温度太低,奥氏体 A 中 C,M_e 少;温度太高,易过热过烧,防氧化脱碳。

W18Cr4V 钢淬火工艺曲线示意图如图 7.5 所示。

淬火冷却工艺:W18Cr4V 钢的 M_s 为 210 ℃。

淬火冷却方法:在 450 ~ 550 ℃分级冷却,冷却介质为油,可对 W18Cr4V 钢进行 70 ~ 80 ℃的冷处理,使 $A_{残}$ 由 20% ~ 25% 降至 5% ~ 8%。

淬火组织:细针 M ＋ C_{em} ＋ $A_{残}$,淬火硬度达到 63HRC。

回火

回火温度:500 ~ 600 ℃,通常 560 ℃。

回火次数:三次,以降低 $A_{残}$,三次后有 1% ~ 2% $A_{残}$。

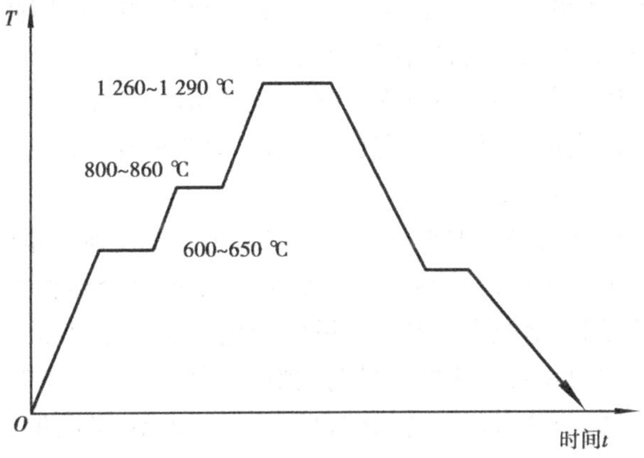

图 7.5　W18Cr4V 钢淬火工艺示意图

回火后产生二次硬化。

回火组织：$M_{回}$ + C_{em} + $A_{残}$，硬度为 64 ~ 65HRC。

W18Cr4V 钢回火工艺示意图如图 7.6 所示。

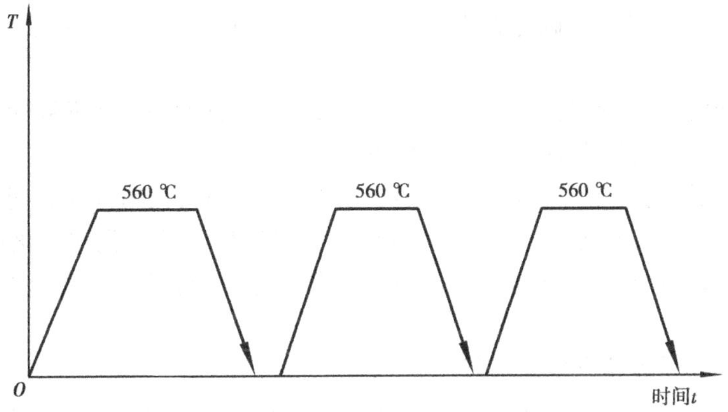

图 7.6　W18Cr4V 钢回火工艺示意图

7.3.4　模具的热处理强韧化工艺

模具的热处理强韧化就是采用一些与常规热处理不一样的新工艺来提高模具的强韧性。模具的热处理强韧化新工艺包括：模具预处理强韧化工艺和模具终处理的高温淬火及低温淬火处理工艺等。

(1)模具预处理工艺

1)改善模具钢组织的双重热处理法　模具双重处理工艺是以调质代替等温退火，这样可缩短模具制造周期，节约能源，改善组织，提高模具使用寿命。

模具钢的性能与钢中碳化物的尺寸、形态、分布及晶粒度密切相关。粗大碳化物可以诱发解理断裂；碳化物偏析（呈网状或带状分布）会很容易开裂。而晶粒粗大会降低钢的冲击韧度；双重淬火法的目的就是既要获得一种没有明显带状又呈细小均匀分布的碳化物组织，而又使钢的晶粒不过于粗大。

该工艺的关键是要使钢的初始碳化物在淬火加热时尽量溶解，即高温固溶，同时，又要保证晶粒不要过于粗大，硬度不能过高，要保证模具能进行加工。

双重热处理法的具体工艺是：将加工好的模具经盐浴炉高温加热，使过剩碳化物充分溶解，快冷后再经高温回火；或将刚停锻的模具毛坯返回锻造炉升温，使碳化物充分溶解，然后快冷，再经高温回火获得合适的硬度。

经上述预处理后的模具获得了细小均匀分布的碳化物及较细的晶粒。

2）消除链状碳化物的正火处理　该工艺是针对中碳中合金热作模具钢在锻后缓冷或因模块截面较大而冷却较慢时，组织中容易出现链状碳化物的问题而提出的。

链状碳化物容易形成裂纹并导致模具早期脆断、热裂或龟裂。在锻后冷却过程中，随停锻温度、截面尺寸、冷却速度的不同，产生链状碳化物的程度也不相同，但裂纹的形成均与链状碳化物密切相关。

解决上述问题的方法是采用正火预处理工艺，使 M_6C 型链状碳化物在正火加热时溶解，然后以较大的正火冷却速度冷却，则链状碳化物不会再形成，可获得颗粒细小分布均匀的碳化物。经此正火预处理后冲击韧度明显提高，断口由沿晶界断裂变成晶间断裂，模具使用寿命提高将近 1 倍。

3）快速球化退火预处理　此工艺是在远高于传统退火工艺的加热温度下，进行短时加热，均温后迅速冷却，以使剩余碳化物均匀而且细小，随后在高于等温球化的温度下二次加热，随炉冷。

快速球化退火后碳化物呈细小、均匀状态分布，提高了钢的硬度及强韧性。经此法处理的 HM3 钢铝合金压铸模，使用寿命可达 23 万件以上。

4）轴承钢的双细化处理　GCr15 钢常用于制作冷冲模具，按常规工艺处理，由于韧性不足，常发生早期脆断。双细化处理工艺是指同时进行奥氏体晶粒细化和碳化物细化。采用双细化处理工艺可细化晶粒和碳化物，增加板条马氏体数量，提高强韧性，防止早期断裂，模具寿命显著提高。

（2）高温淬火及低温淬火处理工艺

1）高温淬火工艺　该工艺的原理：因为合金模具钢中含有较多的高熔点合金元素如钨、钼、铬、钒等，这些元素与碳结合生成高熔点的合金碳化物，在淬火加热时只有当奥氏体化温度相当高才能使合金碳化物固溶于钢的基体中，提高基体的合金化程度，所以最终热处理采用比常规淬火更高些的加热温度，使合金碳化物更多固溶于钢的基体中从而提高钢的淬透性、淬硬性、高温强度及热稳定性。例如对 3Cr2W8V 钢，将常规淬火温度 1 050 ℃提高到 1 150 ℃甚至 1 200 ℃，则模具寿命大大提高。

当模具高温奥氏体化停留时间较长时，理论上可能导致晶粒长大，因而降低钢的冲击度。但因实际工作中，热挤压模、压力机模等受冲击载荷并不大、高温奥氏体虽使模具冲击韧度略有下降，但并不会导致早期断裂，而且在高温加热时，由于高温强度和热疲劳抗力增加，又使疲劳裂纹不易萌生及扩展，这样会使模具不易开裂。此外，在热处理工艺方面也采取了不少弥补措施，如：高温快速加热淬火、高温淬火加高温回火工艺等，从而使模具综合性能提高。

在生产实际中这种高温淬火方法在汽车变速箱主轴齿轮胎膜、M16 螺母热冲压模、黄铜盂形件热冲压凸模、轴承环热挤压凹模、40Cr 销轴热锻模、气门阀热镦模等模具都得到很好应用,模具寿命比常规热处理工艺均有成倍提高。

2)低温淬火　该工艺是根据低温淬火可以阻止晶粒长大,控制基体含碳量,使淬火后获得板条状马氏体并能减小模具变形的原理,其适用对象是那些使用中容易发生崩刃、掉块、开裂的冷作模具,如高速钢、Cr12MoV,CrWMn 等。

例如 W6Mo5Cr4V2 高速钢制冷镦模,采用 1 160 ℃的低温淬火,300 ℃低温回火,提高了强度、韧性和塑性,能很好解决模具折断问题。Cr12 钢制衡器刀承冷冲模,如采用常规热处理工艺,则模具寿命为 0.3 万 ~0.5 万件;当采用 930 ~950 ℃淬火,320 ~360 ℃回火的低温淬火、低温回火工艺,硬度为 52 ~56HRC 时,刀承冷冲模寿命可达 0.7 万 ~1 万件。

3)等温淬火　等温淬火是根据下贝氏体有较好的强韧性的特点,采用盐浴淬火获得下贝氏体。其工艺过程是将淬火加热奥氏体化的模具浸入熔融的硝盐浴槽中,停留一定时间,然后取出空冷到室温。盐浴槽温度要高于 M_s 点,而且停留时间要保证使过冷奥氏体转变为下贝氏体。每种模具等温停留时间参照奥氏体连续冷却转变曲线选定。

模具等温淬火后有高的硬度及强韧性配合,且变形小不易开裂。等温淬火后,模具寿命显著提高。

如 Cr12MoV 钢制滚丝模常规处理,硬度为 54 ~56HRC,使用寿命 1 万 ~2 万件;采用 1 000 ℃加热、280 ℃等温 4 h,400 ℃回火的等温处理工艺,组织为下贝氏体 + 极少量回火马氏体 + 残余奥氏体 + 碳化物。硬度虽仍为 54 ~56HRC,但强韧性高,变形小,模具内孔精度高,模具寿命达 5 万 ~8 万件,提高寿命 4 ~5 倍。又如 3Cr2W8 钢制自行车曲柄热锻模采用常规工艺处理,硬度为 45 ~48HRC,平均寿命 0.45 万件;采用高温淬火、高温回火工艺,寿命也提高很少;改用 1 100 ℃淬火,340 ~350 ℃等温 5 h,硬度为 45 ~47HRC,组织为马氏体 + 下贝氏体,即在高强度的马氏体上分布适量的下贝氏体组织,提高了材料的强韧性、断裂韧度及裂纹扩展抗力。模具平均寿命提高到 0.9 万件,最高的可达 3.8 万件。对 9SiCr 钢搓丝模、60Si2MnA 钢螺母冷镦模、CrWMn 钢手表镶字表盘模、擒纵轮十字凸模、Cr4W2MoV 钢板弹簧冲孔凸模、W18Cr4V 钢洗衣机制动轮温锻模等可采用贝氏体等温淬火提高模具寿命。

7.3.5　模具的表面强化工艺

(1)模具的表面强化工艺概述

模具工作时主要依靠模具工作零件表面的性能,因此,采用表面强化处理工艺,即采用一定的方法使模具表面形成一层强化层,这既能满足模具加工性能和提高寿命的要求,又能降低生产成本。

对模具进行表面处理是在基体材料原有性能的基础上再赋予新的性能。这些新性能主要有:耐磨性、抗粘附性、抗热咬合性、耐热疲劳性、耐疲劳强度、耐腐蚀性等。

前面已述,归纳起来模具表面强化的方法主要有 3 类:第一类是改变表面化学成分的强化方法;第二类是各种涂层的被覆法;第三类是不改变表面化学成分的强化方法。现将这三类模具表面强化方法及各类中包含的各种强化工艺一起列于表 7.2 中。

表 7.2 常用模具表面强化方法的分类

（一）改变表面化学成分的强化方法	
1. 渗碳	气体、固体、液体渗碳
2. 渗氮	渗氮、液体氮碳共渗、气体氮碳共渗
3. 渗硼	固体、液体渗硼
4. 多元共渗	碳、氮、硫、硼等元素共渗
5. 离子注入	用离子注入机将铬等离子注入模具表面
（二）在表面形成各种覆层的被覆法	
1. 电镀	镀镍、镀硬铬、化学镀等
2. 化学气相沉积 CVD	模具表面被覆 TiN，TiC 等涂层
3. 物理气相沉积 PVD	模具表面被覆 TiN，TiC 等镀膜
4. 等离子体气相沉积 PCVD	模具表面被覆 TiN，TiC 等镀膜
5. 碳化物被覆 TD	模具表面被覆 VC，TiC，Cr7C3 等
（三）不改变表面化学成分的强化方法	
1. 火焰淬火	
2. 激光强化处理	CO_2 激光器
3. 加工强化	喷丸硬化法

表 7.3 为模具生产中常用表面强化方法的主要参数和性能。

表 7.3 常用表面强化方法的主要参数和性能

表面强化方法	镀 铬	镀镍磷	渗 氮	渗 硼	CVD	PVD	PCVD	TD
表面层成分	Cr	Ni-P	Fe2N-Fe3N Fe4N	FeB，Fe2B	TiN，TiC	TiN，TiC	TiN，TiC	VC，NbC，Cr7C3
处理方式	电解液中电解	水溶液中浸渍	气体渗氮 盐浴渗硼 气体渗硼	粉末渗硼 盐浴渗硼 气体渗硼	气体法、加热工件气体化学反应	气体法、电极放电	输入反应气体、电极放电	盐浴法 电解法 粉末法
处理时模具的温度/℃	50 ~ 80	60 ~ 100	500 ~ 600	600 ~ 1 000	900 ~ 1 200	400 ~ 600	200 ~ 500	800 ~ 1 200
时间/h	1 ~ 5	1 ~ 5	20 ~ 100 或 1 ~ 8	1 ~ 4	4 ~ 8	0.5 ~ 4	1 ~ 2	0.3 ~ 8

续表

表面强化方法	镀 铬	镀镍磷	渗 氮	渗 硼	CVD	PVD	PCVD	TD
硬化层厚度/μm	20 ~ 50	20 ~ 50	10 ~ 20	50 ~ 500	5 ~ 15	2 ~ 5	2 ~ 5	5 ~ 10
变形倾向	小	小	中	大	大	小	小	大
局部处理	可能	可能	可能	可能	不可能	可能	可能	可能
与热处理工序的关系	处理前	处理前	处理前	处理后或同时	处理后	处理前	处理前	处理后或同时
后加工必要性	有时必要	不必要	不必要	不必要	不必要	不必要	不必要	不必要
硬化层均匀性	不好	好	好	好	好	较好	好	好
被处理件的材料	各种金属非金属	各种金属非金属	钢铁	钢铁、Ni 合金、Co 合金、硬质合金等	钢铁、Ni 合金、Co 合金、硬质合金等	钢铁、Ni 合金、Co 合金、硬质合金等	钢铁、Ni 合金、Co 合金、硬质合金等	钢铁、Ni 合金、Co 合金、硬质合金等

表 7.4 为部分表面强化方法的性能比较。

表 7.4　部分表面强化方法的性能比较

性能 \ 表面强化方法		工具钢	硬质合金	镀铬	氮化	渗硼	CVD TiN TiC	PVD TiN TiC	TD 处理(盐溶浸渍)	
									VC NbC	Cr-C
表层硬度	室 温	1	3	2	2	3	5	5	5	3
	高 温	2	4	1	3	4	5	5	5	5
	加热后室温	1	3	1	2	3	5	5	5	5
耐 磨 性		1	4	2	2	3	5	5	5	3
抗 粘 附 性		1	4	3	2	3	5	5	5	4
抗 氧 化 性		2	3	3	2	4	1	1	1	5
韧　　性		5	1	4	2	2	5	5	5	5
抗 变 形 开 裂		—	—	1	5	3	3	3	3	3
疲 劳 强 度		4	—	5	5	3	3	3	3	3
耐 剥 落 性		—	—	1	5	5	5	3	5	5
热 韧 性		3	1	—	4	2	5	5	5	5

注:5→1 依次为 好→差。

(2)**各种表面强化方法简介**

1)改变表面化学成分的强化方法　表7.2中的"(一)类强化法"是以改变表面化学成分而达到强化的目的。这种改变表面化学成分的处理方法又叫化学热处理或热扩散工艺。

模具的化学热处理工艺包括渗碳、渗氮、渗硼、多元共渗等。

按处理方法可分为气体法、固体法、盐浴法。

选用不同的渗剂和工艺参数就形成气体渗碳、固体渗碳、盐浴渗碳和气体渗氮、液体渗氮等。

气体法是将工件置于炉中加热,通入反应气体,在高温下使活化的气体原子渗入工件表面。气体法较为简单,但是处理时间一般较长。固体法是将粉状的固体渗剂与工件埋装在箱内,放入炉中加热。其优点是简便易行,其缺点是渗层质量不很稳定,开箱时空气污染较大。盐浴法是将固体渗剂加热到熔融状态,将工件置于盐浴内加热,一般渗层质量较好,适宜用于渗硼等。盐浴渗碳和盐浴渗氮需采用含氰的盐或在反应中会出现氰化物,这都属于剧毒品,应慎重选用。经盐浴处理的工件要仔细清洗,盐浴液有毒时,其清洗的废水也有毒,所以应用较少。

以渗氮为主的气体氮碳共渗具有处理温度低、表层性能好的优点,在各种冷冲模、压铸模等模具中应用广泛。

渗硼工艺中采用固体(粉末)渗硼和盐浴渗硼最多,渗硼可得到效果显著的硬化层,适于冷冲模、压铸模和热锻模,在模具行业中采用渗硼进行表面强化的报道最多。

多元共渗是使模具具有多种渗层的性能,常见的有硼硫共渗、碳硼共渗、碳氮硼共渗、硫氮共渗、硫氮碳共渗等。多元共渗可分为一次法和多次法。一次法是使多种渗剂共同作用,同时完成几种元素的共渗。多次法是将各种工艺分先后进行。如硼硫共渗是先对工件做粉末渗硼处理,再对工件进行液体渗硫处理,这种方法也称为复合共渗处理。

2)在表面形成各种覆层的被覆法　表7.2中的"(二)类强化法"是在表面形成各种覆层的被覆法。

对模具进行表面强化,除常用的表面热处理方法外,近年来也对其他表面强化工艺进行了广泛研究并且它们在实际生产中显示出优越性,取得了经济效益,这些工艺有物理气相沉积,化学气相沉积,热喷涂,堆焊,化学镀,电镀,电火花强化,电子束,离子束注入等等。使用这些被覆工艺可以使包括硬质合金在内的所有模具材料获得前所未有的耐磨性和抗粘附性。所以凡有高性能要求的模具,生产量特别大的模具,制件为难加工材料的模具,以及在无润滑等恶劣条件下工作的模具,都必须进行表面处理。

①沉积法　被覆强化法中的沉积法是用各种沉积工艺将具有高硬度、高熔点、与基体钢材结合能力强的TiC,TiN,VC,NbC等碳化物被覆在模具工作零件表面,形成一层硬质薄膜,使材料得到高硬度、耐磨性和耐腐蚀性等优异的力学性能。当TiC,TiN,VC等化合物的被覆层具有2~10 μm厚时,可以使模具表面具有很高的硬度和耐磨性,使用寿命提高数倍至十几倍;还可以在制件材料和模具表面之间形成润滑膜,起到隔离和润滑作用;应用于冲模可提高模具使用寿命4~10倍,应用于塑料模具也有明显的效果。

气相沉积是一种利用气态物质(气相)中发生的某些物理、化学过程,在模具表面形成具有某些特殊性能的金属或化合物涂层的技术。

根据涂层形成过程,气相沉积分为化学气相沉积、物理气相沉积和等离子体化学气相沉积三大类。

在模具表面镀覆一层超硬镀层是提高模具寿命的有效途径。先进的表面超硬镀层以TiN,TiC,TiCN、金刚石、立方氮化硼等为代表。

A. 物理气相沉积　物理气相沉积简称 PVD(Physical Vapor Deposition),分为真空蒸镀,离子镀、溅射镀等。主体装置是真空室,内装工件吊架及蒸发源,蒸发源是能使镀层材料蒸发的加热体,其中溅射镀可以直接用碳化物、氮化物等做靶材。物理气在工件表面沉积出由 TiN,TiC 等组成的超硬镀膜。镀膜一般只有 2 ~ 3 μm 厚。尽管镀膜很薄,但它的刀具和模具表面能发挥出强大的作用,可有效地提高模具的性能。其优点是温度低、变形小。用 PVD 法提高冷作模具,尤其是要求精度很高的冷作模具的寿命最为适宜。PVD 与 CVD 相比具有沉积温度低的优点,但镀层薄,而且镀膜与模具的结合强度比 CVD 低。

曾对 65Nb 和 LM2 钢制造成的电池冲模进行实际应用,由于涂层的高硬度及减少了摩擦力,冲模使用寿命明显提高,由常规处理的 6 万 ~10 万件,提高到 20 万件以上。

B. 化学气相沉积(CVD)　化学气相沉积简称 CVD(Chemical Vapor Deposition)。是根据化学沉积原理进行表面被覆的方法。其特点是通过发生反应的混合气体在模具表面发生化学反应,使模具表面生成一层薄的固相沉积物层。将需渗层的模具工作零件在真空中加热到 1 000 ℃左右,然后通入 $TiCl_4$,H_2,CH_4等反应气体,气体遇到高温的工件表面,在高温作用下可生成 TiN,TiC 等化合物,并牢固地粘附在模具工作零件表面,形成超硬涂层。

由于必须通氢气使反应炉冷却,故一般情况下被处理零件很难直接淬火,须在 CVD 处理之后,再在真空炉或气体炉中进行加热淬火处理。因此要两次升到高温,这时要特别注意模具工作零件的变形。

CVD 法可以用来沉积各种金属和碳化物、氮化物、氧化物、硅化物、硼化物等。目前应用较普遍的是气相沉积 TiC。

由于 TiN,TiC 硬度高,并且与被加工的钢材亲和力差,所以即使在苛刻的条件下进行塑性加工,也能防止模具的损伤和出现咬合现象。

化学气相沉积设备简单、操作维护方便、多用性强,可以对形状复杂或带有槽沟及孔的工件进行均匀涂覆。由于温度高,TiC 与基体结合牢固。TiC 镀层硬度相当高,可达 3 000HV,耐磨性极好,而且摩擦因数小,具有很好的减摩性和抗咬合性。

模具表面主要沉积 TiC 和 TiN,特别适用于承受高负荷的模具。如对 Cr12MoV 钢落料模、拉深模、弯曲模、冲孔模等进行气相沉积 TiC,模具寿命将比常规处理提高 3 倍以上。对各类高速钢制作的冷作模具,沉积 TiN 和 TiC 后,使用寿命将提高 6 ~10 倍。

CVD 法属高温处理技术,其突出缺点是容易引起模具变形。为解决变形问题,现已发展了中温 CVD 和低温 CVD 技术,特别是等离子化学气相沉积(PCVD)。其工作原理与离子渗氮相似,沉积速度快,加热温度低,工件变形较轻微,具有较好的应用前景。

C. 等离子体化学气相沉积(PCVD)　它是将低气压气体放电成等离子体应用于化学气相沉积中的一项新技术。它的简要工作原理是:先向真空室内通入氢气和氮气,真空室为正极,工件为负极,接 1 ~2 kV 的电压,接通电源后,产生辉光放电,再通入 $TiCl_4$气体,在电离状态下生成 TiN 并沉积在工件上。沉积时工件的温度为 200 ~500 ℃。PCVD 技术具有沉积温度低,镀层绕镀性好,设备结构简单,操作简便等优点,是有发展前途的表面沉积技术。

②TD 法　TD 法也称为熔盐浸渍法。它的设备采用一般的盐浴设备。将硼砂放入坩埚加

热至 800 ~ 1 000 ℃熔化，然后加入形成相应碳化物元素的粉末，把需要强化的模具工件放入盐浴中浸渍一定时间取出，在工件表面可形成钒碳化合物（VC）、铌碳化合物（NbC）、铬碳化合物（$Cr_7C_3 + Cr_{23}C_6$）等涂层。从盐浴中取出后可直接进行淬火操作等处理。

TD 法设备简单，操作方便，成本低，而其表面强化效果与 CVD 和 PVD 法相近，在国外是最受重视的表面强化技术。

③电镀、刷镀、化学镀

A. 电镀　电镀是古老的工艺，应用在模具上可起到减摩、耐磨损、抗氧化等作用，改善模具表面性能，提高模具寿命。

电镀层与钢的表层结合强度不高，而且铬与钢的热胀系数差异较大，如果模具温度变化较大时，镀层容易剥落，特别是对经受急冷急热作用的热作模具不太适用。

模具表面镀硬铬主要应用于塑料模、橡胶模、玻璃模等型腔的表面硬化。一般说来，越是浅型腔的模具，镀硬铬后效果越好，而且脱模性也好。对深型腔或 R 角小的模具，镀硬铬效果不大。

镀硬铬方法在一部分模具的表面强化中占有重要地位。它具有镀层摩擦因数小，硬度高（1 100HV 左右），应用简便，并可反复处理的优点。但要注意，如果镀层厚度选择不合理，就会造成模具过早损坏。在模具承受强压或冲击时镀层容易剥落，造成模具过早损坏。所以冷镦模和冲模不可使用镀硬铬，它只适合于加工应力较小的压弯和成形等模具。

B. 刷镀　电刷镀的原理与电镀相同，但电镀需有电镀槽，工件浸在电镀槽中，而镀槽要受到很多限制。刷镀是使阳极与被镀件发生相对运动，镀液中的金属沉积在被镀件表面，而不是整体同时发生沉积，从而取消了镀槽。与槽镀相比，刷镀的最大优点是镀层质量和性能好、沉积速度快，并且不受模具大小和形状的限制，便于携带到现场进行操作。

刷镀技术的关键是刷镀液的配方，现在主要是 Co-N，Co-Mo 镀层在模具上应用。电刷镀可提高模具型腔表面的硬度、耐磨性及抗咬合性，还可局部刷镀或修复一些加工过程中因毛刺而损坏的模具工作面或超差的模具加工表面。这项技术的工艺性很强，膜层质量、结合强度等与电源参数的选择、镀液的配用、操作的水平等有关。

电刷镀对塑料模、热作模具、铸铁模具都有较好的应用实例。如由 3Cr2W8V 钢制造的钢管割刀模、钳头合模胎及板手模经刷镀后平均寿命提高 50%，最高达 7 倍以上；3Cr2W8V 钢制内燃机连杆盖模，刷镀模具比未刷镀者平均寿命提高 1 倍以上；5CrMnMo 钢制造的汽车半轴齿轮锻模，刷镀后，平均寿命提高 80%。

刷镀处理工艺简单，操作方便，可明显使模具表面粗糙度变细，降低摩擦因数，提高抗氧化能力，脱模效果好。刷镀可以改善劳动条件，提高生产效率，使用灵活性大，便于在各类工厂特别是中小型企业推广应用。

C. 化学镀　化学镀镍是无电解镀镍（EN）的俗称，它是以次磷酸钠为还原剂，经过自催化还原反应而沉积出镍-磷合金镀层的工艺过程。

无电解镀镍法与电极沉积镀镍不同，Ni 可以均匀地析出，镀层均匀，使用还原剂时析出 Ni-P 合金，硬度为 500HV。在 400 ℃烘焙时，可达到 1 000HV 左右。它与基体结合力为镀铬的 2 ~ 3 倍。所以像 SKD11（相当于我国的 Cr12MoV）等材料制成的模具（电镀前经 500 ℃左右回火）不会因烘焙而降低硬度，在铸造行业中多用于造型模具。但冲压模具很少使用，也不能用于冷镦模，可用于拉深一类的冷作模具。

④热喷涂法　热喷涂是利用某种热源，将欲喷涂的材料借助气流把熔化或半熔化的雾状微粒，从喷嘴高速喷射在经过预先处理的工件表面上，形成附着牢固的涂层。热源包括气体火焰喷涂和电弧电喷涂。

热喷涂技术的优点是几乎所有材料，不论是金属母材还是非金属材均可对其表面喷涂而制作模具。涂层材料种类繁多，包括各种金属和合金、陶瓷、塑料、石墨、尼龙等。热喷涂涂层厚达数毫米，硬度高达 2 000HV 以上，结合牢固，操作迅速，涂层形成速度快，对模具大小不限。

热喷涂层具有耐磨、耐蚀、耐热、耐振、隔热、密封、润滑、绝缘、导电等多种性能。对模具能提供耐磨而坚韧的厚涂层，特别适合于大型模具、严重磨损条件下的模具。如冷拔无缝钢管内模与钢管产生强烈摩擦和挤压，使内模产生严重的粘着磨损。原采用45钢渗碳，再镀铬，可以拉拔无缝钢管 20 ~40 根；采用氧乙炔火焰喷涂镍基耐磨涂层后，可以拉拔无缝钢管 250 根。玻璃模具常用灰铸铁制作，因其硬度低、制造玻璃器皿时模具受到挤压、侵蚀、热疲劳等作用，寿命很低；采用火焰喷涂镍基自熔合金制造和修复玻璃模具，寿命可提高5倍以上。热喷涂技术也应用在快速制模工艺上，如普通钢板经热喷涂后用作聚氨酯发泡模具效果很好。

⑤电火花强化法　电火花强化是采用脉冲放电技术，直接利用火花放电时释放的能量，将一种导电材料涂覆或熔渗到另一种材料的表面，形成合金化的表面强化层，从而达到改善被强化工件表面的物理、化学及力学性能。

电火花强化的优点是强化层与基体结合强度高，不会剥落或脱落；被强化工件的表面不需经过特殊预处理，也不需后处理，强化后即可使用。电火花强化设备轻小，使用方便，适用范围广，可对模具进行局部强化。

电火花强化工艺不足之处是强化层比较薄，表面粗糙度值比较高，因手工操作效率较低，涂层均匀性较差。

电火花应用于模具强化时间很早，效果也较明显，用硬质合金强化冷冲模、拉伸模、玻璃模、剪裁模等均获得良好效果。如冲压厚度 0.35 mm 的硅钢片及 4 mm 的钢板的落料模，经电火花强化后使用寿命延长 2 ~3 倍。定子双槽冲模，由5万次/刃磨提高到20万次/刃磨。

⑥电子束、离子束注入法　高能量密度的电子束、离子束等高能束在模具表面强化中已得到应用。由于功率密度高，可以对模具表面进行改性，使其获得特有的组织与性能，也得到高的生产率。只要采用光学或电磁学技术就能把能量引导到模具不同部位，实现局部或复杂部位的强化处理，特别是计算机、自动控制等高科技的介入使能量操纵智能化，控制更加方便自如，展示了更好的应用前景。

3）不改变表面化学成分的表面强化方法　表 7.2 中的“（三）类强化法”是不改变表面化学成分的表面强化方法，包括火焰表面淬火强化、激光强化和喷丸强化等强化方法。

①火焰表面淬火强化　火焰表面淬火工艺是利用可燃气体与氧气混合燃烧的火焰所产生的高温，将工件表面加热到淬火温度，随后用水和其他冷却介质急速进行冷却的工艺过程。通过表面淬火的工件表面可获得很高的硬度和耐磨性，提高了工件的力学性能。

各种模具（如冷冲模、塑料模）的制造中，模具工作零件材料的选择和热处理工艺的确定是关系到模具寿命的重要技术问题，所以在模具制造中应用火焰表面淬火工艺受到限制。近年国内开发出一些适用于火焰表面淬火的模具工作零件材料，如 7CrSiMnMoV，其淬火后的力学性能优良，又由于火焰表面淬火工艺操作简单，能大大地简化模具制造工序，因而火焰表面淬火工艺在模具制造中的应用日趋广泛。

②激光强化　激光作为热源对材料表面进行强化，包括相变硬化、表面熔化、表面合金化、表面涂覆等。激光表面强化技术发展很快，大功率激光器研制成功及技术的完善为开展模具激光表面强化的研究和应用提供了有利条件。

在模具表面激光强化方法中，激光相变硬化(激光淬火)应用比较普遍。它是利用高能量激光束在模具刃口或型腔需强化表面进行扫描照射。激光束产生的巨大热量，将材料表面在短时间内加热到 1 000 ℃以上，当激光束离开加热点后，此点即以相当大的冷速淬火。因为是"自淬火"，所以模具变形小，获得的表层组织比感应淬火及火焰淬火都要细，在一定条件下表层还可能形成非晶态结构，因而表面强化性能更高。此外，激光束火焰集中，易于实现对窄深沟槽、拐角、不通孔、深孔、刃口等部位的强化处理。由于激光处理表面冷却速度快，对低碳钢、中碳钢、低合金工具钢等进行处理后，表面强化效果可与高强度模具钢媲美。

激光表面合金化是以激光热源的复合强化技术，在模具表面涂上合金粉，以足够功率、适当的扫描速度，使表面温度升到熔点，形成一层合金熔化层。根据对模具的耐磨、耐蚀、耐热、抗氧化等要求，配制适当的表面合金化成分，进行表面合金化。近来还发展了激光表面陶瓷化强化技术，能使材料表面形成超硬陶瓷层。

模具激光强化所用激光器功率为 500 W 以上的 CO_2 激光装置，现在 1 ~ 2 kW 的大功率 CO_2 激光器已商业化，更大功率的激光器也研制成功，使模具的激光强化技术得到进一步发展。

激光强化的不足之处是强化面积小，相邻两个强化带之间存在回火软化现象，使需要大面积强化的模具受到限制。

激光相变硬化和表面合金化能使模具寿命提高 1 ~ 3 倍。

③喷丸强化　喷丸强化是借助于硬丸粒，高速、连续锤击金属表面，使其产生强烈的冷作硬化。

通过喷丸可以明显改变金属表层的应力状态、显微硬度、表层的微观形貌和相成分，从而提高模具的疲劳强度、抗冲击磨损及抗应力腐蚀性能。喷丸可改善模具的表面粗糙度，并有效地去除电火花加工而产生的表面变质层。

喷丸强化方法简单易行，节约能源，适用于落料模、冷冲模、冷镦模和热锻模等以疲劳失效形式为主的模具。如锻模服役时，要经受弯曲和热膨胀，常发生因局部屈服而导致显微裂纹，喷丸处理产生压应力能推迟显微裂纹的形成，从而延迟模具龟裂发生。

拓展阅读

随着我国模具行业向着高效、节能方向发展，人们对模具的性能也提出了新的要求。目前，我国模具钢生产工艺取得了显著进步，国内也先后涌现出一批又一批掌握了先进大型特钢技术的典型企业，如长城特钢、东北特钢、中信泰富等。但就目前的生产技术来说，与欧美等国际先进水平相比，仍存在一定的差距。

我们作为青年大学生，必须懂得自身时代抱负和使命，坚定文化自信，弘扬以伟大建党精神为源头的中国共产党人精神谱系，用好红色资源，深入开展社会主义核心价值观宣传教育，继续深化自身的科学素养，塑造自身的独立思考和创新能力，着力培养自己成为担当民族复兴大任的时代新人，争取成为社会的中流砥柱。

复习思考题

1. 为什么 Cr12 型模具钢要进行锻造,如何热处理?
2. 大型热锻模具的淬火与回火应注意什么?

第8章 铸铁

8.1 概述

铸铁是指含碳量大于2.11%的一系列主要由铁、碳、硅组合的合金的总称。铸铁是由新生铁、废钢、回炉铁、铁合金等各种金属炉料进行合理搭配熔制出来的。铸铁的主要成分是铁和碳，此外还含有少量的硅、锰、磷、硫等。铸铁与钢的主要区别在于铸铁比钢含有较高的碳和硅，并且硫、磷杂质含量较高。一般铸铁的 $w(\mathrm{C})=2.3\%\sim4.0\%$、$w(\mathrm{Si})=1.0\%\sim3.0\%$、$w(\mathrm{Mn})=0.3\%\sim1.2\%$、$w(\mathrm{S})=0.05\%\sim0.15\%$、$w(\mathrm{P})=0.05\%\sim1.0\%$。

铸铁的分类方法很多，主要有以下两种：按铸铁的断口特征可分为：灰口铸铁（灰铸铁）、白口铸铁、麻口铸铁。按铸铁的石墨形态可分为：灰铸铁、球墨铸铁、蠕墨铸铁、可锻铸铁。

8.2 灰口铸铁

灰口铸铁俗称灰铸铁。灰铸铁中的碳主要以片状石墨形式出现，断口呈灰色。其基本形式有铁素体、珠光体、珠光体+铁素体。灰铸铁生产工艺简单，铸造性能优良，是生产中应用最多的一种铸铁，约占铸铁总量的80%。

8.2.1 灰铸铁的化学成分、性能及用途

灰铸铁的化学成分一般为：$w(\mathrm{C})=2.7\%\sim2.8\%$、$w(\mathrm{Si})=1.1\%\sim2.7\%$、$w(\mathrm{Mn})=0.5\%\sim1.4\%$、$w(\mathrm{P})<0.3\%$、$w(\mathrm{S})<0.15\%$。

灰口铸铁由于具有一定的强度和良好的减振性能、耐磨性能，以及优良的切削加工性能和铸造加工性能，并且生产简便，成本低，因此在工业和民用上得到广泛的应用。

8.2.2 灰铸铁的孕育处理及孕育铸铁

为提高灰铸铁的力学性能,生产上常对其进行孕育处理,即在浇注前向铁水中加入少量孕育剂,经过孕育处理后获得亚共晶灰铸铁。孕育铸铁中的碳主要是以片状石墨形式出现,其基本形式为珠光体、索氏体。这种经过孕育处理的灰铸铁也称孕育铸铁。

孕育铸铁经过孕育处理后,Si 常被调到 1.2% ~1.8%,共晶团被显著细化,石墨的大小及分布得到明显改善,从而强度得到提高,因此孕育铸铁又称高强度铸铁。孕育铸铁的抗拉强度可达 200 ~400 MPa,但是延伸率和冲击韧性仍然较低,故常用于动载荷较小、静力强度要求较高的重要铸铁,如机床车身、发动机缸体等。

8.2.3 灰铸铁的热处理

灰铸铁的热处理方法主要有以下 3 种:

(1)时效处理

铸件在冷却过程中,由于各部位冷却速度不同而造成收缩不均匀,从而形成内应力,因此铸件形成后都需要进行时效处理,以消除其内应力。时效处理有两种方法,即自然时效和人工时效。自然时效是将铸件长时间放置在室温下以消除其内应力。人工时效是将铸件重新加热到 530 ~620 ℃,经过长时间保温(2 ~6 h),然后在炉内缓慢冷却至 200 ℃以下出炉空冷。

(2)石墨化退火

铸件在冷却时,表面及薄壁处会产生白口,使切削加工难以进行。石墨化退火是在高温下使白口部分的渗碳体分解,达到石墨化,作为补救措施。

石墨化退火是将铸件以 70 ~100 ℃/h 的速度加热至 850 ~900 ℃,保温 2 ~5 h,然后随炉冷至 400 ~500 ℃后出炉空冷。

(3)表面热处理

对于需要耐磨的铸件,如机床导轨、缸套等可用火焰或中高频感应加热方法淬火进行表面处理,但淬火前应进行正火处理,以保证其获得大于 65% 以上的珠光体。淬火后表面能获得马氏体 + 石墨组织,硬度可达 55HRC。

8.2.4 灰铸铁的牌号和用途

灰铸铁牌号中的“HT”是“灰铁”二字汉语拼音的第一个字母的大写,后面的数字表示最低抗拉强度。灰铸铁的牌号和用途见表 8.1。

表 8.1 灰铸铁的牌号、用途

牌 号	铸件壁厚/mm	σ_b/MPa	用途举例(参考)
	≥		
HT100	2.5 ~10	130	适用于对摩擦、磨损无特殊要求的低载荷零件,如盖、外罩、油盘、手轮、支架、底板、重锤等
	10 ~20	100	
	20 ~30	90	
	30 ~50	80	

续表

牌　号	铸件壁厚/mm	σ_b/MPa	用途举例(参考)
		≥	
HT150	2.5～10	175	适用于承受中等载荷的零件,如普通机床上的支柱、底座、齿轮箱、刀架、床身、轴承座、工作台、带轮等
	10～20	145	
	20～30	130	
	30～50	120	
HT200	2.5～10	220	适用于承受大载荷的重要零件,如汽车、拖拉机的汽缸体、汽缸盖、制动鼓以及齿轮等
	10～20	195	
	20～30	175	
	30～50	160	
HT250	4.0～10	270	适用于承受大应力、重要的零件,如联轴器盘、液压缸、泵体、泵壳、化工容器及活塞等
	10～20	240	
	20～30	220	
	30～50	200	
HT300	10～20	290	适用于承受高载荷、高气密性和要求耐磨的重要零件,如剪床、压力机等重型机床的床身、机座、机架以及受力较大的齿轮、凸轮、衬套、大型发动机的汽缸体、汽缸套及液压缸、泵体、阀体等
	20～30	250	
	30～50	230	
HT350	10～20	340	
	20～30	290	
	30～50	260	

8.3　球墨铸铁

球墨铸铁是铁液经过球化处理而不是经过热处理,使石墨大部分或全部呈球状,有时少量呈团絮状的铸铁。

8.3.1　球墨铸铁的化学成分

球墨铸铁是在铁液中加入球化剂有阻止石墨化的作用,这要求石墨铸铁比普通铸铁的含碳、硅量要高,并对硫、磷进行严格控制。一般 $w(C)=3.6\%\sim4.0\%$、$w(Si)=2.0\%\sim3.2\%$,同时有害杂质含量控制在 $w(S)<0.05\%$、$w(P)<0.06\%$。

8.3.2 球墨铸铁的组织和性能

球墨铸铁在铸态情况下，其基体的基本形式由不同数量的铁素体，珠光体以及自由渗碳体组成的混合组织。经过热处理后可获得铁素体球墨铸铁、珠光体球墨铸铁、铁素体+珠光体球墨铸铁、贝氏体球墨铸铁。

球墨铸铁的金属基本强度的利用率可以高达70%～90%，而灰铸铁仅为30%～50%。因此，球墨铸铁的强度、塑性、韧性均好于其他铸铁。疲劳强度可接近一般的中碳钢、球墨铸铁用于受力复杂，强度、韧性、耐磨性较高的零件，如汽车、拖拉机的曲轴等。

球墨铸铁的缺点是铸造性能低于灰铸铁，凝固时收缩较大。而且对铁液的成分要求较严。

8.3.3 球墨铸铁的牌号和用途

球墨铸铁牌号中的"QT"是"球铁"二字汉语拼音的第一个字母的大写，后面两组数字分别表示最低抗拉强度和最小延伸率。球墨铸铁的牌号和用途见表8.2。

表8.2 球墨铸铁的牌号、用途(参照GB 1348—88)

牌 号	σ_b/MPa	$\sigma_{0.2}$/MPa	$\delta\times100$	基体组织	用 途
	≥				
QT400-18	400	250	18	铁素体	汽车、拖拉机的牵引框、轮毂、离合器及减速器的壳体；农机具的犁铧、犁柱；大气压阀门阀体、阀盖支架、高低压气缸输气管；铁路垫板等
QT400-15	400	250	15	铁素体	
QT450-10	450	310	10	铁素体	
QT500-7	500	320	7	铁素体+珠光体	液压泵齿轮、阀门体、轴瓦、机器底座、支架、传动轴、链轮、飞轮、电动机机架等
QT600-3	600	370	3	铁素体+珠光体	连杆、曲轴、凸轮轴、气缸体、进排气门座、脱粒机齿条、轻载荷齿轮、部分机床主轴、球磨机齿轮轴、矿车轮、小型水轮机主轴 、缸套等
QT700-2	700	420	2	珠光体	
QT800-2	800	480	2	珠光体或回火组织	
QT900-2	900	600	2	贝氏体或回火组织	汽车螺旋锥齿轮、减速器齿轮、凸轮轴、传动轴、转向节；犁铧、耙片等

8.3.4 球墨铸铁的热处理

根据热处理的目的不同，球墨铸铁常用的热处理方法有以下几种：

(1)高温退火和低温退火

退火的目的是获得铁素体基体球墨铸铁。浇注后铸件组织中常出现不同数量的珠光体和渗碳体，使切削加工难以进行，为了改善其加工性能，同时消除铸造应力需进行退火处理。

当铸态组织为$F+Fe_3C+G$(石墨)时，则进行高温退火，即将铸件加热至900～920 ℃，保温2～5 h，然后随炉冷至600 ℃后出炉空冷。

当铸态组织为 F + P + G(石墨)时,则进行低温退火,将铸件加热到 700 ~ 760 ℃,保温 3 ~ 6 h,然后随炉冷至 600 ℃出炉空冷。

(2)**正火**

正火可分为高温正火与低温正火。高温正火则是将铸铁加热到 880 ~ 920 ℃,保温 1 ~ 3 h,然后空冷,以获得珠光体基体。若组织中有自由渗碳体存在,正火温度应提高至 950 ~ 980 ℃使自由渗碳体全部溶入奥氏体中。

低温正火铸件的内应力较大,因此正火后铸件应进行一次退火处理,加热至 550 ~ 600 ℃,保温 3 ~ 4 h,出炉空冷,以获得珠光体 + 铁素体基体的球墨铸铁。

(3)**等温淬火**

等温淬火适用于形状复杂易变形、综合力学性能要求较高的球墨铸铁。方法是将铸件加热至 860 ~ 920 ℃,适当保温后迅速放入 250 ~ 620 ℃的盐熔炉中进行 0.5 ~ 1.5 h 的等温处理,然后取出空冷。

(4)**调质处理**

对于受力复杂、截面尺寸较大的铸件,采用调质处理来满足高力学性能的要求。调质处理是将铸件加热至 860 ~ 920 ℃,保温后油冷,而后在 550 ~ 620 ℃高温回火 2 ~ 6 h,以获得回火索氏体和球墨组织。

8.4 蠕墨铸铁

蠕墨铸铁是铁液经过蠕化处理,大部分为蠕虫状石墨的铸铁。

蠕墨铸铁组织性能介于球墨铸铁和灰铸铁之间,具有良好的综合性能。蠕墨铸铁的铸造性能比球墨铸铁和灰铸铁好,并且具有良好的耐热性,因此形状复杂的铸件或高温下工作的零件可用蠕墨铸铁制造。

8.4.1 蠕墨铸铁的化学成分

蠕墨铸铁生产中采用共晶附近的成分以利于改善制造性能,一般化学成分为:$w(C)=3.0\%\sim4.0\%$,薄件取上限值,以免出现白口;厚件取下限值,以免出现石墨漂浮。$w(Si)=1.4\%\sim2.4\%$,主要用来防止白口,控制基体组织。另外 $w(Mn)=0.6\%\sim1.1\%$、$w(P)<0.06\%$、$w(S)<0.1\%$。

8.4.2 蠕墨铸铁的组织、牌号及用途

根据成分、蠕化率及热处理的不同,可获得铁素体、珠光体、铁素体 + 珠光体 3 种组织的蠕墨铸铁。

经蠕化处理的铁液也需要进行孕育处理,主要是消除蠕化元素所引起的白口组织,并细化石墨,增加共晶团数量。

蠕墨铸铁的抗拉强度和塑性随基体的不同而不同,如在相同的蠕化率时,随基体中珠光体的增加,铁素体减少,则强度增加而塑性降低。但蠕墨铸铁的抗拉强度比灰铸铁高,且比球墨铸铁铸造性能好,此外还有良好的导热性,因此可用于生产柴油机机盖、电动机外壳等。

蠕墨铸铁牌号中的“RT”表示“蠕铁”二字的汉语拼音首字母的大写体，后面的一组数字表示最低抗拉强度。蠕墨铸铁的牌号、性能和用途见表8.3。

表8.3 蠕墨铸铁牌号、性能及用途（蠕化率VG不大于50%）

牌 号	σ_b/MPa	$\delta \times 100$	硬度 HBS	基体组织	应用举例
	不小于				
RuT420	420	0.75	200～280	珠光体	活塞环、汽缸套、刹车鼓、钢球研磨盘、制动盘、玻璃模具、泵体等
RuT380	380	0.75	193～274	珠光体	
RuT340	340	1.0	170～249	珠光体+铁素体	龙门铣横梁、飞轮、起重机卷筒、液压阀体等
RuT300	300	1.5	140～217	铁素体+珠光体	排气管、变速箱体、汽缸盖、液压件、小型烧结机蓖条、纺织机零件
RuT260	260	3	121～197	铁素体	增压器废气进气壳体，汽车、拖拉机的某些底盘零件

8.4.3 蠕墨铸铁的热处理

蠕墨铸铁的热处理主要是为了调整其基体组织，以获得不同的力学性能，常用的热处理方法有：

(1)蠕墨铸铁的正火

普通蠕墨铸铁基体中含有大量的铁素体，通过正火可以增加珠光体含量，以提高强度和耐磨性。

(2)蠕墨铸铁的退火

蠕墨铸铁退火的目的是获得85%以上的铁素体基体，或消除薄壁游离渗碳体。

8.5 可锻铸铁

可锻铸铁是白口铸铁通过石墨化或氧化脱碳可锻化处理，改变其金相组织或成分，从而获得有较高韧性的铸铁。与灰铸铁相比，可锻铸铁有较好的强度和塑性，特别是低温冲击性能较好，耐磨性和减振性优于普通碳素钢，铸造性较灰铸铁差，切削性能优于钢和球墨铸铁而与灰铸铁接近。

可锻铸铁按热处理工艺的不同可分为黑心可锻铸铁和白心可锻铸铁。黑心可锻铸铁是白口铸铁在中性气氛中热处理。其中基体主要为珠光体的黑心可锻铸铁称珠光体可锻铸铁，基体主要为铁素体的黑心可锻铸铁称铁素体可锻铸铁。白心可锻铸铁是白口铸铁在中性氧化气氛中退火，产生的几乎是全部脱碳的可锻铸铁。

可锻铸铁的牌号中“KT”是“可铁”二字汉语拼音首字母的大写，“H”表示黑心（铁素体基），“Z”表示珠光体，后面两组数字分别表示抗拉强度和最小延伸率。可锻铸铁的牌号、性能及应用见表8.4。

表8.4 可锻铸铁牌号、性能及应用(试样尺寸直径为16 mm)(参照GB 9440—88)

牌号	σ_b/MPa	$\sigma_{0.2}$/MPa	$\delta\times100$	基体组织	应用
	不小于				
KTH300-06	300	—	6	铁素体	有一定强度和韧性,用于承受低动载荷、要求气密性好的零件,如管道配件、中低压阀门等
KTH330-08	330	—	8		用于承受中等动载荷和静载荷的零件,如犁刀、犁柱、机床用扳手及钢丝绳扎头等
KTH350-10	350	200	10		有较高的强度和韧性,用于承受较大冲击、振动及扭转载荷零件,如汽车、拖拉机后轮壳、转向节壳、制动器壳等,铁道零件、冷暖器接头、船用电机壳、犁刀、犁柱等
KTH370-12	370	—	12		
KTZ450-06	450	270	6	珠光体	强度、硬度及耐磨性好,用于承受较高应力与磨损的零件,如曲轴、连杆、凸轮轴、活塞环、摇臂、齿轮、轴套、犁刀、耙片、万向接头、棘轮扳手、传动链条、矿车轮等
KTZ550-04	500	340	4		
KTZ650-02	600	430	2		
KTZ700-02	700	530	2		

8.6 合金铸铁

合金铸铁是向铸铁中加入某些合金元素而形成的具有特殊性能的铸铁,根据具体用途不同合金铸铁分为以下几类。

8.6.1 耐热铸铁

具有良好的耐热性,可以代替耐热钢制造加热板、坩埚、废气道、热交换器及压铸模等,耐热主要是指它在高温条件下具有抗氧化和抗热生长的能力。

为提高铸铁的耐热性向铸铁中加入硅、铝、铬等元素,使铸件在高温下形成一层致密的氧化膜,保护内层不被继续氧化。此外,这些元素铸件的临界点,使其在工作温度范围不发生固态转变。

耐热铸铁主要用于烧结机台车、石油炼炉管板、电炉门、锅炉、炉笔、烟道挡板、换热器等。

8.6.2 耐磨铸铁

耐磨铸铁是指在润滑条件下不易磨损的铸铁。主要通过加入某些合金元素在铸铁中形成一定数量的硬化相。

用于机床和通用件的耐磨铸铁有:磷系耐磨铸铁、钒钛系耐磨铸铁、铬钼铜系耐磨铸铁、稀土系耐磨铸铁、锑系耐磨铸铁、硼系耐磨铸铁。

用于活塞环的耐磨铸铁有:钨系耐磨铸铁、钼铜系耐磨铸铁、镍铬系耐磨铸铁、磷系耐磨铸铁。

用于汽缸套的耐磨铸铁有:磷系耐磨铸铁、钼铜系耐磨铸铁。

8.6.3 耐蚀铸铁

普通铸铁其组织中有石墨、渗碳体、铁素体等不同相,它们在电介质中的电位不同,容易形成微电池,使阳极的铁素体不断被溶解而腐蚀。加入合金元素后,铸件表面形成致密的保护膜,从而增大铸铁的抗腐蚀能力。如高硅耐酸铸铁、高变压器尾箱、电机夹圈、磁铁支架、潜水艇零件等。

拓展阅读

我国是世界上最早发明和使用生铁的国家。在目前出土的大批文物当中,考古学家发现早在春秋战国时期,我国古人就已经会运用生铁铸造生产工具和生活用具,但由于生铁中碳全部以硬而脆的 Fe_3C 形式存在,因此古人还发明了包括石墨化退火和脱碳退火等铸铁的柔化技术来改良铁器性能。值得一提的是,在这类石墨化处理器件中,如河南巩县铁生沟汉代铁镢、南阳汉代铁镢、渑池汉魏铁斧等中还发现有球状石墨组织,其中以铁生沟的铁镢最为完整,该技术水平相当于我国现行的球墨铸铁标准一类A级。

以上这些都在一定程度上反映了我国古代劳动人民的聪明才智和非凡的创造精神,同时也反映了古代人民对美好生活的向往。作为当代大学生,我们也要清晰了解我党在对实现人民美好生活方面作出的努力。结合二十大报告,我党指出为民造福是立党为公、执政为民的本质要求。必须坚持在发展中保障和改善民生,鼓励共同奋斗创造美好生活,不断实现人民对美好生活的向往。

复习思考题

1. 什么叫铸铁?白口铸铁和灰铸铁各有什么性能特点?其主要原因是什么?
2. 什么是石墨化过程?影响石墨化过程的主要因素有哪些?
3. 什么是灰铸铁的孕育处理?目的是什么?
4. 球墨铸铁是怎样获得的?为什么球墨铸铁热处理效果比灰铸铁显著?
5. 灰铸铁、蠕墨铸铁、可锻铸铁、球墨铸铁的力学性能有何差异?为什么?

第9章 有色金属及其合金

金属材料是现代工业的基础,通常可分为黑色金属和有色金属两大类。黑色金属主要指钢铁、锰和铬。其他金属,如铝、铜、镁、钛、锡等及其合金统称为有色金属。有色金属又可大致分为轻有色金属(相对密度小于3.5,如铝、镁)、重有色金属(相对密度大于3.5,如铜、锡)、贵金属(如金、银)和稀有金属(如钨、钼)。

有色金属不仅是制造各种优质合金钢及耐热钢所必需的合金元素,还具有钢铁所不具备的独特性能,如质轻、强度高、耐腐蚀、导电性好等,在现代工业和实际生活中广泛应用。

各种有色金属在地壳中的储量极不均衡,铝、镁等矿藏丰富,其中铝矿比铁矿储量还高;但大多数有色金属化学活性高,冶炼困难,产量低,成本高。

9.1 铝及铝合金

9.1.1 工业纯铝

铝的原子序数为13,是面心立方晶格,没有同素异构转变,常温下相对密度为2.72,约为铁的1/3,常压下熔点为660 ℃,导热、导电性能良好,仅次于银、铜。

铝的化学活性较高,铝的表面在空气中容易生成致密的氧化膜,隔绝了空气,提高了耐蚀性,但铝不耐酸、碱、盐的腐蚀。铝中的杂质对其耐蚀性有一定影响,主要杂质有铁、硅等。

工业纯铝的纯度一般为98% ~99.7%,强度低($\sigma_b = 80 \sim 100$ MPa),塑性好($\Psi = 80\%$)。加工硬化后强度可提高到$\sigma_b = 150 \sim 200$ MPa,但塑性下降至50% ~60%。纯铝是非磁性、无火花材料,反射性能好。

工业纯铝的牌号为1070A、1060、1050A(GB/T 3190—1996)等,产品有半成品铝锭和压力加工成的线、板、带、棒、管等型材,代替贵重的铜制作导线,配制铝合金以及制作一些器皿。

9.1.2 铝合金

为了提高纯铝的强度、耐蚀性和工艺性能,将铝与合金元素(硅、铜、镁、锌、锰等)进行合金化,即得到铝合金。铝合金主要依靠固溶强化和沉淀强化提高其机械性能。根据铝合金的成分和生产工艺特点,将铝合金分为变形铝合金和铸造铝合金两大类,见图9.1。

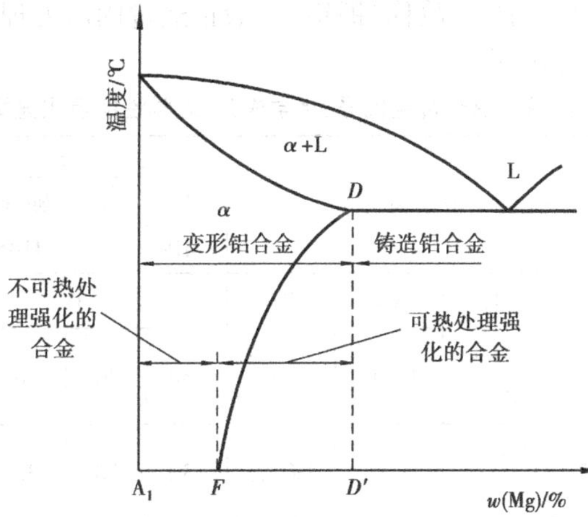

图9.1　铝合金的二元合金

图9.1中 D 点左边的合金,当加热到固溶线以上时,可得到单相固溶体,此时其塑性较好,适合进行压力加工,称为变形铝合金,可以通过冷变形和热处理提高其强度。变形铝合金可分为不可热处理强化变形铝合金和可热处理强化铝合金。

图9.1中 D 点右边的合金,则由于存在共晶组织,适合于铸造加工,称为铸造铝合金。其铸造组织是非平衡组织。

(1)变形铝合金

在合金相图中 F 点以左的,其α固溶体成分不随温度而变化,故不能用热处理方法强化,属于不可热处理强化变形铝合金;其成分在 $D'\sim F$ 之间的,其α固溶度随温度而变化,可用热处理强化,属于可热处理强化铝合金。

不可热处理强化变形铝合金主要有防锈铝合金,可热处理强化变形铝合金主要有硬铝、超硬铝和锻铝合金。

表9.1列出各种变形铝合金代号、力学性能和用途举例。

1)防锈铝合金　防锈铝合金的特点是抗蚀、易加工成型和焊接,但不能热处理强化,故强度较低。防锈铝属于铝-锰系合金及铝-镁系合金,时效强化效果弱,一般用冷变形来提高强度。铝-锰系合金由于加入锰,提高了合金的耐蚀能力,并且大部分锰溶于固溶体,产生了固溶强化作用;铝-镁系合金加入镁用于固溶强化和降低合金密度。

防锈铝合金主要用于制造耐蚀容器、管道、防锈蒙皮及需要拉伸、弯曲的零件和制品。

2)硬铝合金　硬铝在航空工业获得广泛应用,如飞机构架、螺旋桨、叶片等,但其抗蚀性差。硬铝合金属于铝-铜-镁系合金。加入铜和镁是为了在时效过程中产生强化相 $CuAl_2$ 和 Al_2CuMg(S)等。这类合金既可通过热处理强化(淬火+时效)来获得较高强度和硬度,也可通过变形来强化。镁含量越高,时效强化处理效果越显著,即强度越大。

3)超硬铝合金　超硬铝是强度最高的一类变形铝合金,常用作飞机上的主要受力部件,如机翼大梁、桁架及起落架等。超硬铝合金是铝-铜-镁-锌系合金。这类合金经热处理后,可产生各种复杂的第二相,具有很高的强度和硬度,同时切削性能也较好,但耐蚀性、焊接性较差。

通过加入 Cr、Mn、Zr、Ti 等少量元素可以提高合金的机械性能，改善塑性和抗应力腐蚀性能。

4）锻铝合金　锻铝合金属于铝-铜-镁-硅系合金。主要强化相是 Mg_2Si，性能与硬铝接近，且耐蚀性和热塑性好，适于锻造加工，故称“锻铝”。锻铝通过固溶处理和人工时效来强化，主要用于制造外形复杂的锻件和模锻件。

表 9.1　常用变形铝合金代号、化学成分、力学性能及用途举例

类别	代　号	化学成分 w/%（余量为 Al）					力学性能			用途举例
							R_m /MPa	A_{10} /%	硬度 /HBS	
		Si	Cu	Mg	Mg	Zn	不小于			
防锈铝合金	5A05	0.10	4.8 ~ 5.5	0.3 ~ 0.6	0.20	—	280	20	70	导管、日用品以及中载零件及制品
	3A21	0.20	0.05	1.0 ~ 1.6	0.10	Ti0.15	130	20	30	容器、油管、焊条、铆钉、轻载零件及制品
硬铝合金	2A01	2.2 ~ 3.0	0.2 ~ 0.5	0.20	0.10	0.15	300	24	70	结构用中等强度铆钉
	2A11	3.8 ~ 4.8	0.4	0.4 ~ 0.8	0.30	Ni0.10 Ti0.15	420	15	100	中等强度的结构零件，如固定接头、支柱、螺旋桨叶片等
超硬铝合金	7A04	1.4 ~ 2.0	1.8 – 2.8	0.2 ~ 0.6	5.0 ~ 7.0	Cr0.1 ~ 0.25	600	12	150	主要受力结构件，如飞机大梁、桁架、起落架
锻铝合金	2A50	1.8 ~ 2.6	1.4 ~ 0.8	0.4 ~ 0.8	0.30	Ni0.10 Ti0.15	420	13	05	中等强度的复杂形状锻件及模锻件
	2A70	1.9 ~ 2.5	1.4 ~ 1.8	0.20	0.30	Ni0.9 ~ 1.5 Ti0.02 ~ 0.1	440	12	120	内燃机活塞和锻件、结构件

注：表内化学成分及分类摘自 GB 3190—1982；代号使用了 GB/T 3190—1996 规定的新牌号。

（2）**铸造铝合金**

铸造铝合金的优点是比重小、强度高，并有良好的抗蚀性和铸造工艺性，可进行各种成形铸造。铸造铝合金为提高铸造性能，形成低熔点的共晶体，含有较多的合金元素。其力学性能不如变形铝合金。铸造铝合金种类很多，主要有铝-硅系、铝-铜系、铝-镁系及铝-锌系 4 种，其中铝-硅系应用最广泛。

用“ZL”后加三位数表示铸造铝合金代号。第一位数表示合金类别（“1”为铝-硅系、“2”为铝-铜系、“3”为铝-镁系、“4”为铝-锌系）；后两位数为合金顺序号。表 9.2 列出了常用铸造铝合金代号、成分、力学性能及用途。

表9.2 部分铸造铝合金代号、化学成分、力学性能及用途

代 号	主要化学成分 w/%（余量为 Al）					力学性能			用途举例
						R_m /MPa	A_{10} /%	硬度 /HBS	
	Si	Cu	Mg	Mn	Zn	不 小 于			
ZL102	10.0 ~ 13.0	—	—	—	—	150	4	50	适于 200 ℃以下工作，形状复杂的砂型、金属型和压力铸造零件，要求气密性好，承受低载荷，如仪表、水泵壳体
ZL104	8.0 ~ 10.5	—	0.17 ~ 0.30	0.2 ~ 0.5	—	200	1.5	70	适于 200 ℃以下工作的砂型、金属型和压力铸造的形状复杂零件，如发动机气缸体等
ZL203	—	4.0 ~ 5.0	—	—	—	230	3	70	适于砂型铸造、中等载荷、形状较简单、要求加工性能好，工作温度小于 200 ℃的零件，如托架等
ZL302	0.8 ~ 1.3	—	4.5 ~ 5.5	0.1 ~ 0.4	—	150	1	55	腐蚀介质下，严寒大气中工作的中等载荷零件，如船舶配件等
ZL401	6.0 ~ 8.0	—		—		250	1.5	90	适于压力铸造、工作温度不超过 200 ℃、结构开关复杂的汽车、飞机零件

1）铝-硅及铝-硅-镁铸造合金　Al-Si 二元合金为了获得优良的铸造性能，常用铝-硅合金中硅的质量分数为 10% ~13%，它在铸造缓冷后，组织主要为共晶体（σ + Si）。其中硅晶体是硬脆相，呈粗大针状，会严重降低合金的力学性能。所以一般进行变质处理，加入少量的金属钠作为变质剂，促进硅呈球状分布以及细化组织，使合金的力学性能显著提高。

为了进一步提高铝-硅合金的强度，加入镁、铜以形成强化相，增加热处理强化效应，提高合金的机械性能。这样的合金在变质处理后还可进行淬火时效，以提高强度、耐热性及耐磨性。

铸造铝-硅合金一般用来制造轻质、耐蚀、形状复杂但强度要求不高的零件，如汽车车灯架、手提电动或风动工具（手电钻、风镐）及仪表外壳。加入镁、铜的铝-硅合金（如 ZL108 等）是制造内燃机活塞的合适材料。

2）其他铸造铝合金　铝-铜系合金加入铜改善合金的耐热性和热稳定性，有较好的高温性能，但铸造性能和抗蚀性差，且密度大，主要用于制造要求高强度、高耐热的零件，如金属铸型等。铝-镁系合金密度小，具有较好强度、韧性和良好耐蚀性，但铸造性能差，多用于制造食品和化学工业在腐蚀介质下工作的零件。铝-锌系合金强度较高，切削加工性、焊接性、热稳定性和铸造性能较好，但密度较大，耐蚀性很差，常用于制造形状较复杂的零件。

9.1.3 铝合金热处理特点

铝合金的热处理与钢不同。钢是通过控制同素异构体转变来改变性能，铝合金是通过控制第二相的析出来改变性能。铝合金的基本热处理形式是退火和淬火时效，前者是软化处理，后者也称强化处理。

(1)退火

变形铝合金的退火是为了消除加工硬化，便于再加工。它主要用于飞机蒙皮等形状复杂的钣金件，一般是加热到350～450 ℃，保温后空冷。

铸造铝合金的退火可以消除铸造时的偏析和内应力，并使组织稳定、提高塑性。退火温度决定于材料种类，加热时间一般较长。

(2)淬火(固溶处理)

将铝合金加热到稍微超过固溶线，保温适当时间，可得到均匀的单相固溶体，然后在水中快速冷却，使第二相来不及析出，在室温下获得过饱和的固溶体组织。

(3)时效

铝合金淬火后应及时进行时效处理，因为固溶体是过饱和、不稳定的组织，有分解出第二相过渡到稳定状态的倾向。在一定温度下保持一段时间，使第二相从过饱和固溶体中缓慢析出，导致晶格畸变，从而使铝合金的强度和硬度得到显著提高，塑性明显下降，这种现象称为时效。

时效工艺主要包括单级时效、分级时效、形变时效和回归处理与回归处理再时效处理等。

在室温下进行的时效称自然时效，自然时效特点是塑性、韧性、抗蚀性高。在100～200 ℃范围进行的时效称人工时效，人工时效的特点是塑性、韧性、抗蚀性一般较差，另外人工时效温度越高，时效过程越短，强化效果越差，超过200 ℃，晶格畸变完全消失，已不具有强化性能。

当零件重新加热到略高于时效温度，短时保温后在水中急冷，合金的强度、硬度可恢复到淬火状态水平，这种现象称作回归。对已时效强化零件进行的再淬火—时效处理也称为回归处理，这种处理在生产中具有实用意义。

9.2 铜及铜合金

铜元素在地壳中的储量很小，但铜及其合金是人类历史上使用最早的金属材料之一。由于铜的优良性能及美丽的色泽而被广泛应用。工业应用的铜及合金主要有：工业纯铜、黄铜、青铜，白铜应用较少。

9.2.1 工业纯铜(简称纯铜)

纯铜因其表面氧化形成一层氧化亚铜氧化膜后呈紫色，故又称紫铜。纯铜用电解方法制得,又称电解铜。

纯铜具有面心立方晶格,熔点为1 038 ℃,相对密度为8.94 g/cm^3,强度低(R_m=200~250 MPa),塑性好(A=35%~45%),便于进行冷、热锻压加工,用来制作油管、铆钉、垫圈和各种型材。铜的化学稳定性较好,因而抗蚀性较好,它又有良好的导电、导热和无磁性,广泛用来制作导线、散热器、冷凝器、抗磁性的仪器仪表等。

9.2.2 铜合金

由于纯铜的强度低,为提高其性能,往往加入适量合金元素制成铜合金。铜合金中常加入的合金元素有Zn、Sn、Al、Ni、Si、Be、Ti、Fe、Zr、Cr、Mg、S、Pb、Se、Cd、Mn、B、P等。铜合金按化学成分可分为黄铜、青铜和白铜(铜镍合金)。

(1)黄铜

黄铜是以锌为主要合金元素的铜合金。按化学成分不同,分为普通黄铜、特殊黄铜两种。表9.3列出了常用黄铜牌号、化学成分、力学性能及用途。

表9.3 常用黄铜的牌号、化学成分、力学性能及用途举例

(根据GB 2060—89或YB 146—71)

类别	牌号	主要成分 w/%(余量为Zn)		力学性能		用途举例
		Cu	其他	R_m /MPa	A_5 /%	
普通黄铜	H80	79~81	—	265~392	50	用于镀层及装饰
	H68	67~70	—	249~392	40	管道、散热器、螺母、垫片等
	H62	60.5~63.5	—	294~412	35	散热器、垫圈等
特殊黄铜	HPb59—1	57~60	Pb 0.8~1.9	343~441	25	用于热冲压和切削加工件
	HMn58—2	57~60	Mn 1.0~2.0	382~588	35	耐腐蚀和弱电用零件
铸铝黄铜	ZCuZn31A12	66~68	A1 2.0~3.0	295~390	12~15	耐蚀性较高的零件
铸铝黄铜	ZCuZn16Si4	79~81	Si 2.5~4.5	345~390	15~20	水泵叶轮、旋塞及船用配件等

1)普通黄铜 简单的铜-锌二元合金称为普通黄铜。其牌号中的"H",表示"黄",数字表示铜的平均含量,余量为锌。锌加入铜中,首先形成Zn在Cu中的固溶体α相,它具有面心立方晶格,使塑性增高,适合于压力加工。当锌的质量分数为30%~32%时,塑性最高,当Zn增至40%~42%时,产生以化合物CuZn为基的固溶体(β相),它具有体心立方晶格,塑性好。β相在低温时会发生有序化转变,形成脆性相β′,塑性下降。当锌的质量分数超过45%以后,组织全部为β′相,合金强度、塑性急剧下降,室温单相β′合金无实用价值。普通黄铜力学性能、

工艺性和耐蚀性较好,应用较广泛。

2)特殊黄铜　在普通黄铜中加入铅、铝、锰、锡、硅、铁、锰镍等合金元素所组成的多元合金称特殊黄铜。牌号用"H"+主加元素符号+铜的质量分数+主加元素质量百分数表示。若特殊黄铜中加入的合金元素较少,则塑性较好,也称为压力加工特殊黄铜;加入的合金元素较多,则强度和铸造性能好,称为铸造用特殊黄铜,牌号中用"Z"表示"铸造"。加入铝、锡、锰、镍的合金还能提高抗蚀性和耐磨性。压力加工黄铜通常采用退火热处理。

(2)**青铜**

青铜是除黄铜和白铜以外的铜合金。青铜主要有锡青铜(普通青铜)和铝青铜、铍青铜、硅青铜等特殊青铜两类。青铜的牌号由Q(代表"青")+第一主加元素及质量分数(%)+其他元素质量分数(%)表示。铸造用青铜在牌号前加"Z",后接化学元素符号及含量。常用青铜牌号、化学成分、力学性能及用途举例见表9.4。

1)锡青铜　锡青铜是铜和锡构成的合金,是人类历史上使用最早的合金,工业用锡青铜中锡成分的质量分数在3%~14%之间。锡的质量分数<8%的锡青铜具有较好的塑性,适用于压力加工;锡的质量分数>10%的锡青铜塑性低,适于铸造,加入铅可改善合金的铸造性能。压力加工锡青铜。其耐磨性和抗蚀性好,而且具有弹性,用于制造簧片、齿轮、轴承等。铸造锡青铜含锡、磷量高,因此强度、耐磨性高,用于制造齿轮、蜗轮、泵壳等。此外,锡青铜还有良好的减摩性、抗磁性和低温韧性。

2)铝青铜　铝青铜是以铝为主要合金元素的铜合金,其中铝含量的质量分数为5%~11%。铝青铜常用来制造强度及耐磨性要求较高的零件,如齿轮、蜗轮、轴套等。铝青铜的铸造性能、切削性能、焊接性能较差。

3)铍青铜　铍青铜是以铍为主加元素的铜合金,铍的质量分数为1.7%~2.5%。由于铍在铜中的溶解度变化很大,所以铍青铜时效硬化效果极大,具有很高的强度、硬度和弹性极限。

表9.4　常用青铜牌号、化学成分、力学性能及用途举例

类型	牌号	主要成分 w/%(余量为Cu)		力学性能		用途举例
		Sn	其他	R_m/MPa	A_5/%	
压力加工锡青铜	QSn4-3	3.5~4.5	Zn 2.7~3.3	350	40	弹簧、管配件和化工机械等
	QSn6-5-0.1	6.0~7.0	P 0.1~0.25	300 500 600	38 5 1	耐磨件、弹性零件等
	QSn4-4-2.5	3.0~5.0	Zn 3.0~5.0 Pb 1.5~3.5	300~350	35~45	轴承、轴套等

续表

类型	牌号	主要成分 w/%（余量为 Cu） Sn	主要成分 w/%（余量为 Cu） 其他	力学性能 R_m/MPa	力学性能 A_5/%	用途举例
铸造锡青铜	ZcuSn10Zn2	9.0～11.0	Zn 1.0～3.0	245 240	6 12	泵、阀、齿轮等
铸造锡青铜	ZcnSn10P1	9.0～11.5	P 0.5～1.0	310 220	2 3	重要的轴瓦、齿轮等
特殊青铜	ZhAl10Pd		Al8.5～11.0 Fe2.0～4.0	540 490	15 13	耐磨、耐蚀重型铸件、如蜗轮
特殊青铜	QBe2		Be1.9～2.2 Ni0.2～0.5	500	3	重要仪表的弹簧、齿轮等
特殊青铜	ZCuPb30		Pb27～33	—	—	高速双金属轴瓦、减磨零件等

9.3 钛及钛合金

钛及其合金是极其重要的轻质结构材料，具有比强度大、耐热性好、抗腐蚀性高、低温韧性优良等特点，在航空、航天、造船、化工等工业中具有广阔的应用前景。

9.3.1 纯钛

钛的原子序数为22，钛是银白色金属，常压下熔点是1 668 ℃，相对密度4.5 g/cm^3。钛在固态下具有同素异构现象，882.5 ℃以下为α-Ti，具有密排六方晶格；882.5 ℃以上为β-Ti，具有体心立方晶格。虽然自然中钛含量丰富，但纯钛或含钛量高的矿石极少，工业制取金属纯钛的难度很大。

9.3.2 钛的合金化

钛合金的性能主要取决于α相和β相的排列方式、体积分数以及各自的性能。钛合金化的主要目的是利用合金元素对α相或β相的稳定作用，改变α相和β相的组成，控制钛合金的性能。钛合金按其退火组织状态分为全部α相、全部β相和α+β相三类，分别称α钛合金、β钛合金和α+β钛合金，分别以TA，TB，TC表示。

(1)α钛合金(TA)

α钛合金的主要合金元素是α相的最重要稳定元素铝。这种合金具有很好的强度、韧性、焊接性和铸造性，抗氧化能力较好，热稳定性、热强性很好，可以在500 ℃左右高温长期工作。α钛合金的热处理一般是退火处理。α钛合金主要用于化工和加工工业，也可用来制造飞机涡轮机壳等。

(2)β钛合金(TB)

这种合金一般加入Mo，V，Cr，Al等β稳定元素，β钛合金的强度较高，同时韧性好，但密度大,抗氧化能力较差。经淬火和时效处理后,析出弥散的α第二相进一步提高强度,β钛合金主要用于制造高强度板材和复杂形状零件。

(3)α+β**钛合金**(TC)

α+β钛合金主要加入Al,Mn,Cr,V等,应用最广的是Ti-6Al-4V,目前使用的钛合金中有50%以上具有这种成分。α+β钛合金兼有TA和TB上述两类合金的优点,即塑性好、热强性好、抗海水腐蚀能力很强,另外α+β钛合金生产工艺简单,可通过淬火和时效处理进行强化。这类钛合金主要应用于飞机叶片,舰艇壳体等。钛合金还具有良好的低温工作性能。例如,TC4在-196 ℃以下仍然具有良好的韧性,用于制造低温高压容器,如火箭及导弹的液氢燃料箱等。

9.3.3 钛合金的热处理

钛合金的热处理主要有以下两种方式。

(1)**退火**

退火主要目的是提高塑性,消除应力,稳定组织,保证一定的机械性能。常用的有去应力退火和高温退火。

1)去应力退火　去应力退火一般在再结晶温度以下进行,以消除机加工以及焊接所引起的内应力。去应力退火温度一般为450~650 ℃,不同零件保温时间有所不同,焊接件保温2~12 h后空冷,机加工件保温0.5~2 h后空冷。

2)高温退火　高温退火在再结晶温度以上进行,可以消除加工硬化,同时可以稳定组织。钛合金高温退火温度一般为650~850 ℃,钛合金导热性差可引起局部温度升高,冷却速度决定于钛合金的种类。

(2)**淬火和时效**

钛合金如果在高温β相区淬火,可获得马氏体,但马氏体相变不引起合金的显著强化,需经时效处理后方可显著提高合金强度。钛合金的时效温度一般为450~600 ℃,主要利用亚稳相的时效分解,故适用于β钛合金。

钛合金中不同合金元素对热处理的强化效果不同,另外还可以进行氮化、渗碳等处理,进一步提高合金零件的耐磨性和疲劳强度。

9.4 镁合金

镁的原子序数为12,镁具有密排六方晶格结构,常压下熔点为651 ℃,相对密度为1.74 g/cm^3,比热和膨胀系数较大。

以镁为基体加入其他合金元素的合金称镁合金,又称为超轻质合金。加入镁合金的主要合金元素是Al,Zn,Zr,Mn等,一般质量分数为$w(\mathrm{Al})=0.2\%\sim9.2\%$,$w(\mathrm{Zn})=0.2\%\sim6.0\%$。Zr和Mn辅助元素,Zr的主要作用是细化晶粒,Mn有一定的固溶强化效果。它的优点是:比重很小,比强度高于铝合金;切削加工性良好;耐蚀性好(特别矿物油和碱类的腐蚀);疲劳极限高,能承受较大的冲击载荷。因而镁合金在航空、无线电通信、仪表等行业得到广泛的应用。特别是在手提电话和笔记本电脑方面。

镁合金根据加工方法分为压力加工镁合金和铸造镁合金两类。压力加工方法可以制造以板、管、棒、线、锻件等形式供应的镁及镁合金成品或半成品。镁合金的铸造性能差,熔化时需要加入特殊的防护熔剂,并且铸造时要用特种混合型砂来制作砂模,铸造后易产生应力集中,铸造工艺要求较高,铸造后要适当处理。

工业纯镁的牌号用"Mg"和序列号表示,例如Mg1称为一号纯镁。镁合金的牌号用"MB"和序列号表示,例如MB6称为六号镁合金等。

9.5　轴承合金

9.5.1　对轴承合金的性能要求

滑动轴承一般由轴承体和轴瓦组成,轴瓦直接支承着转动轴。轴瓦的钢质基体内侧浇注或轧制着一层高强度耐磨合金,这层合金就称为轴承合金。滑动轴承与滚动轴承比较,有承压面积大、工作平稳、噪声小,维修、拆装方便等优点,应用于发动机、机床等动力设备和传动装置。

滑动轴承承受周期性载荷和强烈摩擦,要求具有的性能主要有:具有良好的减磨性,良好的减磨性包括三个方面:①摩擦系数低;②抗咬合(粘着)性能好;③磨合性好;足够的强度和硬度,特别是抗压强度;有足够的塑性和韧性便于加工和抵抗冲击、震动;有良好的耐蚀性、导热性和较小的膨胀系数。

9.5.2　轴承合金的组织分类

(1)软的基体上分布着硬质点(一般为化合物)

当轴承转动时,软基体很快磨损凹下,可储存润滑油,使轴与轴瓦间形成连续油膜,保证较低的摩擦系数;硬质点突出于表面以承受载荷,抵抗磨损。这类组织的轴承合金主要是巴氏合金,包括锡基轴承合金和铅基轴承合金。

(2)较硬基体上分布着软的质点

这类轴承合金基体是硬基体上分布着软的质点,具有低的摩擦系数,但磨合性较差。这类组织的轴承合金有铜基、铝基轴承合金、铸铁等。

9.5.3　轴承合金分类

(1)锡基轴承合金

又称锡基巴氏合金,是以锡为基础,加入Sb、Cu等合金元素组成的合金。锑溶入锡形成的α固溶体,以此为软基体,SnSb和Cu6Sn5化合物为强化相形成硬质点及骨架。

这种合金具有良好的耐磨性、耐蚀性与韧性,摩擦系数小,塑性、导热性好,是优良的减磨材料,由于锡属于贵重金属,常用作重要轴承,如汽轮机、发动机等机器的高速轴承。它的主要缺点是强度低,尤其是疲劳强度较低,生产上常采用在低碳钢轴瓦上浇注一层锡基轴承合金以提高轴承的强度,这种操作称为"挂衬"。

(2)**铅基轴承合金**

又称铅基巴氏合金,是在铅－锑基础上,加入 Sn、Cu 等元素,其硬度、强度、耐磨性、韧性均较锡基巴氏合金低,并且摩擦系数较大。铅基轴承合金价格便宜,因而常用来制造承受中、低载荷的中速轴承,如曲轴轴承、连杆轴承及电动机轴承等。

锡基与铅基轴承合金统称巴氏合金。巴氏合金具有较好的磨合性,并且抗冲击和振动,但难以承受高载荷。锡基、铅基轴承合金牌号用"Z"和主加、辅加元素化学符号以及主加、辅加元素质量分数(%)来表示。

(3)**铜基、铝基轴承合金**

以铅为主要元素的铜合金作为轴承材料,称为铜基轴承合金。以铝为基体元素的轴承合金称为铝基轴承合金。铜基、铝基轴承合金都具有承载能力高的特点,另外铝基轴承合金具有原料丰富、价格便宜,导热性好、疲劳强度和高温硬度高的优点,可以替代巴氏合金和铜基合金,应用于高速、重载的内燃机轴承。

除以上轴承合金外,珠光体灰铸铁、粉末冶金含油轴承、聚氨脂橡胶、聚四氟乙烯工程塑料等也可作滑动轴承或衬套材料。

9.6 粉末冶金

粉末冶金是将金属粉末或金属与非金属粉末混匀后压制成型,再经过烧结而获得所需材料或零件的加工工艺或方法。它可以直接制成零件,也可以生产成材料和制品,它属于具有微小孔隙的多孔材料,可具有高硬度、高摩擦因数、良好吸附性以及过滤作用。粉末冶金按制品材料分类有铁基粉末冶金和铜基粉末冶金两种。

9.6.1 粉末冶金的生产工艺

粉末冶金产品一般经过:制粉→混匀→压制成型→烧结→后处理 5 个工序。

(1)**制粉**

制粉是将原料制成粉末的过程。常用的制粉方法有机械法和氧化物还原法。

(2)**混匀**

混匀是在金属粉末中加入石墨、合金元素、润滑剂(如机油)和增塑剂(如石蜡),按一定比例混合均匀,为压制成型作准备。

(3)**压制成型**

将制备好的粉末放在模具中,以 500 ~ 600 MPa 的压力压制成型。方法有两种:常温加压成型和加热加压成型。

(4)**烧结**

压制成型的粉末冶金制品颗粒间的机械结合力较小,强度较低,需要通过烧结提高强度。一般在气氛保护或真空环境中进行高温烧结。粉末经过相互扩散、再结晶、蠕变、晶粒长大等过程,可以使粉末颗粒很牢固地焊合在一起,得到具有一定孔隙度的高强度制件。粉末冶金的烧结与金属或合金的熔化不同,烧结时至少有一种组元仍处于固相,而熔化时全部组元都变成液相。

(5)**后处理**

烧结后的粉末冶金件一般即可使用,但对于尺寸精度、表面粗糙度、硬度、耐磨性等有特殊要求的制件还需进行后处理。后处理一般进行精压、滚压、表面淬火进一步提高制件的力学性能,也可以进行浸油或浸渍其他润滑液以达到润滑、耐蚀的目的。

另外,粉末冶金制品还可以进行切削加工、焊接以及各种热处理和表面处理。

9.6.2 粉末冶金的应用

粉末冶金生产的特点是工艺简单,设备少,占地面积小,另外不需再加工,做到了无切削或少切削加工,生产效率高,材料利用率高,因此应用前景广泛,用粉末冶金工艺可以生产出多种结构材料和一些具有特殊性能的材料。主要粉末冶金材料有:

(1)**烧结减摩材料**

一般用于制造含油滑动轴承,含油轴承有铁基含油轴承和铜基含油轴承。铁基含油轴承合金承载能力较大,硬度高,适合用于承受压力大、线速度低的场合,如轧钢机轴承。铜基粉末冶金轴承合金导热性、抗咬合性、耐蚀性好,摩擦系数小,适用于工作压力较小、线速度较高的精密机械,如发动机轴承。与锡基轴承合金比较,粉末冶金含油轴承本身含有一定的固体润滑剂(石墨、铅、二硫化钼等)和同时本身可储存有一定的润滑油,减磨性能明显高于锡基轴承合金。

(2)**烧结摩擦材料**

粉末冶金烧结摩擦材料强度高,同时由于多孔性,可以长久保持较粗糙的表面,耐磨性高,散热性也好,所以可以用来制作离合器、制动器等摩擦片。

(3)**硬质合金**

硬质合金是由难熔金属硬质化合物和金属粘合剂经粉末冶金方法制成的。它硬度高(69~81 HRC),热硬性好(可达900~1 000 ℃),耐磨性和抗压强度较高,可用于制造刀具。也可用于制造轧钢机导卫以及某些冷作模具等高耐磨零件。

硬质合金还有良好的耐蚀性与抗氧化性。硬质合金只能磨削加工。

除以上介绍的各种有色金属及其合金外,还有一些精密合金,如记忆合金、膨胀合金、电阻合金、热电偶合金等,这些具有特殊性能的精密合金广泛应用于现代工业的仪表及各种控制元件中。

拓展阅读

2022年北京冬奥会践行绿色、共享、开放、廉洁的办奥理念,北京冬奥会充分展示了美丽中国底色,该庆典的成功举办已然载入世界体育和文化盛会的伟大史册中,祖国人民和国际社会都见证了这一精彩纷呈的历史时刻。北京奥运会当中的一些创意设计不乏有将古代卓越的文化瑰宝与当今时代巧妙结合起来的神来之笔。例如,北京冬奥会火炬接力火种灯,其创意则源于“中华第一灯”——西汉长信宫灯。在火炬的器具设计环节,设计师们在保证应用技术的前提下,还尝试融入环保手段:如火种灯和火种盆都选取了铝合金材质,具有轻巧、可回收等环保特点。

党用伟大奋斗创造了百年伟业，在历史长河推进的当今，也一定能用新的伟大奋斗创造新的伟业，而2022年北京冬奥会就是最好的例子之一。全党全国各族人民紧密团结在党中央周围，牢记坚定信心、同心同德、埋头苦干、奋勇前进的使命担当，为全面建设社会主义现代化国家、全面推进中华民族伟大复兴而团结奋斗。

复习思考题

1. 试述各种变形铝合金的特性和用途？

2. 铝合金的强化措施有哪些？铝合金的淬火与钢的淬火有什么不同？

3. 滑动轴承合金应具有哪些性能要求？为确保这些性能，滑动轴承合金应具有什么样的理想组织？

4. 什么是粉末冶金？试述其特点和应用。

5. 试述硬质合金的种类、特点和用途。

第10章 非金属材料

工程材料分金属材料和非金属材料。非金属材料在广义上讲是金属及合金以外的具有某些特殊性能的一切材料的总称。一般包括高分子合成材料、陶瓷材料、复合材料等。非金属材料用途广泛,在现代工业中已经占据了不可取代的地位。

10.1 高分子材料

天然的、合成的和复合材料的高分子材料已经遍及人们的衣、食、住、行。衣:棉、毛、涤纶等制成的衣服;食:米、面、蛋、肉等;住:家里用的各种聚乙烯等塑料制品;行:装有橡胶轮胎的汽车等。所以高分子材料应用非常广泛,是人们日常生活中不可缺少的重要材料。

从化学角度来讲,高分子材料是指相对分子质量大于500,由许多比较简单的低分子化合物通过聚合反应重复连接起来的一类有机化合物。故又称聚合物或高聚物。例如,应用很广的聚乙烯就是由乙烯重复连接而成:

$$n\,CH_2=CH—聚合—[CH_2—CH]_n$$

上式高聚物中重复连接的结构单元—CH_2—CH—称为链节;能够相互连接起来的低分子化合物称为单体,它是制成高聚物的主要原料。由链节重复连接而成的链称为高分子链;链节重复的次数称为聚合度,以 n 表示聚合度决定了高分子的相对分子质量及高分子链的长短。高分子的相对量 M 以及链节相对分子量 m 之间的关系如下:

$$M = n \times m$$

所以,整个高聚物相当于由 n 个链节按一定方式重复排列起来的一条细长的高分子链。

高分子按来源可分为天然的和人工合成的两大类。如松香、蛋白质、天然橡胶、木材等是天然高分子化合物;而工程塑料、合成橡胶、合成纤维等都是人工合成的高分子合成化合物。高分子是由分子量很大的长链组成,而每个链都是由共价联合的成百上千的一种或多种小分子构造而成。高分子链的几何形态有线型结构、支链型结构和体型结构。前两种形态聚合物弹性良好,具有热塑性,易于加工成型,合成纤维、热塑性塑料属于此类。后一种是三维网状形态,具有热固性,只能一次热模压成型,硫化橡胶等属于此类。

当然,高分子材料在给人类创造美好生活的同时,也带来了一些负面效应,其中最明显的就是在氧、热、紫外线、机械力、水蒸气、微生物等作用下逐渐失去弹性,出现龟裂,变硬或发粘软化,变色失去光泽,这些现象统称为老化;废旧塑料等引起的"白色污染"等。造成这一后果的主要原因是高分子材料在自然环境降解缓慢。目前已有不少科学家开始着手研究这一问题。比如加入防老化剂、表面涂层或镀金属的措施来防老化。相信在不久的将来,可缓解的高分子材料就会走进我们的生活,它必将为我们创造出一个更加美好的生存环境。常用的高分子合成材料有以下几类。

10.1.1 工程塑料

塑料用合成树脂与合成橡胶、合成纤维三大类合成高分子材料已成为人类生存和繁衍的全部活动都离不开的新型材料,已与钢铁、木材、水泥一起构成现代社会中的四大基础材料。据统计,日本 1990 年生产了 1 265 万吨塑料,它分为热塑性和热固性两大类。其中热固性塑料为 205 万吨,热塑性塑料为 1 060 万吨。在热塑性塑料的生产中,通用塑料所占比重非常大,聚乙烯、聚氯乙烯、聚丙烯、聚苯烯并称为四大通用塑料。塑料能在工程上用作结构零件的数量并不多,一般把工作应力大于 50 MPa,连续工作温度能超过 100 ℃以上的塑料称为工程材料。

(1)塑料的用途

在机械工业中,塑料可制造下列各种零件:

1)一般结构零件:如支架、盖板、挡板、手柄、手轮、油管、垫片连接件及紧固件;

2)减摩、摩擦及传动件:如轴承、轴瓦、蜗轮、蜗杆、齿轮、联轴器等;

3)耐腐蚀件:如化工容器、塔节、管道、泵、阀;

4)绝缘体:如插头、电容器、线圈、骨架、电子通信元件等;

5)密封件:如各种动、静密封圈等;

6)透明件:如仪表壳、灯罩、液面计、风挡等;

7)其他:如泡沫塑料用于砂模样、油枕、保温管、坐垫等。

(2)塑料的组成

塑料具有质轻、绝缘、耐磨、自润滑、耐腐蚀、美观等特点,而且成型工艺简便和生产效率高,是一种良好的工程材料。一般由合成树脂和添加剂组成。

1)合成树脂　合成树脂是塑料的主要成分,含量占 40% ~100%,它决定了塑料的主要性能。合成树脂靠聚合反应获得,性能与天然树脂相似,通常为黏稠状液体或固体,无一定熔点,受热时软化或呈熔融状。它可以直接用作塑料,如聚乙烯、聚苯烯等。

2)添加剂　工程材料中为了改变塑料性能常常按需要添加不同的添加剂。

3)填充剂　含量占 20% ~50%,用来增强塑料新的性能(如导电性),同时节约了树脂用量,降低了成本。例如,加入石棉可以提高塑料的耐热性;加入云母可以提高塑料的电绝缘性;加入铁粉可以制成磁性塑料。

4)增塑剂　加入增塑剂后会增大分子间距离,减小分子间的结合力,而提高可塑性和柔软性,同时降低了塑料的强度和硬性。

5)稳定剂　又称防老剂,主要是防止受到光、热、氧气的作用时过早老化,所加入的某些物质叫稳定剂。常用的稳定剂有抗氧化剂、抗紫外线吸收剂和热稳定剂等。

6)润滑剂　防止塑料在成型过程中粘在模具上,并使制品表面光洁美观,常用的有硬脂酸和盐等。

7)着色剂　主要是为了美观并适合某些结构的使用要求,通常添加一些有机染料或无机染料。

除上述添加剂外,还有一些特殊性能的添加剂,如催化剂、发泡剂、防静电剂等。

(3)塑料的性能

1)密度小　一般塑料的密度为0.85%~2.2%,聚丙烯的密度为0.9%~0.91%,泡沫塑料的密度为0.02%~0.2%。

2)比强度高　工程塑料的密度虽小但比强度是高于金属材料的。例如,玻璃纤维塑料的比强度是钢的2倍左右。

3)良好的抗腐蚀性　可以耐酸、碱、油、水等的腐蚀。

4)良好的电绝缘性　该材料在电器工具、壳体等方面应用非常广泛。

5)减摩、耐摩及自润滑性好　它可在耐腐蚀性介质、少油、无油的条件下有效地工作。可用来制造轴承、轴瓦、齿轮、凸轮、活塞环和密封圈零件等。

6)电性能　塑料的电性能可分为2类:一类是具有高电阻、低介电常数和介质损耗小的,可作为高频绝缘材料。另一类是具有中等绝缘性、低电阻、较高介电常数和介质损耗大的,只能作为中频及低频绝缘材料。

7)工艺性好,易热压成型　热塑性材料、部分热塑性材料、有机玻璃等大多数塑性材料的工艺性比较好,易于成型。

此外,塑料还具有减振、消音、防潮、防粘结等性能。塑料还存在一些缺点,主要是热塑性差,易老化。一般塑料不宜在60~100℃下工作。

(4)常用塑料的特点和用途

常用热塑性塑料及热固性塑料的特点及用途参看表10.1。

(5)塑料的成型工艺

塑料成型工艺较简单,成型方法也多种多样,可在液态或者是熔融状态下喷丝成纤维或者浇注成零件,也可以在塑料状态(低温下)吹塑、注射、挤压、模压等成型。下面仅介绍几种常用的加工方法。

1)吹塑成型　将熔融状态的塑料坯料置于模具内,用压缩空气将坯料吹胀,使它紧贴在模具内腔成型。此方法用于制造中空制品和薄膜。

2)注射成型　注射成型是在注射机上完成的,将粒状或粉末状塑料放入专用注射机构的加料筒内,加热成糊状,再通过加压机构使糊状塑料通过料筒末端的喷嘴加压后高速注入闭合的模腔内,经过冷却凝固后开模,取出制品。注射法适合于热塑性塑料或者流动性较大的热固性塑料。此法生产效率高,易自动化,可成批生产。

3)挤压成型　把原料装入料筒内受热熔化呈可塑状态,在活塞压力下挤入模膛成型。此法适合于热塑性塑料的管、棒、板的加工成型。

4)模压成型　将配制好的塑料颗粒注入加热至一定温度的模膛内,加压成型后冷却固化,这种工艺主要用于热固性塑料,目前也用于压制热塑性塑料。

表 10.1 常用塑料的特点及用途

类别	名称及代号	主要特性	应用举例
热塑性塑料	聚乙烯(PE)	耐蚀、绝缘性好;加工性好;力学性能不高。高压 PE 柔软,低压 PE 较硬	高压 PE:薄膜、电缆包覆;低压 PE:化工管道、绝缘件、涂层
	聚丙烯(PP)	质软,耐蚀、高频绝缘性好,不耐磨	一般结构件:壳体、盖板;耐蚀容器、高频绝缘件、管道等
	聚氯乙烯(PVC)	耐蚀、绝缘性好	耐蚀件:硬 PVC:泵、阀、瓦楞板,排水管、件;软 PVC:薄膜、人造革
	聚苯乙烯(PS)	透明,高频绝缘性优,质脆,不耐有机溶剂	高频绝缘件,透明件,如仪表外壳
	ABS 塑料(ABS)	刚韧,绝缘性好,易于电镀和涂漆	一般构件及耐磨件,汽车车身,冰箱内衬、凸轮
	聚酰胺(尼龙)(PA)	坚韧,耐磨、耐疲劳性优,成型收缩率大	耐磨传动件,如齿轮、蜗轮、密封圈,尼龙纤维布
	聚甲醛(ROM)	耐疲劳、耐磨性优,耐蚀性好,易燃	耐磨传动件,如无润滑轴承,凸轮、运输带
	聚碳酸酯(PC)	冲击韧度好,透明,绝缘性好,热稳定性好,不耐磨。俗称“透明金属”	受冲击零件,如座舱罩、面盔、防弹玻璃;高压绝缘件
	聚砜(PSU)	耐热性、抗蠕变性突出,绝缘性、韧性好,加工成型性不好,不耐热	印制集成线路板、精密齿轮
	聚四氟乙烯(塑料王)(F-4)	耐高低温、耐蚀性、电绝缘性优异,摩擦系数极小,力学性能和加工性能较差。俗称“塑料王”	热交换器、化工零件、绝缘材料、导轨镶面
	聚甲基丙烯酸甲酯(有机玻璃)(PMMA)	透明,抗老化,表面硬度低,易擦伤,耐热性差	显示器屏幕、舷窗、光学镜片
热固性塑料	酚醛塑料(PE)	绝缘、耐热性好;刚度高;性脆	电器开关;复合材料
	环氧塑料(EP)	强度高;性能稳定;有毒性;耐热、耐蚀、绝缘性好	塑料模具、量具,灌封电子元件等
	有机硅塑料	优良的电绝缘性。高频绝缘性好,耐热,可在 100 ~ 200 ℃以下长期使用,防潮性强,耐辐射,耐臭氧,耐低温	浇注料:电气、电子元件及线圈灌封与固定;塑料粉:耐热件、绝缘件
	聚氨酯塑料	柔韧、耐油、耐磨、易于成型,耐氧、耐臭氧,耐辐射及许多化学药品:泡沫聚氨酯有优良的弹性及隔热性	用于密封件、传动带;泡沫聚氨酯,用于隔热、隔音及吸振材料

(6)塑料的加工

塑料成型后进行加工称为二次加工,主要包括塑料制品的切削加工(车、刨、钻、铰、镗、攻螺纹、锯、锉)、胶接和表面处理等。塑料的二次加工主要适用于一定精度配合的零件,如齿轮、凸轮、支座、接头等,需要对成型的毛坯件进一步加工。

10.1.2　橡胶

橡胶是一种高分子材料,有高弹性,在较小的外力作用下,能产生很大的形变,在解除载荷后又能很快地恢复到近似原来的状态,橡胶有优良的伸缩性能和可贵的积储能量的能力,成为常用的密封材料、减振防振材料及传动材料。

橡胶还有良好的耐磨性、隔音性和阻尼特性。

(1)橡胶的分类

按照原始材料来源的不同,橡胶可分为天然的和合成的两大类。根据应用范围的宽窄,可分为通用橡胶(如丁苯橡胶、氯丁橡胶、乙丙橡胶等)和特种橡胶(如丁腈橡胶、硅橡胶、氟橡胶等)。

1)天然橡胶　占橡胶数量 90% 以上的是割取橡胶树上的胶乳,经凝固、干燥、加压等工序制成的片状生胶,再经硫化工艺制成的弹性体,即为天然橡胶。

2)合成橡胶　由于天然橡胶在数量和性能上均不能满足工业上的需要,于是发展以石油产品为主要原料的合成橡胶,即为合成橡胶。

(2)橡胶的用途

1)动、静态密封件,如旋转轴密封、管道接口密封。

2)减振、防振件,如机座减振垫片、汽车底盘橡胶弹簧。

3)传动件,如三角胶带、特制 O 形圈。

4)运输胶带和管道。

5)电线、电缆和电工绝缘材料。

6)滚动件,如各种轮胎。

此外,还有各种具有耐辐射、防霉、制动、导电、导磁等特性的橡胶制品。

(3)橡胶的组成

1)生胶　未加配合剂的天然或合成橡胶统称为生胶。

2)配合剂　加入配合剂是为了提高橡胶制品的适用性和工艺性。

3)增加材料　主要是为了提高橡胶制品的承载能力并限制其变形。常用的增强材料是各种纤维织物、金属丝及其编织物,如传送带、胶管中的帆布、细节、轮胎中的窗帘、胶管中的钢线、轮胎型联轴节中的增强帘线等,其用量及具体工艺视不同制品而定。

4)橡胶材料的特点、用途及维护保养　对于橡胶材料可从不同的使用要求提出或规定一系列的性能指标,如高弹性、回弹性、耐磨性、伸长率、永久变形、拉伸强度、抗撕裂强度、耐高温、电性能及透气性等,但这些性能中最主要的是高弹性和力学性能。

10.1.3　胶粘剂

(1)胶粘剂的特点和分类

在工业生产和日常生活中常遇到胶接和粘合的问题。凡是将两种及两种以上的物件通过表面粘合方法连接起来的工艺统称为胶接。能够将两种物件胶接起来并在结合处结合具有足够强度的物质统称为胶粘剂或胶。它是一种喷播覆盖种植施工专用高质量散冷水胶及特殊粘连物质的混合添加剂。它施加到混合浆中可以起到润滑作用,防止纤维结团,降低喷浆阻力。喷播后提供了纤维与土壤及纤维之间更加强的结合力,防止风和雨水造成的覆盖或土壤的流失,在干燥炎热的天气里,覆盖物形成的表层膜可以封闭潮气,降低土壤和纤维的水分蒸发量。胶粘剂是以富有粘性的物质为基料,如加入各种添加剂组成,可将物件胶粘在一起,给胶接面以足够的胶接强度。胶接可以代替部分的铆接、焊接和机械装配,可以胶接无法焊接的金属,还可以胶接金属与橡胶、塑料、陶瓷等非金属材料。胶接件表面光滑、平整、美观、胶接处应力分布均匀,整体强度高,重量轻,胶缝绝缘、密封、无腐蚀。胶接是工程上一项新型的、较为经济的连接方法,胶粘剂也日益受到广泛的重视,成为制造产品的重要材料。

胶粘剂按照组成的化学成分分为有机的和无机的2类。其中有机的分为天然的和合成的2种。按照使用性能和用途,可分为结构胶和非结构胶,以及特殊用途的胶,如高温胶、超低温胶、导电胶和密封胶等。胶粘剂有粉状、棒状、糊状、薄膜和液体等几种形态。

目前常用的分类仍以流变性质来分类:

1)热固性胶粘剂　固化后呈网状体型结构,有的还要加入固化剂。其优点是耐热、耐水、耐介质侵蚀、胶接强度高;缺点是抗冲击强度、起始粘结性均差。

2)热塑性胶粘剂　优点是抗冲击强度高,起始粘结性好;缺点是热硬性不高。

3)合成橡胶胶粘剂　优点是起始粘性高,富有柔韧性,能粘结多种材料;缺点是热硬性不高。

(2)胶粘剂在机械工程上的应用

1)设备维修　例如修补各种铸件表面的气孔、缩孔、砂眼及其他小洞,修复机床导轨的磨损、拉毛等。待修复表面清洗后,涂上瞬干胶,撒上铁粉,反复进行,直到填满为止;然后在室温固化,再用刮刀刮平。在汽车、拖拉机修理中,用氧胶在修复蓄电池壳,粘结拖拉机上制动阀弹簧套筒与连杆,修复模具等方面都已得到广泛的应用。

2)改进机械安装工艺　有些零件,原来的轴和孔采用压配合,加工精度要求较高;采用胶粘剂胶接,可以降低加工精度要求,节省工时。

10.2　陶瓷材料

10.2.1　陶瓷的特点及分类

陶瓷是无机非金属固体材料的一类,传统上所说的“陶瓷”是普通陶瓷,它是以黏土、长石和石英等天然原料,经粉碎、成型和烧结制成,主要用作日用陶瓷、建筑陶瓷、卫生陶瓷,以及工业上应用的低压和高压电陶瓷、耐酸陶瓷、过滤陶瓷等。现代广义上的陶瓷是特种陶瓷,它是指用天然的或人工合成的粉状化合物经成形和高温烧结制成的一类无机非金属固体材料,它的特点是:硬度高、抗压强度大、耐高温、耐磨损、抗氧化和耐腐蚀性能好,但质脆,缺乏延展性,受力后不易产生塑性变形,经不起敲打碰撞、弯拉剪切,急冷急热性较差。

10.2.2　陶瓷的组织结构

陶瓷是多晶体，由无数小的晶体聚集组成。晶粒内部和晶界上长有气孔和杂质，某些陶瓷还含有相当数量的玻璃相。其组织结构比金属复杂，有晶相、气相和玻璃相。各相的数量、形状、分布对陶瓷有很大的影响。

(1)晶相

它是陶瓷的主要组成相，决定了陶瓷的主要性能，大多数陶瓷是由离子键构成的离子晶体（如 MgO，Al_2O_3），但也有由共价键构成的（如 Si_3N_4，SiC 等），陶瓷一般也是多晶体，也存在晶粒和晶界。由于陶瓷化学成分和相结构由多种金属元素和非金属元素的化合物组成，其组织结构和性能间的关系不如单纯金属或非金属材料那样简单，而要考虑更多的因素。

(2)玻璃相

陶瓷烧结时，由各组成物和杂质通过一系列物理化学作用而形成的非晶态物质称为玻璃相。由于熔点低，结构疏松，使陶瓷耐热性和电绝缘性降低，因此常将含量控制在20% ~40%之间。主要作用是把分散的晶相粘结在一起，抑制晶粒长大并填充气孔空隙。

(3)气相

陶瓷中存在的气孔称为气相，占陶瓷体积的5% ~10%，常以孤立的状态分布在玻璃相、晶界或晶内。气相会引起应力集中，降低陶瓷强度和抗电击穿能力，材料脆性增加，所以应尽量减少气孔数量和尺寸，使其均匀分布。

10.2.3　陶瓷的性能

(1)力学性能

陶瓷的弹性模量比金属的高。其硬度、抗压强度高，但脆性大，抗拉强度低，塑性和韧性也很小。

(2)热性能

陶瓷的熔点高，抗蠕变能力强，热膨胀系数和导热系数小，1 000 ℃以上仍保持室温性能。

(3)电性能

一般是优良绝缘体，个别特殊陶瓷具有导电性和导磁性，属新型功能材料。

(4)化学性能

非常稳定，耐酸、碱、盐等的腐蚀，不老化、不氧化。

10.2.4　常用陶瓷材料

(1)高温陶瓷

以氧化物为基（晶相）的陶瓷称为氧化物陶瓷，其熔点超过2 000 ℃，具有高的室温强度和高温强度，高的化学稳定性和介电性能；非氧化物陶瓷，其主要特点就是耐火度高，硬度接近金刚石，但脆性大。目前应用最广泛的是碳化硅陶瓷。

(2)金属陶瓷

金属陶瓷是由金属和陶瓷组成的非均匀复合材料，综合了金属和陶瓷的优良性能，具有强度高、韧性高、耐高温、耐腐蚀的特点。广泛用于机床刀具、汽车发动机等。

(3)敏感陶瓷

敏感陶瓷是采用粉末冶金方法制成的精细陶瓷，有半导体陶瓷、介电陶瓷和压电陶瓷、光学陶瓷、磁性陶瓷等。用这些材料制成敏感元件或传感器，可实现对光、电、磁、声、温度等信息的检测和传递，广泛应用于耐高温光学仪器，电子、电磁线路，超声波、声呐、声谱仪、激光、光导纤维、光储存材料，磁性记录元件，温度、压力传感，通信、医疗、摄影、计算机、交通等领域，是当今新材料技术高速发展的产物。

10.3 复合材料

复合材料是由两种或两种以上性质不同的材料组合成的多相材料。由于单一的材料已无法满足工业生产的全面需要，因此人工复合材料在现代工业中得到迅猛的发展。

10.3.1 复合材料的特点

(1)比强度、比模量大

比强度、比模量是指材料的强度或模量与比重之比。比强度愈大，零件自重愈小；比模量愈大，零件的刚性越大。

(2)化学稳定性好

选用耐蚀性能优良的树脂为基体，用强度高的纤维做增强材料，可制造管道、泵、阀、容器等，能耐酸、碱及油脂等类物质的侵蚀。

(3)减摩耐磨、自润滑性好

选用适当的塑料复合钢板而成的复合材料，可作轴承材料。由于钢板的增强作用，塑料轴承的耐摩擦磨损性能、尺寸稳定性都能显著提高。

(4)疲劳强度高

由于大多数金属材料的疲劳强度极限低于碳纤维材料，因此碳纤维/聚氨类复合材料疲劳强度远远高于某些金属材料。

10.3.2 复合材料的分类

(1)按增强剂的性质和形态不同分类

1)细粒(颗粒)增强复合材料。

2)夹层增强(层叠增强)复合材料。

3)纤维(短切的和连续的)增强复合材料。

4)骨架增强复合材料。

(2)按基体材料不同分类

1)树脂基复合材料。

2)陶瓷基复合材料。

3)金属基复合材料。

(3)按材料作用分

1)用于制造受力构件的结构复合材料。

2)具有各种特殊性能(如阻尼、导电、电磁、换能、摩擦、屏蔽等)的功能复合材料。

3)同质复合材料(如碳-碳复合材料)。

4)异质复合材料。

10.3.3　复合材料的制造方法

(1)纤维的制取

用熔体抽丝法、热分解法、气相沉淀法、拔丝法,可分别制出玻璃纤维、碳纤维、硼纤维、金属纤维等。

(2)纤维与树脂复合成型

可用手糊成型、压制成型、缠绕成型或喷射成型。

10.3.4　常用复合材料的特点和用途

由于复合材料的优异性能和特点,在航空、汽车、轮船、压力容器、管道、传动零件以及生活用品等方面中得到广泛应用。表 10.2 列出了常用复合材料的性能、特点及用途。

表 10.2　常用复合材料的性能、特点及用途

类　别	名　称	性能及特点	用途举例
纤维复合材料	玻璃纤维复合(玻璃钢)	热固性树脂与纤维复合,抗拉、抗弯、抗压、抗冲击强度高,脆性低,收缩小。热塑性树脂与纤维复合,抗拉、抗弯、抗压、弹性模量、抗蠕变性均提高,热变形温度显著上升,冲击韧度下降,缺口敏感性改善	主要用于耐磨、减摩及一般机械零件、密封件、仪器仪表零件、管道、泵阀、汽车及船舶壳体、槽车等
	碳纤维、石墨纤维复合	碳-树脂复合、碳-碳复合、碳-金属复合、碳-陶瓷复合等,比强度、比模量高,线膨胀系数小,摩擦磨损小,自润滑性好	在航空、宇航、原子能等工业中用于压气机叶片、发动机壳体、轴瓦、齿轮等
	硼纤维复合	硼与环氧树脂复合,比强度高	用于飞机、火箭结构件,可减轻重量 25% ~40%
	晶须复合(包括自增强纤维复合)	必须是单晶,机械强度特别高。用晶须毡与环氧树脂复合的层压板,抗弯模量可达 70 000 MPa	可用于涡轮叶片
	石棉纤维复合	温石棉及闪石棉,与树脂复合,前者不耐酸;后者耐酸、较脆	用于密封件、制动件、绝热材料等
	植物纤维复合	木纤维或棉纤维与树脂复合而成纸板、层压布板,综合性能好,绝缘	用于电绝缘、轴承

续表

类别	名称	性能及特点	用途举例
颗粒复合材料	金属粒与塑料复合	金属粉加入塑料，可改善导热及导电性，能降低线膨胀系数等	高含量铅粉塑料做 γ 射线的罩屏及隔音材料，铅粉加入氟塑料作轴承材料
	陶瓷粒与金属复合	改善高温、耐磨、耐腐蚀润滑性能	氧化物金属陶瓷做高切速及高温材料；碳化铬用作耐腐蚀、耐磨喷嘴、重载轴承、高温无油润滑件；钴基碳化钨用于切割、拉丝模、阀门；镍基碳化钨用作火焰管喷嘴等高温零件
层叠复合材料	多层复合	铜-多孔性青铜-塑料三层复合	用于轴承、垫片、球头座耐磨件
	塑料复合	普通钢板上覆一层塑料，以提高耐磨腐蚀性	用于日用化工及食品工业
骨架复合材料	多孔浸渍材料	多孔材料浸渍低摩擦因数的油脂或氟塑料，浸树脂的石墨	可作油枕及轴承，抗磨材料
	夹层结构材料	质轻、抗弯强度大	可做飞机机翼、舱门、大电机罩等

拓展阅读

作为新材料之王，石墨烯是目前已知世界上最薄的材料，是当代材料科学的热门研究课题。其中，中国“天才少年”曹原则是成功登顶石墨烯学术之巅的科学家。曹原研究出了使石墨烯能够在没有电阻的情况下导电的方法，年仅22岁的他在《自然》学术期刊连续发表2篇相关论文，从而引起学术界的轰动。

天才少年的成功离不开对专业的奋发图强、执着追求、刻苦钻研的态度，年龄相仿的当代莘莘学子也要以此为榜样，我们要坚定自信自强、守正创新，踔厉奋发、勇毅前行，为全面建设社会主义现代化国家、全面推进中华民族伟大复兴而团结奋斗。

复习思考题

1. 高分子化合物结构的特点及其性能有什么关系？
2. 塑料由哪几部分组成？一般有哪些特性？
3. 常用塑料的加工方法有哪几种？
4. 选用塑料时应考虑哪些因素？

5. 天然橡胶与合成橡胶各有何特性？在应用上有何区别？
6. 什么是橡胶的硫化？硫化的作用是什么？
7. 试举几种常用胶粘剂及其适宜粘结的材料。
8. 陶瓷材料具有哪些特性？
9. 什么叫复合材料？它有什么特点？
10. 常见的复合材料增强结构有几种？

第 11 章 机械零件的选材及工艺路线分析

在机械零件的设计与制造过程中,如何合理地选择和使用金属材料和确定加工工艺是一项十分重要的工作。它不仅要考虑材料的机械性能适应零件的工作环境和条件,使零件经久耐用,而且要求材料有较好的工艺性能和经济性,使零件质量好、产量高、成本消耗低,又能减少自然资源的浪费。

11.1 零件选材的一般原则

合理地设计和选择材料,是一项细致而复杂的技术经济问题,受诸多因素的制约。本节仅对一般结构零件的选材原则作一简要介绍。

11.1.1 满足使用性能要求

使用性能是指零件工作时它应具有的力学、物理、化学和电化学性能。在设计零件并进行选材时,应根据零件的工作条件、失效形式,找出该零件所选材料的主要抗力指标,以保证零件的经久耐用。

零件的工作条件主要包括 3 个方面:受力情况(拉伸、压缩、弯曲、扭转等),载荷性质(静载、循环载荷、冲击载荷及载荷分布、受摩擦情况等);环境状况(温度、周围介质等);特殊要求(如导电、导热、密度、外观等)。

零件的失效形式,包括过量变形、断裂和表面损伤。通过全面分析,确定主要性能指标,并对零件的危险断面进行力学分析计算,求出材料的许用应力。有的零件是以综合性能指标来选材,有的零件以疲劳强度为主来选材,有的零件则以磨损为主进行选材,有的零件则以耐腐蚀为主进行选材。

根据力学性能指标查阅材料手册,即可确定选材。按力学性能选材时,还必须考虑以下问题:材料的实际工作条件,可能与手册上标定条件不同,实际使用的材料,也可能有夹杂物和缺陷,选材时应详细分析试验;钢材随着截面增大,力学性能下降,应进行修正;要考虑材料强度、塑性、韧性的合理配合,因为零件设计以屈服强度 $\sigma_{0.2}$ 为主要依据并乘以修正系数,若为了安全,使 $\sigma_{0.2}$ 提高过大,则塑性指标下降,易出现脆性断裂。因此,选材时要综合考虑强度、塑性和韧性。表 11.1 列出了几种常用零件的受力情况、失效形式及主要性能指标。

表 11.1　常用机械零件的受力情况、失效形式及主要性能指标

零件名称	受力情况	主要失效形式	主要性能指标
重要螺栓	拉应力或交变拉应力,冲击载荷	过量塑性变形,疲劳断裂	抗拉强度、硬度
重要传动齿轮	交变弯曲应力,冲击载荷,齿面接触应力	轮齿折断,磨损,疲劳点蚀	抗拉强度、硬度、接触疲劳强度
轴类	交变弯曲应力,扭转应力,冲击载荷,摩擦	疲劳破坏,轴颈磨损	抗拉强度、硬度

11.1.2　材料的工艺性能良好

材料的工艺性能是指其适应某种加工的难易程度。用金属材料制造零件的基本加工方法,通常有下列 4 种:铸造,压力加工,焊接,机械加工。热处理是作为改善机械加工性和使零件得到所要求的性能而安排在有关工序之间的。几种重要工艺性能如下。

(1)铸造性能

包括流动性、收缩、偏析、吸气性、热裂倾向和熔点等。表 11.2 列出了常用金属材料的铸造性能。

铸造零件的成本较低,可制成形状复杂的毛坯,且其尺寸、重量大多不受限制。但铸件的力学性能不如锻件和轧件,质量的稳定性较难控制,废品率较高。此外铸造方法不同,铸造毛坯特点也不同。

(2)锻造性能

包括可锻性、冷镦性、冲压性、锻后冷却要求等。低碳钢、铝合金、铜合金锻造性较好,高碳钢、合金钢锻造性差。

(3)切削加工性能

一般用允许的切削速度、切削抗力的大小、零件加工后的表面粗糙度、断屑能力及刀具耐用度来衡量。一般而言,硬度在 160 ~ 230HBS 范围内的钢切削性好。对高碳钢和合金工具钢,具有球状碳化物组织比层状碳化物组织切削性好。马氏体、奥氏体切削性很差。

(4)焊接性能

用形成冷裂或热裂的倾向、形成气孔的倾向等来衡量。

(5)热处理工艺性

包括淬透性、变形开裂倾向、过热敏感性、回火脆性倾向、氧化脱碳倾向、冷脆性等。

表 11.2　常用金属材料的铸造性能

<table>
<tr><th rowspan="3" colspan="2">材　料</th><th colspan="7">铸造性能</th></tr>
<tr><th rowspan="2">流动性</th><th colspan="2">收缩性</th><th rowspan="2">偏析倾向</th><th rowspan="2">熔　点</th><th rowspan="2">对壁厚(冷却速度)的敏感性</th><th rowspan="2">其　他</th></tr>
<tr><th>体收缩</th><th>线收缩</th></tr>
<tr><td colspan="2">灰铸铁</td><td>很好</td><td>小</td><td>小
(0.5% ~ 1%)</td><td>小</td><td>较低</td><td>较大,厚处温度低</td><td>—</td></tr>
<tr><td colspan="2">球墨铸铁</td><td>比灰铸铁稍差</td><td>大(与铸钢相近)</td><td>小</td><td>小</td><td>较低</td><td>较灰铸铁小</td><td>易形成缩孔、疏松,白口倾向较大</td></tr>
<tr><td colspan="2">可锻铸铁</td><td>比灰铸铁差,比铸钢好</td><td>很大(比铸钢大)</td><td>退火后比灰铸铁小</td><td>小</td><td>较灰铸铁高</td><td>较大</td><td>—</td></tr>
<tr><td colspan="2">铸钢</td><td>差(低碳钢更差)</td><td>大</td><td>大(2%)</td><td>大</td><td>高</td><td>小,壁厚增加,强度无明显降低</td><td>含碳量增加,收缩率增加,导热性差,高碳铸钢易发生冷裂,低合金铸钢比碳素铸钢易裂</td></tr>
<tr><td rowspan="3">铸造铜合金</td><td>黄铜</td><td>较好</td><td>小</td><td>小</td><td>较小</td><td>比铸铁低</td><td>—</td><td>易形成集中缩孔</td></tr>
<tr><td>锡青铜</td><td>较黄铜差</td><td>最小</td><td>不大</td><td>大</td><td>比铸铁低</td><td>—</td><td>易产生疏松</td></tr>
<tr><td>特殊青铜</td><td>好</td><td>大</td><td>—</td><td>较小</td><td>比铸铁低</td><td>—</td><td>易吸气及氧化并形成集中缩孔</td></tr>
<tr><td colspan="2">铸造铝合金</td><td>尚好</td><td>—</td><td>小</td><td>大</td><td>比铸铁低</td><td>大,强度随壁厚增大,显著下降</td><td>易吸气、氧化</td></tr>
</table>

11.1.3　材料的经济性

在满足使用性能的前提下,选用零件材料时还应考虑以下问题:

1)材料本身的价格

2)与生产有关的其他经济问题

①材料加工费用　不同材料加工工艺不同,成本相差悬殊。铸铁(尤其是球墨铸铁)、碳钢的加工工艺性就好于合金钢,钛合金加工费就远高于铝合金。

②采用少切削、无切削加工工艺,可以节省材料和加工成本。

③选择廉价的代用品　例如用铜、铝代替金、银,用非金属材料代替金属材料。

④采用组装式结构节省较贵的材料　例如大型齿轮的轮圈用碳钢,轮辐轮毂则用铸铁,蜗轮轮圈用青铜、优质碳素钢,而轮毂则用铸铁或普通碳钢。

⑤节约稀有金属　例如用银代替铂金制造电器重要触点,用铝青铜代替锡青铜制造轴承合金等。

此外,在选材时还应考虑我国的生产和供应情况,所选钢种应少而集中,以便于采购和生产管理。

11.2 热处理技术条件的标注

根据零件的工作特性，对不同的零件提出不同热处理技术条件。

热处理零件，一般在图纸上都以硬度作为热处理技术条件，对于渗碳的零件，则还应标注渗碳深度。某些要求性能较高的零件还需标注其他机械性能指标。

图纸上的热处理技术条件，要求书写相应的工艺名称。在标注硬度范围时，其波动范围一般为 HRC 在5个单位左右，HB 在30~40个单位左右。

热处理方案中，应当包括预先热处理与最终热处理两大类。预先热处理包括退火、正火、调质等热处理，安排在毛坯生产之后，切削加工之前或粗、精加工之间。由技术员在生产工艺、工艺卡片中标注(见图11.1)。最终热处理包括各种淬火、回火及化学热处理等，一般安排在半精加工之后精磨之前。

在图样上方标注最终热处理技术条件时，可用文字在标题栏上方或左方空白处，扼要说明。GB/T 12603—1990《金属热处理工艺分类及代号》，将热处理工艺分为基础分类和附加分类。

11.2.1 基础分类

按热处理工艺进行分类见表11.3所示。

表11.3 热处理工艺分类及代号

代号	工艺总称	工艺类型	工艺名称			加热方法
			整体热处理	表面热处理	化学热处理	
1	—	整体热处理	退火	表面淬火和回火	渗碳	加热炉
2	—	表面热处理	正火	物理气象沉积	碳氮共渗	感应
3	—	化学热处理	淬火	化学气象沉积	渗氮	火焰
4	—	—	淬火回火	等离子化学气象沉积	氮碳共渗	电阻
5	热处理	—	调质	—	渗其他金属	激光
6	—	—	稳定化处理	—	渗金属	电子束
7	—	—	固溶化处理	—	多元共渗	等离子体
8	—	—	固溶化处理和时效	—	熔渗	其他

11.2.2 附加分类

对基础分类进一步分类。包括退火、正火、淬火、化学热处理工艺中的加热介质；退火方法;淬火冷却介质或冷却方法;渗碳和碳氮共渗的后续冷却工艺。

11.2.3 热处理工艺代号

热处理工艺代号标记规定如下:

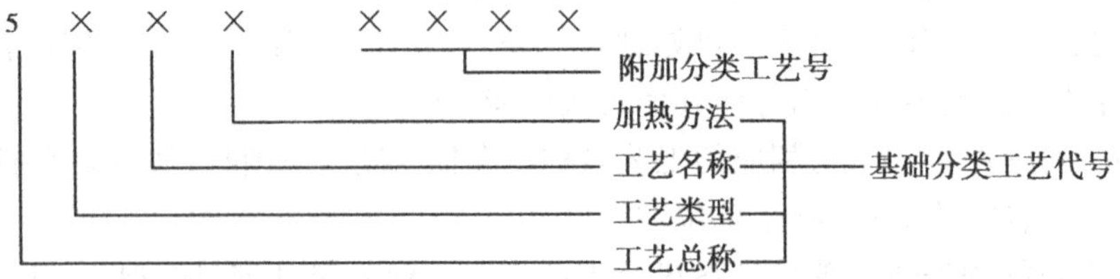

图 11.1 为一典型零件齿轮热处理技术条件的标注。5151-331G 为多工序热处理,表示对齿轮施以整体调质处理,采用加热炉加热,热处理后硬度达到一个新的水平 220 ~ 260HBS,331G 前面工艺总称“5”省略,表示齿部进行表面气体渗氮,硬度为 55 ~ 60HRC。

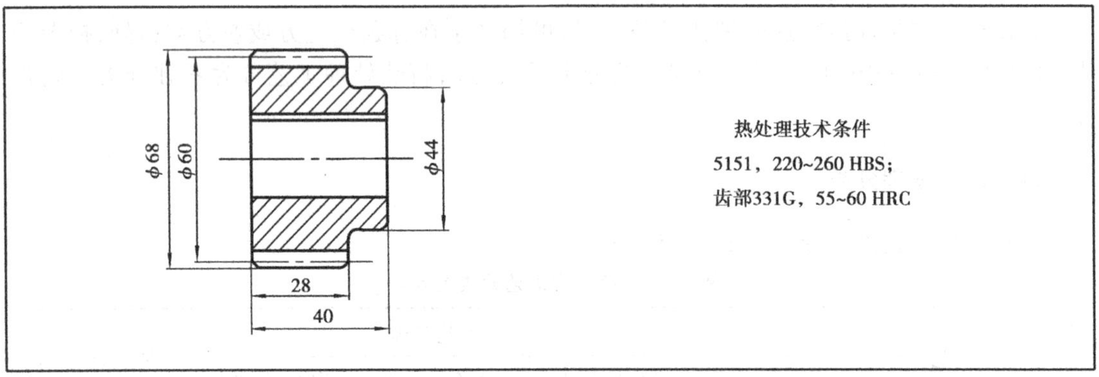

图 11.1 某汽车用齿轮热处理技术条件标注

11.3 典型零件的选材及工艺分析

金属、陶瓷、高分子材料和复合材料,是工程材料的 4 种类型,根据它们各自的特性,在机械零件选材时可得到不同的应用。

金属材料具有优良的综合力学性能,而且可以通过各种不同的热处理或加工硬化等方法,改善其各项性能,生产成本也较低,所以金属材料特别是钢铁(2004 年我国的钢产量已达 27 279.79万吨)目前仍然是机械零件的主要结构材料。

陶瓷材料太脆,目前还不能作为结构材料,但它是重要的工具材料和耐高温材料,并有着良好的绝缘性能。

高分子材料的性能范围广、变化多,具有巨大的应用开发潜力。一些性能较好的高分子材料,如碳酸酯等,因目前价格太贵尚未大量应用;价格较低的如聚乙烯等,则因强度、韧性、抗疲劳等能力较低,应用范围有限,只能制造一些轻载齿轮、管道、水龙头、密封圈等零件。复合材料有很好的比强度和比模量,但价格昂贵,所以还不能在一般工业中使用。

下面仅以普通齿轮类和轴类零件选材与工艺分析为例,作一简单介绍。

11.3.1　齿轮类零件

齿轮是机械工业中应用最广泛的重要零件之一，它主要用于传递动力、改变运动速度和方向。齿轮工作时的受力情况是：

由于传递扭矩齿根部受交变弯曲应力。齿面相互接触滚动、滑动，承受大的接触应力并产生强烈的摩擦。在换挡、起动和啮合不良时，轮齿承受一定冲击载荷。由此可知，作为齿轮的材料应满足：高的弯曲疲劳强度和接触疲劳强度。齿面具有较高的硬度和耐磨性。齿轮心部具有足够的强度和韧性。

根据不同机器的工作条件和性能要求，按上述选择材料的一般原则，选出不同用途齿轮材料制成齿胚，并制定相应的工艺路线及热处理工艺。

(1)机床齿轮

机床齿轮主要集中用在主传动箱中传递动力，变速和变方向，润滑条件好，载荷不大，工作平稳无强烈冲击，转速也不高。因此，一般选用调质钢制造，如 40，45，40Cr，42SiMn 钢(见表 11.4)。其工艺路线一般为：

下料→锻造→正火→机械粗加工→调质→机械半精加工→高频淬火 + 回火→磨削

该工艺路线中热处理工序的作用是：正火处理可使同一批毛坯具有相同的硬度(便于切削加工)，并使组织细化、均匀；调质的目的，是为了提高齿轮心部的综合力学性能，以承受交变弯曲应力和冲击载荷，还可减少高频淬火变形；高频淬火是为了提高齿面硬度，以提高耐磨性和抗点蚀能力；回火是为了消除淬火应力，并可防止产生磨削裂纹。

表 11.4　机床、汽车、航空齿轮的选材及热处理

齿轮工作条件	材料牌号	热处理工艺	硬度要求
低载，要求耐磨、小尺寸机床齿轮	15	900 ~ 950 ℃渗碳 780 ~ 900 ℃淬火	58 ~ 63HRC
低速(<0.1 m/s)、低载不重要变速箱齿轮和挂轮架齿轮	45	840 ~ 800 ℃正火	156 ~ 217HBS
低速(<1 m/s)、低载机床齿轮(如溜板)	45	820 ~ 840 ℃水淬 500 ~ 550 ℃回火	200 ~ 250HBS
中速、中载或高载机床齿轮(如车床变速器次要载荷齿轮)	45	高频淬火，水冷，300 ~ 340 ℃回火	45 ~ 50HRC
高速、中载，要求齿面硬度高的机床齿轮(如磨床砂轮箱齿轮)	45	高频淬火，水冷，180 ~ 200 ℃回火	54 ~ 60HRC
中速(2 ~ 4 m/s)、中载高速机床走刀箱、变速箱齿轮	40Cr，42SiMn	调质，高频淬火，乳化液冷却，260 ~ 300 ℃回火	50 ~ 55HRC
高速、高载、齿部要求高硬度机床齿轮	40Cr，42SiMn	调质，高频淬火，乳化液冷却，260 ~ 300 ℃回火	54 ~ 60HRC

续表

齿轮工作条件	材料牌号	热处理工艺	硬度要求
高速、中载、受冲击的机床齿轮(如龙门铣床的电动机齿轮)	20Cr,20Mn2B	900~950 ℃渗碳,直接淬火,或800~880 ℃油淬,180~200 ℃回火	58~63HRC
高速、高载、受冲击的齿轮(如立式车床重要齿轮)	20CrMnTi,20SiMnVB	900~950 ℃渗碳,降温至820~850 ℃直接淬火,180~200 ℃回火	58~64HRC
汽车变速箱齿轮及圆锥齿轮	20CrMnTi,20CrMnMo	900~950 ℃渗碳,降温至少20~850 ℃直接淬火,180~200 ℃回火	58~64HRC
航空发动机大尺寸、高载、高速齿轮	18Cr2Ni4WA 37Cr2Ni4A 40CrNiMoA	调质、氮化	>850HV
航空高速齿轮	12CrNi3A 12Cr2Ni4A	900~920 ℃渗碳 850~870 ℃一次淬火,油冷 780~800 ℃二次淬火,油冷 150~170 ℃回火	58~63HRC

(2)**汽车、拖拉机、摩托车齿轮**

这些齿轮的功能是将发动机发出的动力传递到主动轮上,改变传动比;工作条件比机床齿轮恶劣,受力较大,且频繁受冲击,因此在耐磨性、疲劳强度、抗冲击能力等方面均比机床齿轮高。一般常用渗碳钢,如20Cr,20CrMnTi钢等。其工艺路线一般为:

下料→锻造→正火→机械粗加工→渗碳+淬火+低温回火→喷丸→磨削加工

渗碳后表面含碳量提高,保证淬火后得到高的硬度,提高耐磨性和接触疲劳强度。喷丸使得表层材料强化,提高抗疲劳能力。

(3)**航空发动机齿轮**

航空发动机齿轮承受高速和重载,比汽车、拖拉机齿轮的工作条件更为恶劣,除要求高的耐疲劳性外,还要求齿轮心部具有高的强度和韧性,一般多采用12CrNi3A,12Cr2Ni4A或18Cr2Ni4WA钢制造,其工艺路线为:

下料→模锻→正火+高温回火→机械加工→渗碳→高温回火→淬火+低温回火→机械精加工→检验

在此工艺路线中,不渗碳表面未经镀铜防渗,因此渗碳后进行高温回火,使硬度降低到5HRC以下,便于切去不渗碳表面的渗碳层。12CrNi3A钢的淬透性较高,渗碳+淬火+低温回火后齿面为回火马氏体,心部为强度和韧性高的板条马氏体。

对某些载荷不大、转速不高的齿轮,如农机齿轮、发动机凸轮等,也常用灰铸铁HT150,HT200等制造。

11.3.2　轴类零件

轴类零件是机械工业中重要零件之一。由于结构不同,使用条件不同,其选材和加工工艺差别很大。常用材料有中碳结构钢、中碳合金钢并经调质处理。常用的有 45,40Cr,40MnB,30CrMnSi,35CrMo 和 40CrNiMo 钢等。承受弯曲和扭转载荷的轴,应力分布是由表面向中心递减,因此不必用淬透性很高的钢。承受拉压载荷的轴,因应力沿截面均匀分布,所以应选用淬透性较高的钢。

下面以机床主轴和航空发动机轴等为例进行分析介绍。

(1)机床主轴

机床主轴是传递动力的主要零件。主要承受交变弯曲应力和扭转应力,有时也受冲击载荷作用,轴颈和锥孔表面受摩擦。因此主轴应具有良好的综合力学性能,花键、轴颈和锥孔表面应有较高的硬度和耐磨性。当载荷和转速都不很高时可选用 45 钢,调质后硬度可达 220 ~ 250 HBS,轴颈和锥孔表面淬火硬度可达 50HRC,工艺路线一般是:

下料→锻造→正火→机械粗加工→调质→机械半精加工→局部淬火(轴颈、锥体) + 回火→粗磨→花键高频淬火 + 回火→精磨

承受较大载荷的车床主轴可选用 40Cr 钢。受冲击载荷和交变载荷较大时,可选用 20CrMnTi渗碳钢或其他渗碳钢。

(2)内燃机曲轴

内燃机主轴的功用是承受连杆力,形成绕曲轴主轴旋转的力矩向外输出。其受力情况较复杂,不但承受方向大小周期性变化的气体压力和往复惯性力,还要承受负载(如从汽车底盘传回)的冲击力矩;轴表面不但承受弯曲载荷,也承受较大摩擦磨损。由于形状比较复杂,拐角处容易出现应力集中而断裂;在动平衡不好时还容易产生不平衡离心惯性力和力矩。

东风汽车 EQ6100-1 发动机曲轴采用 QT600-2 球墨铸铁整体铸造,铸件经调质处理后硬度为 220 ~ 260HBS,轴颈经表面淬火使硬度≥46HRC,以提高耐磨性。

11.3.3　箱体类零件

箱体是机器的基础零件,其作用是保证箱体内各零件的正确相对位置,使运动零件能协调运转。箱体主要承受其内部零件间作用力和它们的重量等。对其力学要求:足够刚度和抗压强度;良好的减振性。

箱体零件一般具有形状复杂、体积较大、壁厚较小的特点,所以一般材质为铸造毛坯,一般常用普通灰铸铁、球墨铸铁、铸钢等。承受中等载荷、工作平稳的箱体,可用灰铸铁 HT150,HT200 等。

承受载荷及冲击较大或单件生产的箱体,可采用焊接结构,如焊接性能好的优质碳素结构钢 Q235,20,16Mn 等焊接而成。

箱体因是铸件,在机械加工前,通常应进行去应力人工时效或自然时效。

11.3.4　模具选材及热处理

制造中小型冷冲压模具的材料有铸铁、碳素工具钢、合金工具钢、硬质合金、钢结硬质合金以及锌合金、低熔点合金、环氧树脂、聚氨酯橡胶等。

冲模主要零件所使用的模具钢，有碳素工具钢(T8A 和 T10A)、低合金工具钢(主要有 CrWMn，9SiCr，GCr15，9Mn2V 等)、高碳高铬工具钢(如 Cr12，Cr12Mo 和 Cr12MoV)、高碳中铬工具钢(如 Cr6WV，Cr4WV 和 Cr4W2MoV)、硬质合金和钢结硬质合金(可选用 YG6，YG8，YG11 和 YG15，YG20 等)。

根据冲压模具选材原则和热处理要求，应考虑以下几点：

根据冲压件生产批量大小来选材。大批量生产应选取质量高、耐磨性好的模具钢，如：Cr12MoV，Cr4W2MoV，YG15 等。硅钢片冲裁常选取它们，热处理硬度要求为：凸模 58～62HRC；凹模 60～64HRC。在小批量生产中，可选用成本较低、耐磨性较差的材料，如 T8A 和 T10A 等。对冲裁模，热处理硬度要求为：凸模 58～62HRC；凹模 60～64HRC。在汽车和航空制造业中，对较小批量的生产，常用低熔点合金、环氧树脂、聚氨酯橡胶来制造冷冲模。

根据被冲压材料的性能、工序性质和冲模主要零件的工作条件和作用来选材。如当冲裁较硬的材料或 3 mm 以上厚度的材料时，则选用 CrWMn，GCr15，Cr12 等，热处理硬度要求为：凸模 58～62HRC；凹模 60～64HRC。而当冲压件形状复杂时，可选取铝青铜作凹模，因为它有较好的抗粘附性，而凸模则应选高速工具钢 W18Cr4V，W6Mo5Cr4V2，热处理硬度为 60～64HRC，或选用硬质合金 YG8，YG15。再如热拉伸和热弯曲模具，则除要求强度、韧性、耐磨和抗粘附性外，还要有一定的红硬性，此时通常选热作模具钢 5CrNiMo，5CrMnMo，热处理硬度为 52～56HRC。

此外模具材料的冷、热加工性能和工厂现有条件，以及我国模具钢的生产和使用情况，都是我们模具选材的着眼点。

拓展阅读

随着中国制造 2025、工业 4.0 等概念的提出，制造业的发展水平已然成为衡量一个国家国际竞争力高度的标准。在我国对自动化生产模式需求日益增大的今日，在我国追求成为机械强国的重要转型时期，机械类专业应更加注重培养优秀的技能型人才。本课程与企业相挂钩的职业包括热处理工程师、材料质量控制与检测、材料研发工程师等。

我们在学习本课程的过程当中，不仅需要掌握理论方案的基础知识，提高分析解决问题的能力，增强团队协作能力，还要结合二十大提出的重要精神，懂得增强“四个自信”，具备爱岗敬业的职业精神，立志投身国家和行业的发展。

附 录

新旧标准性能名称和符号对照表

新标准性能名称	新标准符号	旧标准性能名称	旧标准符号
断面收缩率	Z	断面收缩率	Z
断后伸长率	A $A_{11.3}$ A_{xmm}	断后伸长率	A_5 A_{10} A_{xmm}
断裂总伸长率	A_t	—	—
最大力总伸长率	A_{gt}	最大力下的总伸长率	A_{gt}
最大力非比例伸长率	A_g	最大力下的非比例伸长率	A_g
屈服点延伸率	A_e	屈服点伸长率	A_s
屈服强度	—	屈服点	ReL
上屈服强度	R_{eH}	上屈服点	ReL_U
下屈服强度	R_{eL}	下屈服点	ReL_L
规定非比例延伸强度	R_p $R_{p0.2}$	规定非比例伸长应力	σ_p
规定总延伸强度	R_t $R_{t0.5}$	规定总伸长应力	σ_t
规定残余延伸强度	R_r $R_{r0.2}$	规定残余伸长应力	σ_r
抗拉强度	R_m	抗拉强度	σ_b

参考文献

[1] 郭海华，郭国林，刘杰慧．金属学及热处理[M]. 北京：机械工业出版社，2023.

[2] 崔忠圻，覃耀春．金属学与热处理 [M]. 3 版. 北京：机械工业出版社，2020.

[3] 杨兵兵，李光照，李红莉. 铜合金铸件铸造技术[M]. 2 版. 北京：机械工业出版社，2021.

[4] 赵慧杰. 金属学与热处理原理(学习与解题指导)[M]. 哈尔滨：哈尔滨工业大学出版社，2017.

[5] 谢成木，南海，叶宝将. 铸造钛及钛合金的性能与切削加工[M]. 北京：机械工业出版社，2022.

[6] 王群. 塑料成型工艺及模具设计[M]. 2 版. 北京：机械工业出版社，2019.

[7] 王英杰. 金属材料及热处理[M]. 3 版. 北京：机械工业出版社，2022.

[8] 唐正霞. 材料研究方法[M]. 西安：西安电子科技大学出版社，2018.

[9] 姚佳，李荣雪. 金属材料焊接工艺[M]. 3 版. 北京：冶金工业出版社，2021.

[10] 陈保国. 金属材料焊接工艺[M]. 北京：机械工业出版社，2021.

[11] 许秀举，赵洪胜. 金属材料与热加工[M]. 北京：机械工业出版社，2021.

[12] 司卫华. 金属材料化学分析[M]. 北京：机械工业出版社，2018.

[13] 王书田. 金属材料与热处理[M]. 3 版. 大连：大连理工大学出版社，2019.

[14] 高为国，钟利萍. 机械工程材料[M]. 3 版. 长沙：中南大学出版社，2018.

[15] 王群. 塑料成型工艺及模具设计[M]. 2 版. 北京：机械工业出版社，2019.